图书在版编目（CIP）数据

月面遥操作技术／周建亮，吴风雷，高薇著. —北京：国防工业出版社，2017.4
ISBN 978 - 7 - 118 - 11146 - 0

Ⅰ. ①月… Ⅱ. ①周… ②吴… ③高… Ⅲ. ①月球探测器－飞行控制 Ⅳ. ①V476.3

中国版本图书馆 CIP 数据核字（2017）第 111173 号

※

国防工业出版社出版发行
（北京市海淀区紫竹院南路 23 号　邮政编码 100048）
腾飞印务有限公司印刷
新华书店经售
*
开本 710×1000　1/16　印张 17½　字数 315 千字
2017 年 4 月第 1 版第 1 次印刷　印数 1—3000 册　定价 86.00 元

（本书如有印装错误，我社负责调换）

国防书店：(010)88540777　　发行邮购：(010)88540776
发行传真：(010)88540755　　发行业务：(010)88540717

月面遥操作技术

Teleoperation of Lunar Rover

周建亮　吴风雷　高　薇　著

国防工业出版社

·北京·

致 读 者

本书由中央军委装备发展部**国防科技图书出版基金**资助出版。

为了促进国防科技和武器装备发展,加强社会主义物质文明和精神文明建设,培养优秀科技人才,确保国防科技优秀图书的出版,原国防科工委于1988年初决定每年拨出专款,设立国防科技图书出版基金,成立评审委员会,扶持、审定出版国防科技优秀图书。这是一项具有深远意义的创举。

国防科技图书出版基金资助的对象是:

1. 在国防科学技术领域中,学术水平高,内容有创见,在学科上居领先地位的基础科学理论图书;在工程技术理论方面有突破的应用科学专著。

2. 学术思想新颖,内容具体、实用,对国防科技和武器装备发展具有较大推动作用的专著;密切结合国防现代化和武器装备现代化需要的高新技术内容的专著。

3. 有重要发展前景和有重大开拓使用价值,密切结合国防现代化和武器装备现代化需要的新工艺、新材料内容的专著。

4. 填补目前我国科技领域空白并具有军事应用前景的薄弱学科和边缘学科的科技图书。

国防科技图书出版基金评审委员会在中央军委装备发展部的领导下开展工作,负责掌握出版基金的使用方向,评审受理的图书选题,决定资助的图书选题和资助金额,以及决定中断或取消资助等。经评审给予资助的图书,由中央军委装备发展部国防工业出版社出版发行。

国防科技和武器装备发展已经取得了举世瞩目的成就,国防科技图书承担着记载和弘扬这些成就,积累和传播科技知识的使命。开展好评审工作,使有限的基金发挥出巨大的效能,需要不断地摸索、认真地总结和及时地改进,更需要国防科技和武器装备建设战线广大科技工作者、专家、教授,以及社会各界朋友的热情支持。

让我们携起手来,为祖国昌盛、科技腾飞、出版繁荣而共同奋斗!

国防科技图书出版基金

评审委员会

前　言

世界各国的探月活动一般以飞行探测为先导,进而开展在月球表面的巡视探测。传统的飞行探测以轨道力学为基础,其飞行控制过程具有很强的可预知性,而月球表面的巡视探测以巡视器所处的局部月面环境为基础,在完成远程环境感知和地形重构后,由地面控制人员实时确定巡视器巡视勘察的路线和具体探测行为。我国在成功完成"嫦娥"一号、"嫦娥"二号的绕月探测任务后,落月并开展月面巡视探测成为月球探测工程实践的另一热点。控制巡视器月面探测的遥操作过程由于有别于以前大家熟知的以可预报轨道为基础的飞行控制过程,也成为当前航天测控研究的前沿。

本书第1章概要的介绍了月面巡视器遥操作任务概况以及所涉及的关键技术,并归纳了国内外巡视器遥操作现状;第2章详述地形重构过程中的图像数据解析、预处理、特征点匹配、三维解算、地形图产品生成的方法,以及采用计算机视觉相关原理实现巡视器在月面行进中导航点精确定位以及机械臂探测目标点的定位方法;第3章重点介绍三层规划(任务整体规划、探测周期规划和导航单元规划)的规划内容和规划方法;第4章分析月面环境因素对路径规划的影响,依据月面综合环境图,比较路径搜索方法,寻求满足工程实施需求的优化的路径;第5章详细介绍了机械臂控制涉及的工作环境建模、安全工作区间分析和运动路径规划等;第6章主要介绍了通过图像数据来实现落月后的着陆点定位、行进停泊点定位和机械臂探测点定位的理论基础,然后根据模式分工介绍定位流程,并分析探测点定位的精度;第7章重点介绍如何通过建立地球和月球之间的相对运动关系,实现对巡视器精确定位的方法,并详细介绍与月面巡视器高精度无线电测量密切相关的 VLBI 宽带相关处理、窄带 DOR/DOD 相关处理、SBI 相关处理、PCAL 信号相位校正、测量模型与介质修正、干涉测量观测纲要等内容;第8章以"嫦娥"三号任务巡视器为例,描述其在月球表面进行巡视勘察的遥操作过程。

本书完成过程中,国防科工局探月与航天工程中心、航天科技集团五院、原总装备部机关、有关基地、研究所及北京航天飞行控制中心的领导和专家提出了许多宝贵意见,在此致以深深的感谢。同时感谢北京航天飞行控制中心李立春、高宇辉、程肖、谢圆、王保丰、张宇、陈略、张彦等在编写过程中提供的宝贵材料。

由于本书涉及的学科范围广、数学模型及算法较多,技术难度大,加上编写时间仓促,谬误之处恳请读者批评指正。

编　者

目　　录

第1章　概论 ……………………………………………………………… 1

1.1　月面巡视器遥操作现状 ……………………………………………… 2

　1.1.1　国外研究现状 ………………………………………………… 2

　1.1.2　国内研究现状 ………………………………………………… 4

1.2　月面巡视器遥操作 …………………………………………………… 5

　1.2.1　月面环境介绍 ………………………………………………… 5

　1.2.2　月面巡视器的作用及组成 …………………………………… 6

　1.2.3　月面巡视器遥操作概念及模式 ……………………………… 7

1.3　月面巡视器遥操作系统 ……………………………………………… 9

　1.3.1　硬件系统 ……………………………………………………… 10

　1.3.2　软件系统 ……………………………………………………… 11

1.4　本书内容概况 ………………………………………………………… 12

参考文献 …………………………………………………………………… 13

第2章　地形重构 ………………………………………………………… 14

2.1　成像测量基础 ………………………………………………………… 14

　2.1.1　坐标系定义 …………………………………………………… 14

　2.1.2　数字图像成像理论 …………………………………………… 18

　2.1.3　月面探测成像模型 …………………………………………… 23

2.2　图像预处理 …………………………………………………………… 25

　2.2.1　图像解析与组织 ……………………………………………… 25

　2.2.2　图像处理 ……………………………………………………… 27

2.3　图像匹配 ……………………………………………………………… 30

　2.3.1　图像校正 ……………………………………………………… 30

　2.3.2　特征点提取 …………………………………………………… 32

　2.3.3　图像匹配算法 ………………………………………………… 35

　2.3.4　立体图像匹配 ………………………………………………… 42

    2.3.5　序列图像匹配 ⋯⋯⋯⋯⋯⋯⋯⋯⋯⋯⋯⋯⋯⋯⋯⋯ 44

  2.4　地形构建 ⋯⋯⋯⋯⋯⋯⋯⋯⋯⋯⋯⋯⋯⋯⋯⋯⋯⋯⋯⋯⋯⋯ 50

    2.4.1　点云解算 ⋯⋯⋯⋯⋯⋯⋯⋯⋯⋯⋯⋯⋯⋯⋯⋯⋯⋯⋯ 50

    2.4.2　网格剖分 ⋯⋯⋯⋯⋯⋯⋯⋯⋯⋯⋯⋯⋯⋯⋯⋯⋯⋯⋯ 54

    2.4.3　数字高程 ⋯⋯⋯⋯⋯⋯⋯⋯⋯⋯⋯⋯⋯⋯⋯⋯⋯⋯⋯ 55

    2.4.4　正射影像 ⋯⋯⋯⋯⋯⋯⋯⋯⋯⋯⋯⋯⋯⋯⋯⋯⋯⋯⋯ 56

    2.4.5　融合与截取 ⋯⋯⋯⋯⋯⋯⋯⋯⋯⋯⋯⋯⋯⋯⋯⋯⋯⋯ 58

  2.5　小结 ⋯⋯⋯⋯⋯⋯⋯⋯⋯⋯⋯⋯⋯⋯⋯⋯⋯⋯⋯⋯⋯⋯⋯⋯⋯ 58

  参考文献 ⋯⋯⋯⋯⋯⋯⋯⋯⋯⋯⋯⋯⋯⋯⋯⋯⋯⋯⋯⋯⋯⋯⋯⋯⋯ 59

第3章　任务规划 ⋯⋯⋯⋯⋯⋯⋯⋯⋯⋯⋯⋯⋯⋯⋯⋯⋯⋯⋯⋯⋯⋯ 60

  3.1　分层规划和约束 ⋯⋯⋯⋯⋯⋯⋯⋯⋯⋯⋯⋯⋯⋯⋯⋯⋯⋯⋯ 60

    3.1.1　分层规划 ⋯⋯⋯⋯⋯⋯⋯⋯⋯⋯⋯⋯⋯⋯⋯⋯⋯⋯⋯ 61

    3.1.2　规划约束 ⋯⋯⋯⋯⋯⋯⋯⋯⋯⋯⋯⋯⋯⋯⋯⋯⋯⋯⋯ 62

  3.2　任务规划的概念模型 ⋯⋯⋯⋯⋯⋯⋯⋯⋯⋯⋯⋯⋯⋯⋯⋯⋯ 68

    3.2.1　时态规划的基本概念与术语 ⋯⋯⋯⋯⋯⋯⋯⋯⋯⋯ 68

    3.2.2　时态规划概念的运用 ⋯⋯⋯⋯⋯⋯⋯⋯⋯⋯⋯⋯⋯ 70

  3.3　规划任务描述语言 ⋯⋯⋯⋯⋯⋯⋯⋯⋯⋯⋯⋯⋯⋯⋯⋯⋯⋯ 72

    3.3.1　任务描述的结构 ⋯⋯⋯⋯⋯⋯⋯⋯⋯⋯⋯⋯⋯⋯⋯ 73

    3.3.2　状态的描述方法 ⋯⋯⋯⋯⋯⋯⋯⋯⋯⋯⋯⋯⋯⋯⋯ 74

    3.3.3　动作的描述方法 ⋯⋯⋯⋯⋯⋯⋯⋯⋯⋯⋯⋯⋯⋯⋯ 75

  3.4　任务规划的建模与描述 ⋯⋯⋯⋯⋯⋯⋯⋯⋯⋯⋯⋯⋯⋯⋯ 76

    3.4.1　操作建模 ⋯⋯⋯⋯⋯⋯⋯⋯⋯⋯⋯⋯⋯⋯⋯⋯⋯⋯⋯ 77

    3.4.2　任务实例建模 ⋯⋯⋯⋯⋯⋯⋯⋯⋯⋯⋯⋯⋯⋯⋯⋯ 80

  3.5　规划求解方法 ⋯⋯⋯⋯⋯⋯⋯⋯⋯⋯⋯⋯⋯⋯⋯⋯⋯⋯⋯⋯ 81

    3.5.1　任务规划的内容 ⋯⋯⋯⋯⋯⋯⋯⋯⋯⋯⋯⋯⋯⋯⋯ 81

    3.5.2　任务规划算法 ⋯⋯⋯⋯⋯⋯⋯⋯⋯⋯⋯⋯⋯⋯⋯⋯ 82

    3.5.3　启发函数设计 ⋯⋯⋯⋯⋯⋯⋯⋯⋯⋯⋯⋯⋯⋯⋯⋯ 83

  3.6　小结 ⋯⋯⋯⋯⋯⋯⋯⋯⋯⋯⋯⋯⋯⋯⋯⋯⋯⋯⋯⋯⋯⋯⋯⋯⋯ 84

  参考文献 ⋯⋯⋯⋯⋯⋯⋯⋯⋯⋯⋯⋯⋯⋯⋯⋯⋯⋯⋯⋯⋯⋯⋯⋯⋯ 85

第4章　路径规划 ⋯⋯⋯⋯⋯⋯⋯⋯⋯⋯⋯⋯⋯⋯⋯⋯⋯⋯⋯⋯⋯⋯ 86

  4.1　月球表面环境图 ⋯⋯⋯⋯⋯⋯⋯⋯⋯⋯⋯⋯⋯⋯⋯⋯⋯⋯⋯ 88

    4.1.1　坡度坡向计算 ⋯⋯⋯⋯⋯⋯⋯⋯⋯⋯⋯⋯⋯⋯⋯⋯ 88

    4.1.2　粗糙度计算 ⋯⋯⋯⋯⋯⋯⋯⋯⋯⋯⋯⋯⋯⋯⋯⋯⋯ 93

　　　　4.1.3　阶梯边缘检测计算 ……………………………………… 97

　　　　4.1.4　通视性计算 …………………………………………… 101

　　　　4.1.5　导引/排斥代价计算 ………………………………… 105

　　4.2　路径搜索 …………………………………………………… 108

　　　　4.2.1　搜索算法 …………………………………………… 110

　　　　4.2.2　代价计算 …………………………………………… 113

　　　　4.2.3　优化目标 …………………………………………… 113

　　4.3　路径优化 …………………………………………………… 115

　　　　4.3.1　关键路径点提取 …………………………………… 115

　　　　4.3.2　路径点曲线拟合 …………………………………… 116

　　4.4　小结 ………………………………………………………… 118

　　参考文献 ………………………………………………………… 119

第5章　机械臂控制 ………………………………………………… 121

　　5.1　机械臂运动学 ……………………………………………… 122

　　　　5.1.1　D-H参数规则 ……………………………………… 123

　　　　5.1.2　坐标系定义 ………………………………………… 124

　　　　5.1.3　机械臂运动学方程 ………………………………… 125

　　　　5.1.4　机械臂运动学的应用 ……………………………… 133

　　5.2　机械臂逆运动学 …………………………………………… 137

　　　　5.2.1　代数解法 …………………………………………… 138

　　　　5.2.2　几何解法 …………………………………………… 139

　　5.3　轨迹规划与生成 …………………………………………… 143

　　　　5.3.1　关节空间规划 ……………………………………… 144

　　　　5.3.2　笛卡儿空间规划 …………………………………… 147

　　5.4　无碰撞路径规划 …………………………………………… 150

　　　　5.4.1　问题描述 …………………………………………… 150

　　　　5.4.2　基于随机采样的路径规划 ………………………… 151

　　　　5.4.3　碰撞检测 …………………………………………… 153

　　　　5.4.4　路径平滑 …………………………………………… 155

　　5.5　小结 ………………………………………………………… 155

　　参考文献 ………………………………………………………… 156

第6章　视觉导航定位 ……………………………………………… 157

　　6.1　理论基础 …………………………………………………… 157

　　　　6.1.1　动态序列图像定位 ………………………………… 157

   6.1.2 静态立体图像定位 ·················· 164

   6.1.3 鱼眼立体图像定位 ·················· 167

  6.2 模式分工 ·································· 169

   6.2.1 着陆点定位 ·························· 169

   6.2.2 导航点定位算法 ···················· 171

   6.2.3 机械臂探测目标点定位算法 ·········· 174

  6.3 小结 ···································· 177

  参考文献 ···································· 177

第7章 无线电定位与导航 ················· 180

  7.1 时空参考框架 ···························· 181

   7.1.1 时间系统的定义 ···················· 181

   7.1.2 时间系统的转换 ···················· 183

   7.1.3 坐标系统的定义 ···················· 185

   7.1.4 坐标系统转换 ······················ 186

  7.2 无线电测量原理 ·························· 191

   7.2.1 USB/UXB 测量 ···················· 191

   7.2.2 干涉测量 ·························· 204

  7.3 无线电测量观测模型 ······················ 211

   7.3.1 观测方程定义 ······················ 211

   7.3.2 观测方程及偏导数 ·················· 212

  7.4 无线电测量误差修正 ······················ 218

   7.4.1 传播介质修正 ······················ 218

   7.4.2 设备零值修正 ······················ 222

   7.4.3 数据时标修正 ······················ 224

   7.4.4 测距解模糊 ·························· 225

   7.4.5 站间钟差修正 ······················ 225

  7.5 无线电定位估值理论 ······················ 226

   7.5.1 定位估值方法 ······················ 226

   7.5.2 单目标定位算法 ···················· 227

   7.5.3 多目标定位算法 ···················· 229

  7.6 小结 ···································· 231

  参考文献 ···································· 231

第8章 "玉兔"号巡视器的遥操作 ··········· 233

  8.1 "玉兔"号巡视器概况 ······················ 233

   8.1.1 "玉兔"号巡视器的组成及功能 ······· 233

8.1.2 "玉兔"号巡视器工作能力 ················ 235

8.1.3 "玉兔"号巡视器工作模式 ················ 236

8.2 "玉兔"号巡视器月面工作约束条件分析 ············ 237

8.2.1 地形约束 ························ 238

8.2.2 光照约束 ························ 238

8.2.3 测控约束 ························ 238

8.2.4 热控约束 ························ 238

8.2.5 工作模式约束 ····················· 239

8.3 "玉兔"号巡视器与着陆器分离控制过程 ··········· 239

8.3.1 分离条件约束 ····················· 239

8.3.2 分离过程 ························ 239

8.3.3 分离控制 ························ 240

8.4 "玉兔"号巡视器月面遥操作工作过程 ············ 242

8.4.1 巡视器遥操作工作流程 ················· 243

8.4.2 任务整体规划 ····················· 244

8.4.3 探测周期规划 ····················· 247

8.4.4 导航单元规划 ····················· 252

8.5 "玉兔"号巡视器月食前后控制过程 ············· 260

8.5.1 月食前控制过程 ···················· 260

8.5.2 月食后控制过程 ···················· 261

8.6 "玉兔"号巡视器月夜休眠唤醒控制过程 ·········· 261

8.6.1 寻找休眠点过程 ···················· 262

8.6.2 月夜休眠设置过程 ··················· 263

8.6.3 休眠唤醒控制过程 ··················· 263

8.7 小结 ···························· 263

参考文献 ···························· 263

CONTENTS

Chapter 1 Introduction ··· 1

　1. 1　Teleoperation Status of Lunar Rover ······················· 2
　　　1. 1. 1　Foreign Research Status ····························· 2
　　　1. 1. 2　Domestic Research Status ·························· 4
　1. 2　Teleoperation of Lunar Rover ······························ 5
　　　1. 2. 1　Introduction of Lunar Environment ················ 5
　　　1. 2. 2　Concept and Composition of Lunar Rover ········· 6
　　　1. 2. 3　Teleoperation Concept and Pattern of Lunar Rover ··········· 7
　1. 3　Teleoperation System of Lunar Rover ····················· 9
　　　1. 3. 1　The Hardware System ···························· 10
　　　1. 3. 2　The Software System ···························· 11
　1. 4　Profile of the Book ····································· 12
　References ··· 13

Chapter 2 Terrain Reconstrction ·································· 14

　2. 1　Principle of Measurement Based on Image ················ 14
　　　2. 1. 1　Coordinates Definition ························· 14
　　　2. 1. 2　Principle of Digital Imaging ···················· 18
　　　2. 1. 3　Imaging Model of Lunar Surface Exploring ············· 23
　2. 2　Image Processing ······································· 25
　　　2. 2. 1　Image Decoding and Organizing ················· 25
　　　2. 2. 2　Image Preprocessing ·························· 27
　2. 3　Image Matching ·· 30
　　　2. 3. 1　Image Rectification ·························· 30
　　　2. 3. 2　Features Extraction· ·························· 32
　　　2. 3. 3　Image Matching Algorithm ···················· 35
　　　2. 3. 4　Stereo Images Matching ····················· 42

2. 3. 5　Image Sequence Matching ················· 44

2. 4　Terrain Construction ················· 50

2. 4. 1　Point Cloud Calculation ················· 50

2. 4. 2　Mesh Generation ················· 54

2. 4. 3　Digital Elevation ················· 55

2. 4. 4　Digital Orthogonal ················· 56

2. 4. 5　Mergence and Splitting ················· 58

2. 5　Summary ················· 58

References ················· 59

Chapter 3　Mission Planning ················· 60

3. 1　Hierarchical Planning and Constraints ················· 60

3. 1. 1　Hierarchical Planning ················· 61

3. 1. 2　Planning Constraints ················· 62

3. 2　Conceptual Model of Mission Planning ················· 68

3. 2. 1　Basic Concepts and Terminology of Temporal Planning ····· 68

3. 2. 2　The Use of Temporal Planning Concepts ················· 70

3. 3　Planning Mission Description Language ················· 72

3. 3. 1　Mission Description Structure ················· 73

3. 3. 2　Status Description Method ················· 74

3. 3. 3　Operation Description Method ················· 75

3. 4　Modeling and Description of Mission Planning ················· 76

3. 4. 1　Operation Model ················· 77

3. 4. 2　Modeling Mission Instance ················· 80

3. 5　Planning Solution ················· 81

3. 5. 1　The content of Mission Planning ················· 81

3. 5. 2　Mission Planning Algorithm ················· 82

3. 5. 3　Design of Heuristic Function ················· 83

3. 6　Summary ················· 84

References ················· 85

Chapter 4　Path Planning ················· 86

4. 1　Environment Map of Lunar Surface ················· 88

4. 1. 1　Algorithm of Slope and Aspect ················· 88

4. 1. 2　Algorithm of Roughness ················· 93

      4.1.3   Algorithm of Edge Detection ·································· 97

      4.1.4   Algorithm of Inter – Visibility ···························· 101

      4.1.5   Algorithm of Attraction/Rejection Cost ·············· 105

   4.2 Path Searching ·· 108

      4.2.1   Algorithm of Path Searching ·························· 110

      4.2.2   Calculation of Cost ······································ 113

      4.2.3   Optimization Objective ·································· 113

   4.3 Optimization of the Searched Path ························ 115

      4.3.1   Extracting of the Key Path Points ··················· 115

      4.3.2   Curve Fitting of Path Points ························· 116

   4.4 Summary ·· 118

   References ·· 119

Chapter 5   Manipulator Control ······························· 121

   5.1 Manipulator Kinematics ···································· 122

      5.1.1   D – H Kinematic Notation ···························· 123

      5.1.2   Coordinates Definition ·································· 124

      5.1.3   Kinematic Equations of Manipulator ··············· 125

      5.1.4   Application of Manipulator Kinematics ············ 133

   5.2 Inverse Kinematics for Manipulator ······················ 137

      5.2.1   Algebraic Solution ······································ 138

      5.2.2   Geometric Solution ····································· 139

   5.3 Trajectory Planning and Generation ······················ 143

      5.3.1   Joint Space Planning ··································· 144

      5.3.2   Cartesian Space Panning ······························ 147

   5.4 Colllsion – froe Path Planning ···························· 150

      5.4.1   Problem Description ····························· 150

      5.4.2   Random Sampling Based Path Planning ··········· 151

      5.4.3   Collision Detection ····································· 153

      5.4.4   Path Smoothing ··· 155

   5.5 Summary ·· 155

   References ·· 156

Chapter 6   Visual Navigation and Positioning ·············· 157

   6.1 Principle of Visual Positioning ···························· 157

　　　　6. 1. 1　Dynamic Sequence Image Positioning ···················· 157

　　　　6. 1. 2　Static Stereo Image Positioning ···················· 164

　　　　6. 1. 3　Fisheye Static Stereo Image Positioning ·················· 167

　　6. 2　Positioning Mode ···················· 169

　　　　6. 2. 1　Landing Point Positioning ···················· 169

　　　　6. 2. 2　Mooring Point Positioning ···················· 171

　　　　6. 2. 3　Manipulator Arm's Detection Point Positioning ·············· 174

　　6. 3　Summary ···················· 177

　　References ···················· 177

Chapter 7　Positioning and Navigation of Radio
**　　　　　　Measurement** ···················· 180

　　7. 1　Space – time Reference Frame ···················· 181

　　　　7. 1. 1　Definition of Time Systems ···················· 181

　　　　7. 1. 2　Time Systems Transformation ···················· 183

　　　　7. 1. 3　Definition of Coordinate Systems ···················· 185

　　　　7. 1. 4　Coordinate Systems Transformation ···················· 186

　　7. 2　Radio Measurement Technique ···················· 191

　　　　7. 2. 1　UXB/USB Measurement ···················· 191

　　　　7. 2. 2　Interferometry ···················· 204

　　7. 3　Observation Model of Radio Measurement ···················· 211

　　　　7. 3. 1　Definition of Observation Equation ···················· 211

　　　　7. 3. 2　Observation Equation and Partial Derivatives ·············· 212

　　7. 4　Error Correction of Radio Measurement ···················· 218

　　　　7. 4. 1　Correction of Propagation Medium ···················· 218

　　　　7. 4. 2　Error Correction of Device Zero ···················· 222

　　　　7. 4. 3　Time Scale Correction ···················· 224

　　　　7. 4. 4　Ranging Solving Ambiguity ···················· 225

　　　　7. 4. 5　Clock Error Correction ···················· 225

　　7. 5　Valuation Theory of Radio Positioning ···················· 226

　　　　7. 5. 1　Valuation Method of Positioning ···················· 226

　　　　7. 5. 2　Positioning Algorithm of Simple Object ···················· 227

　　　　7. 5. 3　Positioning Algorithm of Multiple Object ···················· 229

　　7. 6　Summary ···················· 231

　　References ···················· 231

Chapter 8   Teleoperation of "Jade Rabbit" ················· 233

8. 1   "Jade Rabbit" Profile ················· 233

    8. 1. 1   Composition and Function of "Jade Rabbit" ················· 233

    8. 1. 2   Ability of "Jade Rabbit" to Work ················· 235

    8. 1. 3   Working Mode of "Jade Rabbit" ················· 236

8. 2   Lunar Surface Constraints Analysis of "Jade Rabbit" ················· 237

    8. 2. 1   Terrain Constraints ················· 238

    8. 2. 2   Light Constraints ················· 238

    8. 2. 3   Measurement and Control Constraints ················· 238

    8. 2. 4   Thermal Control Constraints ················· 238

    8. 2. 5   Working Mode Constraints ················· 239

8. 3   "Jade Rabbit" and Lander Seperation Control Process ················· 239

    8. 3. 1   The Seperation Conditions ················· 239

    8. 3. 2   The Seperation Process ················· 239

    8. 3. 3   The Seperation Control ················· 240

8. 4   Working Process of "Jade Rabbit" ················· 242

    8. 4. 1   Working Process ················· 243

    8. 4. 2   Task Overall Planning ················· 244

    8. 4. 3   Detection Cycle Planning ················· 247

    8. 4. 4   Navigation Unit Planning ················· 252

8. 5   Control Process of "Jade Rabbit" During the Eclipse ················· 260

    8. 5. 1   Control Process Before Eclipse ················· 260

    8. 5. 2   Control Process after Eclipse ················· 261

8. 6   Lunar Night Dormancy/Wakingup Control Process ················· 261

    8. 6. 1   Searching for Dormancy Site ················· 262

    8. 6. 2   Lunar Night Dormancy Control Process ················· 263

    8. 6. 3   Waking Control Process ················· 263

8. 7   Summary ················· 263

References ················· 263

第1章 概　论

　　月球是距离地球最近的天体,具有可供人类开发和利用的多种资源,也是人类进入深空的理想基地和前哨站[1]。

　　人类对月球的探测始于 20 世纪 50 年代末,1959 年 1 月苏联发射的"月球" 1 号探测器,发现了月球上空的太阳风,从此开启了人类探索月球的大幕。1959 年至 1976 年是月球探测的第一次高潮,这期间,发展了硬着陆、软着陆和绕月飞行技术,并最终于 1969 年实现了人类登上月球的夙愿。6 次"阿波罗"载人登月飞船和 3 次 Luna 不载人探测器一共采集了约 382kg 月球样品,通过对这些样品系统的分析和研究,大大丰富与加深了人类对月球的认识。1976 年至 1994 年,随着冷战的缓和与结束,空间探测重点转移到空间站和航天飞机的研制上,月球探测进入宁静期,科学家的工作侧重于对第一次探月高潮期所获取的大量数据进行分析、处理和总结,并提升到理论认识的高度。

　　1994 年,美国发射了 Clementine(克莱门汀)探测器,对月球的地形和成分进行了高精度探测,并发现在月球极地撞击坑永久阴影区可能存在水冰。接着, 1998 年美国发射的 Lunar Prospector(月球勘探者)探测器再次寻找月球两极水冰存在的证据,获取了月球重力分布图和高清晰的月表图像。这一系列探测活动掀起了新一轮的探月高潮。美国、俄罗斯、印度、日本、欧洲空间局和中国等国家及组织均制定了新世纪的月球探测计划,人类的探月活动迎来了第二次高潮,重返月球开展更深入的月球科学探测甚至建设月球基地,已经成为世界主要航天国家的共识。

　　我国在新一轮的月球探测高潮中,制定了"绕、落、回"的三步走策略,并取得了巨大的成就。2007 年 10 月 24 日成功发射"嫦娥"一号,完成了大量的技术试验和科学探测,于 2009 年 3 月 1 日成功受控撞月,一期工程("绕")圆满完成。作为二期工程("落")先导星的"嫦娥"二号于 2010 年 10 月 1 日成功发射,在完成既定工程目标和科学任务后,首次开展了日地拉格朗日 L_2 点环绕探测,并在距离地球 7×10^6 km 处首次实现了对图塔蒂斯小行星飞越交会探测,并正在奔向更远的深空。承担首次"落"的任务的"嫦娥"三号于 2013 年 12 月 2 日发射升空,12 月 14 日成功落月,随后我国第一辆月面巡视器驶离着陆器,开展月面巡视探测任务。"嫦娥"三号任务实现了我国航天任务中首次控制探测器在

1

地外天体软着陆,并通过遥操作技术开展巡视探测。

纵观 50 多年的月球探测史,人类实现了无人探月和载人登月两类科学探测形式,主要实现了:①在月球近旁飞过或在其表面硬着陆,利用这个过程的短暂时间探测月球周围环境和拍摄月球照片;②以月球卫星的方式获取信息,其特点是探测时间长并能获取较全面的资料;③在月球表面软着陆,可拍摄局部地区的高分辨率照片和进行月面土壤分析;④在月面上直接采集月壤和岩芯样品返回地球,用于分析研究[2]。其中,选择月球表面软着陆并开展月表巡视勘察,一般采用月面巡视器进行探测。月面巡视器要在月球上先安全软着陆,然后通过在月面上巡游,对大范围的月面进行现场勘察。

月面巡视器操作分为有人驾驶和无人远程操作,本书涉及的是无人远程操作技术,即遥操作技术。月面巡视器遥操作不同于以往传统的轨道航天器任务,其对地面的控制技术和控制系统都提出了新的要求。

1.1　月面巡视器遥操作现状

虽然目前空间探测仍以轨道器为主要手段,但天体表面近距离探测仍是许多航天机构的重点研究方向,它能为地外天体物质构成等科学研究提供丰富的第一手资料,具有重要意义。随着材料科学、机械制造、计算机等技术的快速发展,与代价高昂且风险巨大的载人探测相比,发展星球表面巡视机器人是近距离探测地外天体的最佳方式。

1.1.1　国外研究现状

美国和苏联为主的航天机构在 20 世纪探月的第一个高潮期就开始了月面巡视器的研究,且已经成功将多个月面巡视器送到月球表面,包括美国"阿波罗"计划中的载人月球车以及苏联的"月球车"1 号和 2 号等。

美国 1971 年 7 月发射的"阿波罗"15 号是"阿波罗计划"中最具代表性的。航天员乘坐名为"月球流浪者"(Moon buggy)的月面巡视器开展月面探测,共行驶 27.9km,收集了约 77kg 的月球岩石标本。该巡视器是一个长 3m、宽 1.8m、质量 209kg 的双座装置,以 36V 银-亚铅蓄电池为动力,采用四轮独立驱动结构。两个驾驶位置都安装了手动控制器,在月面的行驶时速为 8km/h。"月球流浪者"是有人参与、用于运输目的的巡视器。它由航天员直接控制,地面或环月指令舱与月面巡视器的通信或控制都是通过航天员来直接做出回应,因此与遥操作技术相关性比较小。

苏联 1970 年 11 月 17 日发射的"月球"17 号所携带"月球车"1 号是继 4 位美国登月航天员之后登上月球的第 5 个活动物体,是世界上第一个进行长期月球巡视勘察的自动行走装置,同时代表了当时无人月球探测技术的最高成就。"月球车"1号降落在月面雨海地区,工作7230h(301.3个地球日,1970年11月17日至1971年9月30日),行走10.54km,先后测定500多个地点月壤表层的物理力学特性,分析了25个地点月壤化学参数,拍摄20000多张月面照片和200多张全景照片,取得了巨大成功。"月球车"1号质量756kg、长2.2m、宽1.6m。它由上部的仪器舱和下部的行走底盘两部分组成。仪器舱是一个由镁合金制成的密封舱,内装有无线电接收和发送设备、遥控仪器、供电系统、热控系统和各种科学仪器的电子部分,以及4台全景摄像机,为仪表在月面工作时提供安全保障。行走底盘有8个车轮,在地面指令控制下运动。"月球车"1号的控制模式为地面遥操作控制模式,其工作过程可描述为:安装在巡视器前部向外突出的摄像机,如同眼睛一样,它摄取的图像每数秒钟向地球传输一幅,显示在地面控制中心的屏幕上,虽然质量不高,但能保证巡视器的"驾驶员"避开障碍物,并朝向有兴趣的目标移动。5个控制员对其进行控制,分别负责不同的工作内容。其中,地面驾驶员根据月表图像发出调整方向、选择速度挡位等控制命令,引导巡视器避开月坑与障碍,缓慢前行。因此,车载摄像机图像的实时下传对于巡视器的连续运动非常重要。定向天线操作员的职能是根据巡视器的运行路线时刻调整定向天线指向,维持对地传输图像的链路畅通。从以上控制过程可以看出,"月球车"1号遥操作采用的是一种直接控制的模式。地面依靠连续的视觉反馈感知月面环境,并发送底层运动控制指令实现遥操作。地面与巡视器处在一个传输时延显著的控制回路中,巡视器采用的是"移动-等待"控制策略,驾驶员执行一个动作后,等待巡视器执行并向地面返回执行结果,地面根据返回结果进行误差修正或者发送下一个指令。"月球车"2号是在"月球车"1号停止工作后16个月登陆月球的,考察面积是"月球车"1号的4倍。其操作模式同"月球车"1号。

为了更进一步了解近期开展的星球表面巡视器的遥操作技术,下面介绍美国在近些年开展的火星表面巡视器遥操作的情况。

美国1997年7月4日发射"索杰纳"(Sojourner)火星车着陆于火星表面"战神谷"区域。"索杰纳"火星车在火星表面上着陆器附近100m范围内进行了探测,工作了50个火星日(一个火星日约为地球上24.6h),成功地完成了预期任务,向地面遥操作中心发回了大量珍贵的照片和数据。地面通过一个漫游车控制平台(Rover Control Workstation,RCW)实施对"索杰纳"的控制。RCW构建了一个虚拟现实环境,火星车驾驶员坐在24英寸显示屏幕前,戴着三维虚拟现实眼镜,通过移动显示屏上的光标来操纵虚拟火星车。由于火星与地球之间的遥远距离,通信信号需要经过很长时间才能到达那里,所以地面对火星车的操控并不是实时的。"索杰纳"的主要工作模式是局部自主加遥操作。

在美国随后的火星探测项目中,火星车"勇气"号(Spirit)和"机遇"号(Opportunity)获得了漫游车探测史上巨大的成功。两者先后于2004年1月4日和25日分别登陆火星表面几乎相背的古谢夫环形山和梅里迪亚尼平原。火星探测器"漫游者"(Mars Exploration Rovers,MER)移动机构为6轮主副摇臂悬挂结构,能越过250mm的岩石,能在柔软沙地和突出的不规则岩石上行进。每个轮子都由独立运转的电动机驱动,前后两个轮子带有转向装置,可以使车体在原地做360°转向或改变运动方向。可以在45°斜面上保持不倾覆,但避障检测中最大只允许30°的倾角出现在规划路径上。在坚硬平直表面上的最大速度是50mm/s,但出于安全考虑,MER自带的避障软件会让车每行进10s就停下来花20s进行车体定位,所以实际速度约10mm/s。每个火星日仅在正午4h的时段内太阳才能提供足够的能源驱动火星车运动。在地面与火星之间的通信时延平均为20min的情况下,地面直接控制火星车从一个目标点运动到另一个目标点比较困难,因此,火星车的控制更多地依赖其自主功能。每个火星日开始,地面向火星车发送一个新的任务序列,地面的科学家和工程人员通过任务序列告诉火星车这一天运动到哪里,完成哪些科学实验等,之后,MER会自主地运动到指定目标点,完成各种科学探测。MER具有自主判断和决策能力,在行进中通过自主导航到达目的地。当地面指挥系统指示它可能到某个特定地点后,操作员可以根据所掌握的火星实际情况,手动选择行进路线。MER遥操作过程及模式如图1-1所示。

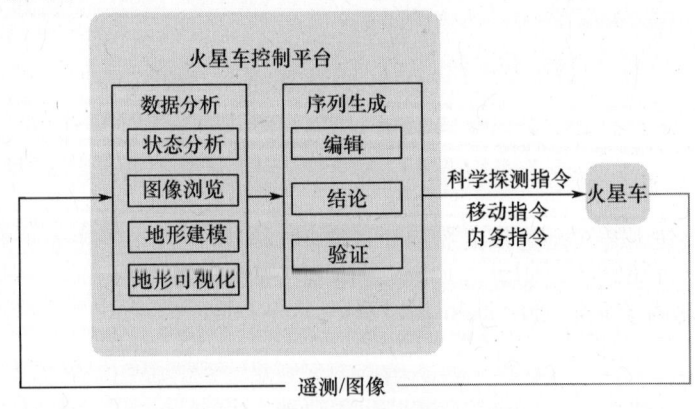

图1-1　MER火星车遥操作示意图

1.1.2　国内研究现状

与国外相比,国内关于星球表面巡视器的前期研究较少,起步较晚,直到"月球探测工程计划"宣布并启动以来,才引起了以国防科技大学、清华大学、哈尔滨工业大学、北京航空航天大学、上海交通大学、中国科技大学、中国科学院以及航天科技集团为主的一些高等院校和科研机构的研究热潮。目前,关于星球表面巡视器的研究仍以追踪国外研究成果为主,并在此基础上开展了我国月面巡视器方案设计、关键技术攻关和研制等研究工作,2013 年 12 月 2 日发射升空的"嫦娥"三号探测器携带我国自主研制的第一辆"玉兔"号月面巡视器于 2013 年 12 月 14 日成功着陆月球表面,并完成了一系列的月面巡视勘察工作。

1.2 月面巡视器遥操作

1.2.1 月面环境介绍

月面巡视器要在月面开展工作,因此在实施巡视器遥操作的过程中,一定要考虑月面环境对控制的影响。下面主要介绍对遥操作有着较大影响的月球的地形地貌和月壤。

1. 月球地形地貌

月球的基本地理单元包括月海(Mare)和高地(Highland)[3]。月海是月面上宽广的平原,月球上有 22 个月海,约占月表面积的 17%。除东海、莫斯科海和智海位于月球背面外,其他 19 个月海都分布在月球的正面。高地是指月球表面高出月海的地区,一般高出月球水准面约 2 ~ 3km,面积约占月表面积的83%。在月球正面,高地的总面积和月海的总面积大体相等;在月球背面,则高地面积要大得多。除月海、高地外,月面上布满了大大小小的撞击坑,撞击坑是月球上的一个独特的形貌特征。

月海平原相对平坦,最大坡度约为 17°,大部分坡度为 0° ~ 10°,标准方差为3.7°。高地地形起伏较月海地区大,最大坡度约为 34°,大部分坡度为 0° ~ 23°,标准方差为 4.5° ~ 6.0°,甚至更高。撞击坑内侧坡度很陡,在 25° ~ 50°之间,平均为 35°左右,外侧坡度则很缓,仅为 3° ~ 8°,平均为 5°左右,再向外则和平原相连。因此,着陆器和巡视器一般都选择月海平原或大型撞击坑的外测。另外,如果巡视器要在月面完成更大范围的巡视勘察,爬坡能力最好大于 25°[3]。

还有一个影响巡视器运动的指标是月表粗糙度。以 Surveyor 3 着陆区为例,据统计月表每 $100m^2$ 面积范围内的石块数分布如下:

(1)高度 $h > 6cm$ 的石块数 100 个;

(2)高度 $h > 25cm$ 的石块数 3 ~ 4 个;

(3)高度 $h > 50cm$ 的石块数 0.6 个。

所以,巡视器应能爬过高度为 25cm 的石块,越过直径 2 ~ 3m 的撞击坑。

2. 月壤

月壤是指由月球岩石碎屑、粉末、角砾、撞击熔融玻璃物质组成的、结构松散的混合物。除悬崖峭壁外,整个月球表面都被月壤所覆盖。月壤物理力学特性对巡视器运动影响很大,包括颗粒大小、孔隙度、凝聚力、内摩擦角、容积密度等。

3. 月球大气

月球的大气极为稀薄,其大气压平均只有地球的 10^{-14},因此通常认为月球没有大气。由于月球没有大气层的保温和传热,其表面昼夜温差非常大,白天受阳光照射的地方,温度可高达约 130℃,而夜间和阳光照射不到的阴暗处,温度会下降到约 -180℃。那么在如此严酷的温度下,就要考虑巡视器的生存问题,控制其在温差极大的月面正常开展工作。

1.2.2 月面巡视器的作用及组成

月面巡视器是指在月球表面进行巡视勘察的探测器。从广义上讲,月面巡视器是一种能够在月球表面移动,完成探测、采样、运输等复杂任务的航天器;从狭义上讲,月面巡视器是能适应月球表面环境,携带科学探测仪器在月球表面进行巡视探测的航天器。本书中描述的月面巡视器是指狭义概念中的月面巡视器。月面巡视器是一类特殊的航天器,不同于传统卫星、飞船的空间飞行,而是要在月球表面行驶,受到月球表面地形严格约束。

一般情况下,月面巡视器主要包括移动、结构与机构、制导导航与控制(Guidance,Navigation and Control,GNC)、综合电子、电源、热控、测控数传、机械臂和科学仪器等分系统[2]。

(1)移动分系统。移动分系统有轮式、履带式和腿式等多种类型,具备在月面前进、后退、转向(原地转向和行进间转向)、爬坡和越障等能力。

(2)结构与机构分系统。结构与机构分系统由结构和机构两部分组成。

结构一般采用箱板式主承力结构方案,具备足够的精度、强度和刚度,并能承受任务过程中遇到的各种载荷。

机构一般包括太阳翼机械部分、桅杆和机械臂。

(3)GNC分系统。GNC分系统一般包括太阳敏感器、惯性测量单元、导航相机、避障相机等,主要实现月面巡视器的环境感知、局部定位、局部避障以及运动控制,具体为:自主确定当前的相对位置、速度、姿态及航向,对其所处的环境进行感知、建模以及障碍识别,自主实现局部避障、车轮驱动及转向的协调控制。

(4)综合电子分系统。综合电子分系统一般由中心计算机、容错管理模块、二次电源模块、移动/机构控制驱动组件、遥控处理模块、遥测处理模块、火工品与热控处理模块、供配电处理模块、机箱等组成。采用集中式一体化的体系结构方案,设计成实时操作系统,实现遥测、遥控、程控、数据管理、导航与控制、移动与机构的驱动控制、火工品控制与各分系统供配电管理,提供时间基准以及时间校正等功能。

（5）电源分系统。电源分系统主要为月面巡视器提供所需的能源,包括一次电源、二次电源和配电器及电缆网。

（6）热控分系统。热控分系统主要为月面巡视器的仪器设备提供满足工作要求的温度环境,一般由两相流体回路系统、低温多层隔热组件、二次表面镜散热面、热控器、电加热器、热敏电阻、同位素热源(Radioisotope Heater Unit,RHU)等组成。

（7）测控数传分系统。测控数传分系统主要实现月面巡视器与地面的测控通信。一般由天线、应答机和发射机等组成。

（8）机械臂分系统。机械臂分系统主要利用腕部携带探测仪器在一定空间运动,并使探测仪器与探测目标的相对位置满足探测要求,其根据需要选用。

（9）科学仪器分系统。科学仪器分系统主要实现月表形貌与地质构造调查、月表物质成分和资源勘察、月球浅层内部结构探测、获取月壤机械特性等。

1.2.3 月面巡视器遥操作概念及模式

月面巡视器遥操作是地面遥操作中心根据探测器的状态、探测区域的环境和探测目标等生成遥现场,由科学家、工程师等协同工作,做出相应的规划并进行试验验证、提出控制策略,并按照一定的规则进行控制,同时在地面完成在线演示、故障的模拟及处置等。

月面巡视器遥操作与传统航天任务相比存在许多挑战和困难,主要体现在:

（1）不确定、非结构化的月面工作环境。月面环境是一个非确定性的未知复杂环境,"嫦娥"三号任务中"玉兔"号巡视器传回的照片也表明其周边布满撞击坑和石块。月球地形地貌和土壤成分大大增加了巡视器遥操作的难度。因此,为巡视器选取巡视勘察的地点,一般选择地势较平坦的月海地区。另外一个在遥操作过程中要考虑的重要环境因素是月壤,地面遥操作要考虑松软的月壤对巡视器运动的影响。

（2）任务过程中月面巡视器与环境的不间断实时交互。传统的航天器以环绕天体飞行的轨道器为主,它们的工作空间大都为真空,空间环境对其运行过程的影响主要来自太阳、地球和目标天体等主要天体的相对运动,且一旦正确入轨可得到精确的环境预报信息,航天器的在轨运行对环境几乎不产生任何影响。巡视器的运行过程则不同。月面巡视勘察时,天体运行同样会以光照约束、通信条件约束等形式影响巡视器的月面工作过程。但影响巡视器月面工作过程的主要因素是月面地形,包括月面地形的几何特征和月壤的物理特征两方面。月面地形仅是部分已知的特点,决定了巡视器必须在运行过程中实时感知其工作环境。反过来,随着巡视器在月面的移动,其位置的不断变化和时间的不断推进都改变了自身的工作环境。简言之,月面环境影响巡视器工作过程,巡视器的工作过程又改变了其工作环境。

(3) 环境感知以视觉为主。正如人类的双眼一样,巡视器感知月面主要通过安装在车体不同位置的立体相机对。根据双目视觉测量原理,处理立体相机对所获得的月面图像对,可以在地面恢复出月面三维地形信息。

(4) 月面工作计划实时确定。轨道航天器一经发射入轨,其运行轨迹即可确定。因此,轨道航天器的在轨飞行程序往往在任务前就能够通过人工或自动方式确定。巡视器则不同,其行驶位置、工作环境等都无法事先得知,因此它的月面工作计划也就不能采用目前这种提前生成的方法,而必须在巡视器到达月面后整个运行过程中,根据环境和探测目标实时规划。

(5) 天地交互频繁。巡视器的视觉图像处理、月面工作任务规划、科学探测点确定等活动都依赖地面工程师和遥操作系统的支持,任务过程中天地交互频繁,这对地面遥操作系统的高效性、灵活性等方面都提出了新的要求。

鉴于遥操作的特点,按照月面巡视器自主能力的高低,其控制模式包括空间操作模式、地面遥操作模式、地面遥操作半自主控制模式和地面遥操作+自主控制模式。

(1) 空间操作模式。空间操作模式目前是指载人登月过程中,对于载人巡视器实现的空间有人操作模式。空间操作控制指令由航天员直接或间接向巡视器发送。在这种控制模式中,巡视器没有自主能力,控制完全由航天员来进行。这种操作模式的特点是操作者可以比较清楚地知道周围环境。

(2) 地面遥操作模式。地面遥操作模式是指由遥操作者根据巡视器传回的图像和巡视器的状态信息做出详细的控制策略控制其行驶。这种控制模式需要地面遥操作者进行详细的任务规划,并形成控制指令序列发送至巡视器,对通信带宽和通信时段提出了更高的要求。

(3) 地面遥操作+半自主控制模式。地面遥操作+半自主控制模式是指巡视器既可由地面遥操作者发出指令来控制,又可由巡视器自身装载的计算机进行局部自主决策。这种控制模式可以提高系统的可靠性、鲁棒性以及处理不确定问题的快速性,减少地面遥操作控制,提高工作效率。

(4) 地面遥操作+自主控制模式。地面遥操作+自主控制模式是指巡视器在巡视探测过程中可由其自身装载的计算机进行自主决策,遥操作者仅仅根据需要发出阶段运行的指令并进行监控。这种控制模式将遥操作者排除在远程工作回路之外,与半自主控制模式相比,避免了时延的影响,同时遥操作者又可以随时干预巡视器的工作情况,不仅大大提高了巡视器的工作效率,而且增加了遥操作系统的灵活性、安全性。

1.3 月面巡视器遥操作系统

月面巡视器遥操作系统是月面遥操作技术的需求和应用,本书以我国"嫦娥"三号任务中构建的月面巡视器遥操作系统为例,介绍遥操作系统的软硬件系统组成和功能以及框架结构设计等内容。

月面巡视器遥操作系统主要完成落月后巡视器的状态监视、月面巡视地形建立、任务和路径规划、规划验证、平台管理、操控指令生成等任务,支持科学目标的选择和科学载荷的管理。一般情况下遥操作系统可以划分为任务调度与管理、巡视地形建立、任务与路径规划、遥操作可视化操控、规划验证 5 个子系统。具体功能如下:

1. 任务计划调度与管理子系统

任务计划调度与管理子系统是遥操作系统的核心管理者,承担了系统协调控制以及整个任务的进度控制,完成多任务/多目标任务规划与配置管理。依据标称计划、实测行驶路线和测控站预报、控制参数以及历史计划执行状态和测控网配置等信息生成多目标详细飞控计划,达到协调各分系统的工作、有效控制巡视器的目的。

具体包括以下几个方面:

(1)制定天地协同工作计划,根据巡视器活动情况和测控站工作计划,安排巡视器的任务、行为和动作,适时启动并监视地面的巡视地形建立、任务与路径规划、规划验证等遥操作活动。

(2)具备对主要信息处理过程进行时间统计的功能。

(3)具备地面信息处理任务进度监控和中间处理结果查询功能。

2. 巡视地形建立子系统

巡视地形建立子系统根据着陆器降落相机、监视相机、地形地貌相机、巡视器全景相机、导航相机、避障相机等提供的视觉信息,通过人机交互的方式进行环境建模,完成三维月面场景重构,生成 DEM/DOM 等图像产品。

3. 任务与路径规划子系统

任务与路径规划子系统主要用于完成在巡视器任务规划过程中搜索可行路线,并生成巡视器移动所需的控制参数;对巡视器的机械臂、桅杆、太阳翼等活动机构的控制量进行计算和预示;在巡视器科学探测过程中生成探测所需的探测点、导航点、行为属性集合等各类规划结果,并对单元规划生成的上行控制参数进行集成,生成巡视器控制所需的指令计划。

4. 规划验证子系统

规划验证子系统以视觉反馈为主要手段,以月面场景信息和巡视器信息的轮地交互为主要内容,展示虚拟巡视器在月面的运动过程,反映巡视器当前以及历史状态,实现执行前仿真验证、执行中监视干预、执行后恢复重现的功能。

5. 遥操作可视化操控子系统

为了增强全景图及全景三维地图的沉浸感显示效果,需要建立遥操作可视化操控系统。该系统具有如下功能:

(1)多视角和多尺度月面场景显示。

(2)感兴趣目标物的三维尺度测量。

(3)运动过程中巡视器构型(车体姿态以及各活动关节的角度和位置)显示。

1.3.1　硬件系统

遥操作系统的硬件系统主要分为计算机系统、指挥显示系统和通信系统。

遥操作计算机系统包括服务器、图形工作站及操作计算机。其中,服务器通过冗余千兆链路直接接入主、备汇聚交换机,图形工作站与操作计算机通过千兆链路分别连接接入交换机。

遥操作指挥显示系统区别于以往的指挥显示系统,为了增强全景图及全景三维地图的沉浸感显示效果,需要建立遥操作可视化操控系统。遥操作可视化操控系统主要由投影显示、视景创建、信号处理、中央控制及配套设施五部分组成:①投影显示系统。投影显示系统包括投影机、无缝多视窗系统、投影幕等,能够以多通道融合显示的方式,将视景创建系统生成的图像或者其他计算机信号等立体、非立体图像投影到屏幕上,产生一个具有沉浸感的虚拟现实环境。②视景创建系统。由高性能图形工作站及视景创建工具软件、应用软件组成,用于完成月面三维场景重构,以及利用探测器下传的遥测、数传等数据实现探测器在月面的环境场景与运动过程展示,逼真展现遥操作过程。③信号处理系统。信号处理系统包括 DVI 切换矩阵、同步立体矩阵、信号转换器和监视显示器,用于完成信号的输入输出切换和信号格式转换等功能。④中央控制系统。主要用来负责集中控制投影机的开关机、显示模式等的正常切换、矩阵切换器输入输出切换等系统的调节。⑤配套设施。配套设施包括 UPS 电源、桌面立体显示设备、操作厅显示终端等,为遥操作可视化操控系统运行提供保障。

遥操作通信系统的主要任务是为遥操作中心与各测控站(船)以及地面应

用中心之间提供稳定、可靠的传输手段;完成遥操作中心与各测控站(船)以及地面应用中心之间的指挥调度、数据、图像等通信;向遥操作中心相关设备提供标准时频信号,实现信息传输过程的安全防护。

1.3.2 软件系统

鉴于遥操作的复杂性以及遥操作功能与其他功能的相关性,按照共性功能和个性功能相对独立的原则,对于巡视器遥操作的个性功能,采取独立建设。对于共性功能,综合利用"原有基础"。此处的"原有基础"是指控制其他飞行器的通用软件系统,如遥测处理、遥控处理、轨道计算、信息交换、事后处理、数据存储、指挥显示、辅助支持等功能软件等。遥操作系统新增软件由地形建立、视觉定位、巡视器任务规划、路径规划控制、活动机构规划控制、规划验证、巡视器定姿定位等软件组成。

地形建立软件综合巡视器成像的配置参数,对巡视器导航相机、全景相机、避障相机等设备的月面成像进行处理分析,完成巡视器所处地形环境的三维重建,生成正射影像图(Digital Orthogonal Map,DOM)和数字高程图(Digital Elevation Map,DEM)等图像产品。

视觉定位软件完成着陆器、巡视器与月面指定点的绝对位置确定,着陆器、巡视器以及巡视器活动机构在全局坐标系中的位置与姿态的确定。

巡视器任务规划软件用于在巡视器科学探测过程中生成探测所需的探测点、导航点、行为属性集合等各类规划结果,并对导航单元规划(简称单元规划,包括路径规划、活动机构规划和机械臂规划)生成的上行控制参数进行集成,生成巡视器控制所需的指令计划。

路径规划控制软件用于在巡视器任务规划过程中搜索可行路线(径),并生成巡视器移动所需的控制参数。

活动机构规划控制软件对巡视器的机械臂、桅杆、太阳翼等活动机构的控制量进行计算及预示。

规划验证软件结合巡视器移动特性、月面环境,对所有上行操作的执行效果进行定性或定量分析,实现对任务规划结果的正确性和有效性进行评估,并提供定性或定量的数据支撑。

巡视器定姿定位软件提供巡视器位置姿态的计算服务。

遥操作系统软件配置项间信息接口关系如图 1-2 所示。

上述系统是我国自主研制的第一套用于航天任务的遥操作系统,突破了高精度月面视觉定位、月面巡视动态任务规划、路径规划与行走控制、虚拟现实操作与控制等多项关键技术,实现了地面对月巡视器探测器的高效、精确控制,使我国具备了对地外天体表面探测器进行控制的能力。

11

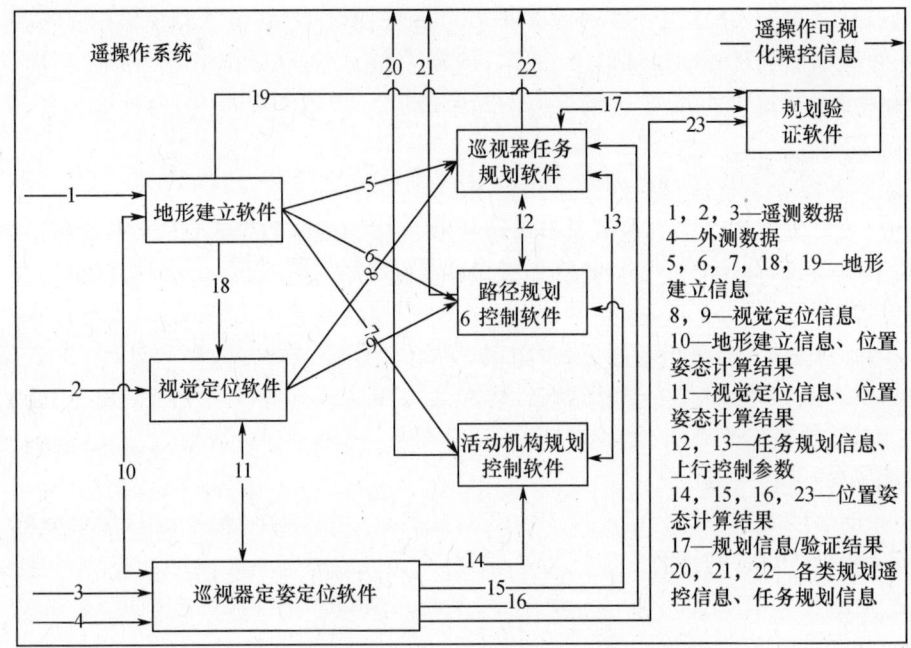

图1-2　遥操作系统软件配置项间信息接口关系

1.4　本书内容概况

随着我国深空任务的逐步开展,以月球和火星为探测热点的任务已经立项并实施,"嫦娥"三号巡视器是我国第一个在地球以外星体表面运动的探测器,未来我国还要发射在火星等其他星体表面运行的探测器。

本书主要围绕月球表面巡视器的遥操作关键技术,力求以工程实践为牵引,启发设计更加高效的遥操作系统。

第1章简要叙述了月面巡视器遥操作的概念和特点、国内外研究现状以及遥操作系统的组成。首先介绍各类与图像处理相关的坐标系定义及转换关系,然后介绍图像解析、预处理和特征点匹配的方法,以及各阶段图像产品的生成。

第2章介绍地形重构,地形重构是以巡视器实时获取的月面图像为基础,构建巡视器周边的三维地形,是进行路径规划的基础。

第3章是本书的重点,任务规划以一系列分布在月面的目标点集合为规划目标,生成从当前点到目标点的行驶路线,以及在途经各点上所需要完成的行为序列。本章主要着眼于巡视器任务规划中各种行为之间的作用机制及如何规划出月面工作序列的问题。

第4章首先从地形统计特征、月面光照条件、对地通信机会、光照阴影和通信遮挡等方面分析了月面环境因素对路径规划的影响,建立了月球表面综合环境,接着对路径搜索方法进行了讨论,最后为满足工程实施的需求,设计了路径优化方法,对路径搜索得到的理想路径进行优化,以得到平滑、操作性强的最终跟踪路径。

第5章介绍机械臂控制方法,首先建立机械臂安全工作模型及逆向运动学模型,设计具有避障能力的机械臂投放规划算法,在确保巡视器安全的前提下,自动生成机械臂关节转动策略和巡视器位置姿态调整策略,实现就位探测的高精度控制。

第6章从工程应用的角度,介绍视觉定位的约束条件和计算方法。

第7章以传统基于无线电测量为基础,介绍了在月面进行定位的模型及算法。重点介绍多种信号体制的干涉测量信号处理技术,该技术突破了传统甚长基线干涉(Very Long Baseline Interferometry,VLBI)、差分单程测距/测速(Differential One – Way Range/Doppler,DOR/DOD)、双差分单程测距/测速(DeltaDifferential One – Way Range/Doppler,ΔDOR/ΔDOD)、同波束干涉(Same Beam Interferometry,SBI)测量等技术,并通过集群并行处理等方式实现了海量深空干涉测量原始信号数据的快速处理,为月面高精度定位奠定了基础。

第8章以"嫦娥"三号任务巡视器为例,描述其在月球表面进行巡视勘察的遥操作过程。

参 考 文 献

[1] 吴伟仁,王大轶,宁晓琳. 深空探测器自主导航原理与技术[M]. 北京:中国宇航出版社,2011.

[2] 褚桂柏,张熇. 月球探测器技术[M]. 北京:中国科学技术出版社,2007.

[3] 嫦娥工程月球手册[M]. 国防科工委月球探测工程中心. 2005.

第 2 章　地　形　重　构

月面探测活动主要通过对近距离目标的操作来实现,这些活动对视野内的地表形貌及目标结构等参数测量的精度要求高。采用视觉方法进行月面地形感知成像,通过分析处理获得地形的高精确三维结构形貌,是月面活动测量的关键环节。本章对月面探测中地形成像感知所涉及的成像理论、图像处理方法、地形构建技术进行介绍,着重论述了月面特定光照和成像环境下的成像、图像处理和三维解算等相关内容。

2.1　成像测量基础

图像是物体表面反射或发出的光线经过相机镜头汇集到焦平面,由感光介质感受并记录光照强度所形成的二维分布。数字图像以 CCD 或 CMOS 为感光介质,记录二维离散位置上的光线强度,而从物体表面发出的光线到二维图像形成这一过程,在数学上通过数据变换给出了完备的理论描述。基于图像进行场景三维测量与重建则是成像过程的逆过程,是根据成像约束条件,从二维图像恢复三维数据的过程。本节介绍数字图像测量涉及的坐标定义、几何变换、感应成像和成像物理模型等理论基础。

2.1.1　坐标系定义

从三维物理世界到二维图像这一过程在几何光学中可由一系列坐标系变换完成。而通过二维成像恢复三维地形,是从二维图像点坐标反向解算对应点在空间坐标系下的位置。对于月面探测成像的处理,根据探测成像模型和数据解算的过程,需要涉及以下多个坐标系统。

1. 图像坐标系

在成像过程的描述中,为了便于像点和对应点空间位置的相互换算,在图像平面 S 中建立图像坐标系。图像坐标系一般用图像像素坐标系 (U, V) 表示,如图 2-1 所示,其定义为以图像左上角为原点,以像素为坐标单位的直角坐标系。U、V 分别表示该像素在数字图像中的列序号与行序号。该坐标系下的数值可以通过成像感光单元的实际尺寸转换为物理尺度。

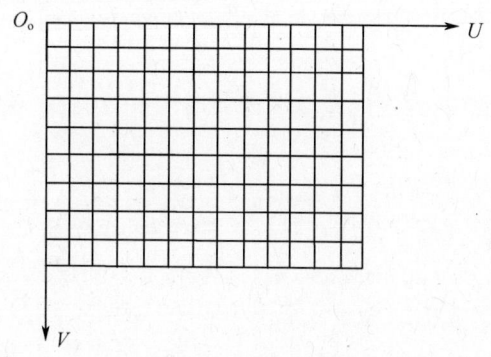

图 2-1　图像坐标系

2. 相机坐标系

相机坐标系的原点 O_c 为相机投影透镜的中心,基本平面为像平面,Z 轴沿光轴方向向前,X 轴垂直光轴向右,Y 轴与 Z 轴、X 轴构成右手坐标系,即垂直光轴向下。"左"和"右"是指朝向 $+Z$ 轴方向站立时的左和右,如图 2-2 所示。

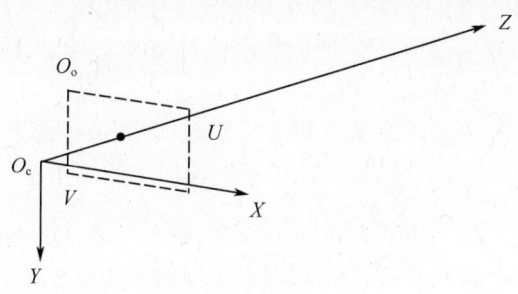

图 2-2　相机坐标系

3. 相机载体坐标系

月面探测过程中,探测相机安装在移动载体上,并随着载体的运动实现对大范围视野地形进行成像感知。相机载体坐标系描述载体自身结构相对于载体运动状态的位置姿态。以"嫦娥"三号巡视器为例,巡视器载体坐标系的原点定义在巡视器结构底板对月面的理论几何中心,X 轴在结构底板对月面内指向巡视器前进方向,Z 轴沿结构底板对月法线方向,指向月面,Y 轴与 Z 轴、X 轴构成右手坐标系。

通过相机在其载体上的位置、姿态等安装参数,结合载体自身的运动参数,可以将载体运动过程中不同位置成像的地形重建结果整合到统一的坐标框架下。

4. 月面当地水平坐标系

月面当地水平坐标系原点为月面点,X 轴指向当地正北方向;Y 轴指向当地正东方向;Z 轴与 X 轴、Y 轴构成右手系,指向月面;该坐标系也称为当地北东地坐标系。

在月面巡视过程中,原点通常取巡视器本体系的中心,该坐标系随着巡视器的移动而移动。

5. 月面定点水平坐标系

为了便于描述巡视探测载体在月面上的相对运动,通常选取载体经过的某个点作为坐标原点,建立北东地坐标系,该坐标系不随巡视器移动而移动,在一定距离范围内的地形重构结果通常采用相同的月面定点水平坐标系。由于该坐标系与描述运动载体在月面上的各项探测活动直接相关,又称为工作坐标系。

6. 月理坐标系(图 2-3)

目前建立的月球空间参考系统中,通常将月球看作是半径为 1737.4km 的均匀正球体,其中心与月球质心重合,其表面可作为测量月球表面的基准面。月球自转轴与月面相交于两点,分别为月球北极和南极。垂直于月球自转轴,并通过月心的平面称为月球赤道平面。月球赤道平面与月球表面相交的大圆(交线)称为月球赤道。平行于赤道的各个圆圈称为纬圈(或纬线),显然,赤道是最大的一个纬圈。通过自转轴垂直于赤道的平面称为经面,与月面相交的大圆称为子午圈,所有的子午圈长度相等。

月面没有固定的位置来定义本初子午线,目前绝大多数月面观测成果中定义本初子午线为过月球自转轴与月面赤道上朝向地球的平均位置(Mean Earth)的平面与月面的交线,国际天文学联合会(International Astronomical Union,IAU)建议采用"Mean Earth/Polar Axis Coordinate System"(平地球/极轴)作为现有月球坐标系统的标准。

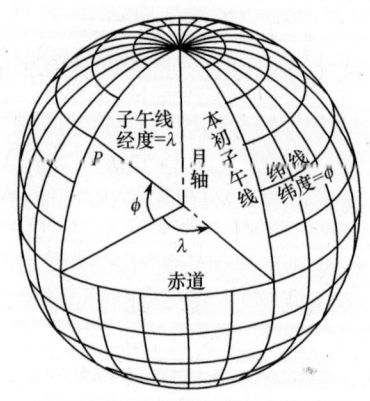

图 2-3 月理坐标系示意图

(1) 月理纬度。如图 2-3 所示,设椭球上有一点 P,通过 P 点作椭球面的法线,称为过 P 点的法线。法线与赤道面的交角称为 P 点的月理纬度,通常以

字母 ϕ 表示。纬度从赤道起算,在赤道上纬度为 0°,纬线离赤道越远,纬度越大,至极点纬度为 90°,赤道以北称为北纬,以南称为南纬。

(2)月理经度。过 P 点的子午面与本初子午面构成的二面角,称为 P 点的月理经度,通常用字母 λ 表示。以本初子午线作为计算经度的起点,该线的经度为 0°,向东 0°~180°为东经,向西 0°~180°为西经。

(3)月理高程。点 P 沿径向与参考球面的距离为高程,其定义向外为正,向内为负。

7. 着陆坐标系

着陆坐标系原点(着陆点)为着陆器对接环下端框、着陆器与运载火箭对接法兰的理论圆心,X 轴指向当地正北方向,Y 轴指向当地正东方向,Z 轴与 X 轴、Y 轴成右手系。

着陆坐标系原点(着陆点)位置一般表示在月球地理坐标系下,包含月理经度、月理纬度和月理高程值。

8. 图像存储坐标系

图像存储坐标系是图像以点阵方式存储过程中,其点阵排列时形成的坐标系。对其进行定义主要用于规范地形重构的结果,即 DOM 和 DEM。

DOM 和 DEM 以阵列方式进行存储,图像存储坐标系通常定义左上角像素的坐标为(0,0),即坐标原点;向右为 X 轴方向,向下为 Y 轴方向。存储时从左上角第一行第一个像素,依次从左至右排列,从上而下排列完一行后再排下一行,如图 2-4(a)所示。

DOM 和 DEM 所在投影面为月面定点水平坐标系的 XOY 面。图像存储坐标系的原点 O 位置在月面定点水平坐标系下指定,图像存储坐标系的 X 轴、Y 轴与月面定点水平坐标系的 X 轴、Y 轴平行,即分别为正北方向和正东方向,如图 2-4(b)所示。DOM 的 Z 值为灰度,DEM 的 Z 值为高程。

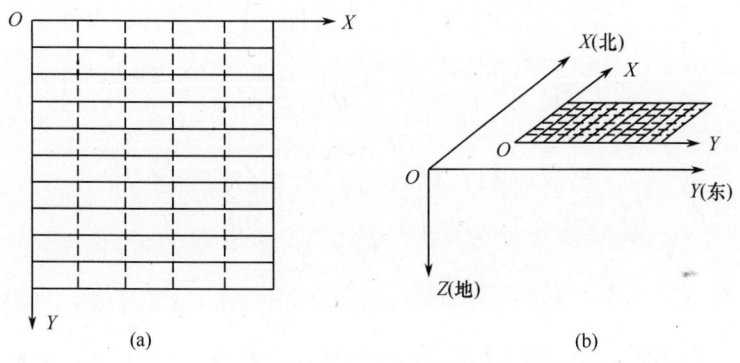

图 2-4　图像存储坐标系示意图

2.1.2 数字图像成像理论

月面巡视探测中,用于地形地貌重建的图像是相机焦平面光敏元件对接收光强的感应,在感光波长范围内,焦平面感光元件记录器相应记录上的光照强度值,形成二维数字图像。几何光学完备地描述了三维空间点到二维图像投影成像过程及其空间变换关系,用于测量的成像模型通常采用透视投影成像模型,也称为小孔成像模型。

1. 透视投影

根据光线汇聚成像原理,成像像点、光心与空间物点在一条直线上,空间物点发出的所有光线通过成像透镜的光学汇集作用,在像面上汇聚成像,称为针孔成像模型,即任何点 M 在图像中的投影位置 m,为光心 O_c 与 M 点的连线 O_cM 与图像平面的交点,这种关系也称透视投影。

透视成像的描述中,空间点到像点的坐标关系如图 2–5 所示,O_c 点称为摄像机光心,X_c 轴和 Y_c 轴与图像的 X 轴与 Y 轴平行,Z_c 轴为摄像机光轴,它与图像平面垂直。光轴与图像平面的交点,即为图像坐标系的原点,由点 O_c 与 X_c,Y_c,Z_c 轴组成的直角坐标系称为相机坐标系,OO_c 为摄像机焦距。

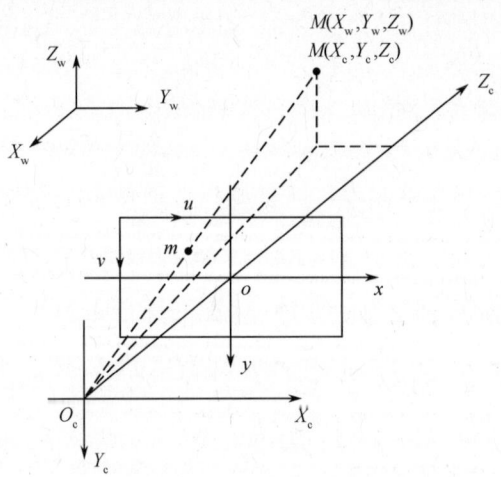

图 2–5 相机坐标系与世界坐标系

在相机坐标下,有比例关系如下:

$$\begin{cases} x = fX_c/Z_c \\ y = fY_c/Z_c \end{cases} \tag{2.1}$$

式中:(x,y) 为 m 点的图像坐标;(X_c,Y_c,Z_c) 为空间点 M 在相机坐标系下的坐标。

用齐次坐标和矩阵表示上述透视投影关系为

$$Z_{\mathrm{c}}\begin{bmatrix} x \\ y \\ 1 \end{bmatrix} = \begin{bmatrix} f & 0 & 0 & 0 \\ 0 & f & 0 & 0 \\ 0 & 0 & 1 & 0 \end{bmatrix} \begin{bmatrix} X_{\mathrm{c}} \\ Y_{\mathrm{c}} \\ Z_{\mathrm{c}} \\ 1 \end{bmatrix} \tag{2.2}$$

世界坐标系是描述相机安放在环境中位置与姿态的坐标系。为便于数据转换,在月面巡视探测系统中该相机载体坐标系通常视为世界坐标系。它由 X_{w},Y_{w},Z_{w} 轴组成。相机坐标系与世界坐标系之间的关系可以用旋转矩阵 **R** 与平移向量 **t** 来描述,即

$$\begin{bmatrix} X_{\mathrm{c}} \\ Y_{\mathrm{c}} \\ Z_{\mathrm{c}} \\ 1 \end{bmatrix} = \begin{bmatrix} \boldsymbol{R} & \boldsymbol{t} \\ \boldsymbol{0}^{\mathrm{T}} & \boldsymbol{1} \end{bmatrix} \begin{bmatrix} X_{\mathrm{w}} \\ Y_{\mathrm{w}} \\ Z_{\mathrm{w}} \\ 1 \end{bmatrix} \tag{2.3}$$

另外,在成像焦平面,传感器分别分 N 列和 M 行,图像中的每一个像素对应一个感光单元,如图 2-1 所示,在图像上定义的像素图像坐标系 u、v,每一像素为单位的图像坐标系坐标。由于 (u,v) 只表示像素位于数组中的列数与行数,并没有用物理单位表示出该像素在图像中的位置,因此,需要再建立以物理单位(如 mm)表示的图像坐标系,称为物理图像坐标系。该坐标系以图像内某一点 O_1 为原点,X 轴与 Y 轴分别与 u,v 轴平行,如图 2-6 所示。其中 (u,v) 表示以像素为单位的图像坐标系的坐标,(X,Y) 表示以物理尺度为单位的图像坐标系的坐标。在物理图像坐标系中,原点 O_1 定义在摄像机光轴与图像平面的交点,该点一般位于图像中心处,但由于某些原因,也会有些偏离,若 O_1 在 u,v 坐标系中坐标为 (u_0,v_0),每一个像素在 X 轴与 Y 轴方向上的物理尺寸为 $\mathrm{d}X$,$\mathrm{d}Y$,则图像中任意一个像素在两个坐标系下的坐标有如下关系:

$$\begin{cases} u = \dfrac{x}{d_x} + u_0 \\ v = \dfrac{y}{d_y} + v_0 \end{cases} \tag{2.4}$$

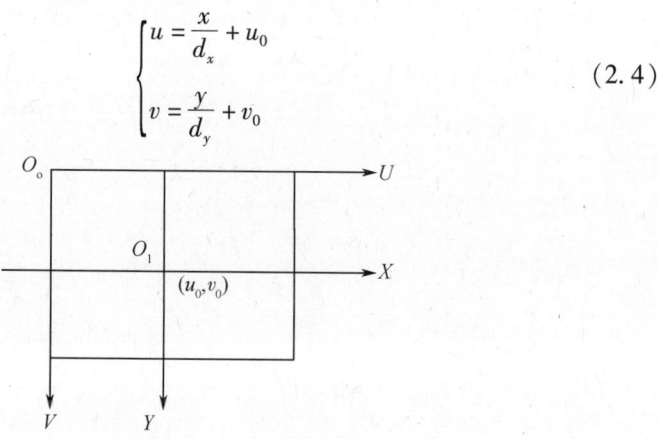

图 2-6　像素图像坐标系与物理图像坐标系

为以后使用方便,用齐次坐标与矩阵形式将上式表示为

$$\begin{bmatrix} u \\ v \\ 1 \end{bmatrix} = \begin{bmatrix} 1/d_x & 0 & u_0 \\ 0 & 1/d_y & v_0 \\ 0 & 0 & 1 \end{bmatrix} \begin{bmatrix} x \\ y \\ 1 \end{bmatrix} \qquad (2.5)$$

则综合上述坐标关系,从世界物理坐标系到像素图像坐标系的投影变换关系可用式(2.6)表示:

$$Z_c \begin{bmatrix} u \\ v \\ 1 \end{bmatrix} = \begin{bmatrix} f_x & 0 & u_0 & 0 \\ 0 & f_y & v_0 & 0 \\ 0 & 0 & 1 & 0 \end{bmatrix} \begin{bmatrix} X_c \\ Y_c \\ Z_c \\ 1 \end{bmatrix} = \begin{bmatrix} f_x & 0 & u_0 & 0 \\ 0 & f_y & v_0 & 0 \\ 0 & 0 & 1 & 0 \end{bmatrix} \begin{bmatrix} \boldsymbol{R} & \boldsymbol{t} \\ \boldsymbol{0}^{\mathrm{T}} & 1 \end{bmatrix} \begin{bmatrix} X_w \\ Y_w \\ Z_w \\ 1 \end{bmatrix} = \boldsymbol{M} X_w$$

$$(2.6)$$

式中:$f_x = f/d_x$;$f_y = f/d_y$;u_0,v_0 为相机内参数,其组成的矩阵即为内参数矩阵;对于从世界坐标系到像机坐标系的变换,是通过旋转矩阵 $\boldsymbol{R}$ 和平移矩阵 $\boldsymbol{T}$ 完成的,该变换矩阵称为外参数矩阵。

式(2.6)中变换矩阵 $\boldsymbol{M}$ 表达了像平面坐标系与世界坐标系之间的变换关系,称为透视投影矩阵,表示空间中三维点坐标与图像平面二维坐标之间的线性关系。

基于以上几何原理和相机模型得到的图像信息和三维信息之间的关系,存在不可逆性,即可以通过已知世界坐标系的坐标值求得二维坐标值,如果要进行二维坐标到三维坐标的反求还需要其他的数学模型辅助求解。

2. 成像采样

数字相机中的成像传感器是由数百万甚至上千万个 CCD 或 CMOS 感光元件组成,它们以平面阵列方式排列。在成像过程中,感光元件将接收到的光子转换成电子,并记录其强度,形成数字图像。若在此过程中只记录强度信息,而不反映光子波长(光的颜色)这一重要信息,则直接生成灰度图像。

对于彩色数字图像的记录,多采用 1976 年布莱斯·E. 拜尔(Bryce E. Bayer)提出的 Bayer 格式图像原始数据记录方法,这种模式在感光传感器表层上整合 RGB(红、绿、蓝)三原色的滤镜,即将一半像素安装绿色滤光片,给另一半分别安装等量的蓝色和红色滤光片。由于这种设计采用了类似于马赛克式的结构,拜尔滤光片又被称为马赛克式滤光片。

Bayer 格式图像原始数据记录模式下,图像传感器的彩色滤镜阵列元件以 Striped Array(条状阵列)形式,红、蓝、绿相互交替排列,各司其职,分别去"捕

捉"红、蓝、绿三原色的光能量,如图2-7所示。从光学角度而言,光线通过镜头的不同镜片组,投射抵达至整合了Bayer格式条状阵列滤镜的图像传感器,通过图像传感器记录了进光量的电荷,转成数字参数,形成为彩色数字图像信息。

由于人类眼睛识别颜色不是线性的,眼睛对于绿色更加敏感,故而在Bayer格式的条状阵列形式图像传感器三原色中,所搭载的绿色滤镜元件是红、蓝的两倍,即RGB的三原色滤镜数量比例是1:2:1,如图2-7所示。

图2-7 Bayer格式图像红、蓝、绿滤光分布示意图

Bayer模式下,每个像素都只能显示红、绿或蓝之中的一种颜色,这类图像的格式也称作"原始/未加工的图像数据"。要获取每个像素所对应的3种颜色的信息,则每个像素所缺失的另外两种颜色可以通过色彩插值进行弥补,也称作"色彩空间插值",典型的插值方法是如图2-8所示的双线性插值方法。对于下标44位置的像素,其蓝色分量B_{44}已直接获得,绿色分量G_{44}和红色分量R_{44}可通过式(2.7)计算。图2-9所示为Bayer格式原始数据的图像的显示效果,图2-10所示为颜色插值后的图像显示效果,其中右图为局部情况。

$$\begin{cases} G_{44} = (G_{34} + G_{43} + G_{45} + G_{54})/4 \\ R_{44} = (R_{34} + R_{43} + R_{45} + R_{54})/4 \end{cases} \tag{2.7}$$

在工业测量、航天测控成像的Bayer格式图像处理中,通常选择在计算机端而不是相机进行插值计算。这样做的优势在于,未加工的彩色图片所携带的信息量与单色图片的信息量相等,而转换这样的彩色图片与单色图片同样快捷。色彩插值的方法多种多样,用户可以根据应用需求在计算机上使用任何一种合适的插值方法。

3. 成像畸变

对于月面探测器摄像系统,相机镜头的制造安装工艺等因素使实际的成像模型不同于理想透视成像模型,通常镜头放大率随径向距离不同而不同,镜头的光轴中心并不严格共面。在相面上像点的位置通过修正才能符合透视成像模型。相机畸变模型描述实际像点与理想透视模型像点的修正量,常用的有五参

R_{11}	G_{12}	R_{13}	G_{14}	R_{15}	G_{16}	R_{17}
G_{21}	B_{22}	G_{23}	B_{24}	G_{25}	B_{26}	G_{27}
R_{31}	G_{32}	R_{33}	G_{34}	R_{35}	G_{36}	R_{37}
G_{41}	B_{42}	G_{43}	B_{44}	G_{45}	B_{46}	G_{47}
R_{51}	G_{52}	R_{53}	G_{54}	R_{55}	G_{56}	R_{57}
G_{61}	B_{62}	G_{63}	B_{64}	G_{65}	B_{66}	G_{67}
R_{71}	G_{72}	R_{73}	G_{74}	R_{75}	G_{76}	R_{77}

图 2 - 8　双线性颜色插值

图 2 - 9　Bayer 格式图像直接显示

图 2 - 10　Bayer 格式彩色插值还原图像

数模型与七参数模型、甚至高阶参数模型。由于一般加工与安装精度,七参数模型能较好地修正畸变,下面对七参数畸变修正模型进行介绍。

相机成像畸变七参数模型即布尔莎 – 沃尔夫(Bursa – wolf)模型,是一种空间坐标转换的严密模型,任何类型的空间坐标转换都适用。对于七参数模型,需要考虑镜头畸变误差的 3 种畸变,即径向畸变、偏心畸变和像平面畸变。像点 (u_d, v_d) 与畸变校正后的像点 (u'_d, v'_d) 关系为

$$\begin{cases} u'_d = u_d + \delta_r^u + \delta_d^u + \delta_m^u \\ v'_d = v_d + \delta_r^v + \delta_d^v + \delta_m^v \end{cases} \tag{2.8}$$

其中各修正项说明如下:

(1) 径向畸变。径向畸变主要由镜头缺陷造成,这类畸变是关于镜头主光轴对称的。正向畸变称为枕形畸变,负向畸变称为桶形畸变。其数学模型为

设 $\rho = \sqrt{u_d^2 + v_d^2}$ 为像点离像面中心的极径。令 $u_d = \rho \cos\varphi$,$v_d = \rho \sin\varphi$,径向畸变相对于平面坐标系中 U 轴和 V 轴的形式为

$$\begin{cases} \delta_r^u = u_d(k_1 \rho^2 + k_2 \rho^4 + k_3 \rho^6) \\ \delta_r^v = v_d(k_1 \rho^2 + k_2 \rho^4 + k_3 \rho^6) \end{cases} \tag{2.9}$$

式中:u_d, v_d 为像点在像面中的坐标;k_1, k_2 为径向畸变系数。

(2) 偏心畸变。切向畸变数学模型为

$$\begin{cases} \delta_d^u = p_1 \cdot (3u_d^2 + v_d^2) + 2p_2 \cdot u_d \cdot v_d \\ \delta_d^v = 2p_1 \cdot u_d \cdot v_d + p_2 \cdot (u_d^2 + 3v_d^2) \end{cases} \tag{2.10}$$

式中:u_d, v_d 为像点在像面中的坐标;p_1, p_2 为切向畸变系数。

(3) 平面畸变。像平面内的平面畸变,已简化成像素的长宽尺度比例因子和像平面 U 轴与 V 轴不正交所产生的畸变,其表达式为

$$\begin{cases} \delta_m^u = b_1(u_d - u_0) + b_2(v_d - v_0) \\ \delta_m^v = 0 \end{cases} \tag{2.11}$$

式中:b_1, b_2 为像平面内畸变系数。

考虑径向畸变、偏心畸变、平面畸变的七参数相机模型时,在精确测量工程中通常需要采用传统基于控制点成像的方法精确定标,通过空间控制点与像点的坐标构成成像方程来求解相机畸变参数 k_1、k_2、k_3、p_1、p_2、b_1、b_2。

2.1.3 月面探测成像模型

1. 相机系统

双目立体视觉系统在应用中配置简单、系统参数稳定、图像匹配与目标空间解算简便、使用场合广泛。典型的月面探测成像系统采用典型的双目视觉系统,该系统将固定基线的双目相机装载于云台及活动机构。如图 2 - 11 所示,在双目系统中基线指两相机光心之间的距离,是双目系统中非常重要的参数。

基于双目相机系统进行测量需要事先对视觉系统内参数进行标定,参数包括两个相机各自的焦距、主点、畸变系数等内参数,以及两个相机在云台上安装

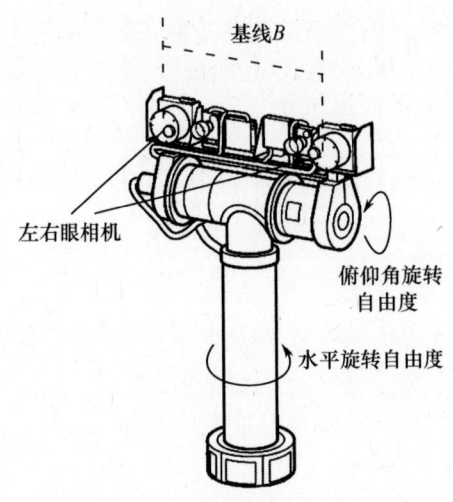

图2-11　月面探测系统双目视觉系统

的位置姿态外参数。

对于搭载双目系统的探测载体(探测车),通常要求获得在载体坐标系下的目标测量与场景重建结果,因此在上述参数下的图像测量结果,还需要转换到载体坐标系下,变换过程还需要载体运动机构自身的运动测量参数。

2. 感知过程

感知过程是双目成像系统在探测器运动、相机云台在受控条件下对所处环境的感知图像成像与处理的过程。

探测器对月面地形图像处理与地形重构处理在功能上可分为图像解析生成与图像分析处理两大部分。

图像解析部分接收探测器下传的数传图像数据,对下传数据进行数据解包、拼帧、数据组织从而生成标准图像数据,同时根据图像的成像时刻,查询生成图像所对应的拍照云台机构位姿、车体位姿等信息,生成图像描述文件,最后完成立体图像的左右目配对。图像解析的基本流程如图2-12所示。

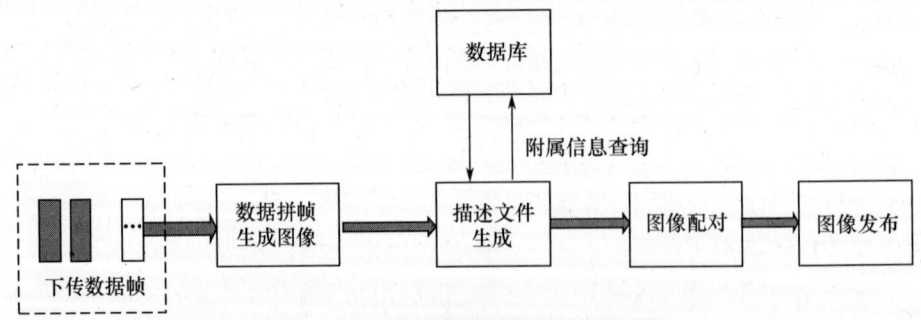

图2-12　下传图像数据解析处理流程图

24

图像分析处理部分以图像文件及其描述文件为处理对象,通过预处理、图像匹配、三维交会点云构建、坐标系转换、DEM/DOM 生成等处理,生成地形产品数据。对于探测器地形探测成像,基于图像构建地形图处理过程需要引入相机装载机构的位姿信息,其图像处理基本过程如图 2 – 13 所示。在该处理过程中,数据从二维图像最终转换为地形产品,数据变换的数据流如图 2 – 14 所示。

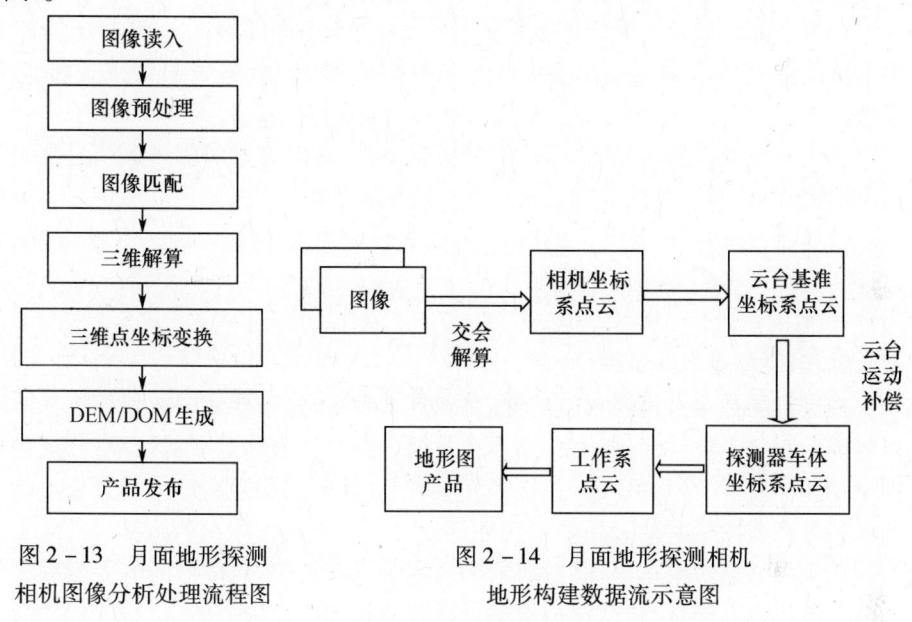

图 2 – 13　月面地形探测
相机图像分析处理流程图

图 2 – 14　月面地形探测相机
地形构建数据流示意图

2.2　图像预处理

2.2.1　图像解析与组织

1. 图像解析

月面探测器相机成像后向地面发送时,为了实现数据的稳定传输,通常采用分包的方式,即一幅图像需要分成多个数据帧发送,地面需要将收到的数据帧重新组合为一幅图像,如果图像数据经过了压缩,则还需要对图像进行解压缩,此过程即成为原始图像数据解析,具体包括数据解包、图像数据组包、图像解码、格式化存储。图像数据解析要考虑以下因素:

(1) 同时接收多个测控站的图像数据,分别进行处理,在无数据丢帧情况下先到先用,否则择优选用。

(2) 为了能够准确建立月面环境,月面探测器通常会配备多种成像范围的双目立体相机,在图像数据解析时需要正确识别数据的相机类型,将相应的相机

25

类型写入图像文件附属信息。

(3) 图像数据下传时通常会对数据帧进行编号,但实际传输过程中难免会发生数据乱序或是丢帧的现象,数据解析时要正确识别该帧数据在图像中的位置;在确认某一帧数据丢失时,需要对相应的位置进行预设值填充。

(4) 通常在图像数据的头部或尾部会包含成像时间、曝光时间等成像参数,图像解析时需要一并将成像参数进行提取。

(5) 在软件自动完成图像数据解析时,可通过天地通信的速率和图像的大小预估图像下传所需的时间,提高图像解析的效率,避免丢帧导致无限制地等待。

(6) 多个测控站跟踪时,若丢帧的位置不同,可以通过多测站选帧组合的方式,选择不同站间互补的数据重组完整的图像。

(7) 图像文件采用规范的标签图像文件格式(Tagged Image File Format,TIFF)存储、图像检索和信息提取。

2. 图像组织

1) 图像描述信息组织

在进行图像预处理、特征点匹配以及三维解算时,需要获取双目相机立体图像对成像时的参数,如成像时探测器在月面定点水平坐标系下的位置姿态、相机相对探测器车体的位置姿态、相机曝光参数、成像时的太阳高度角和方位角以及与此图像形成图像对的另一图像文件等。

成像参数通常来自不同的途径,如探测器的位置姿态、成像时的太阳高度角和方位角等由地面软件计算,相机相对探测器车体的位置姿态来自遥测参数,相机增益、曝光时长等从图像数据包中获取等。为了便于使用,将所需的成像参数收集整理形成图像的描述信息,描述信息的格式可以自定义,采用可扩展标记语言(eXtensible Markup Language,XML)格式。

对于立体视觉相机,图像的描述信息中需要标识其相对应的立体配对图像的名称信息,一般设计为根据成像时间匹配立体图像对。图像进行配对处理时需考虑单幅图像下传时间受数传帧频(数传信息速率/数传帧大小)影响,需根据不同的帧频设置立体图像对配对等待时间。如果在图像下传过程中出现异常,导致形成未配对成功的单目图像,可以通过人工干预方式识别配对图像,同时修改附属文件相关信息,完成立体左右目图像配对并重新发布。

2) 选优处理

在实际月面巡视探测工程中,为了提高系统的安全性,通常有两个甚至更多的测控站同时跟踪探测器,在收到多路数据时,为了提高图像处理的效率,需要从多路相同的图像数据中选出相对质量较好的进行处理,此过程即为图像选优。

图像一般按以下原则进行选优：

（1）优选丢帧数最低的。

（2）丢帧数相同时，优选先收到的。

在自动进行选优时，处理收到不同测控站数据的时间是不完全相同的，时间差包括空间距离时延差和测控站至遥操作中心的时延差两部分，自动选优时需合理设置等待时间，既要提高处理效率，又要避免漏选数据质量较好的测控站收到的图像。

2.2.2　图像处理

通过图像增强、图像分割等图像处理技术，可以消除月面特殊光照条件对成像质量的影响，增强基于图像的月面探测目标检测分析能力，本节介绍探测图像处理涉及的图像增强和图像分割方法，在图像增强中重点对点变换增强和直方图调整增强两类方法进行介绍，在图像分割方面介绍了常用的阈值分割、区域增长分割及人工干预分割方法。

1. 图像增强

1）点变换增强

点变换增强仅从单个像素点的强度属性进行变换。

月面图像点变换增强处理方法基本原理：按 $0 \sim 255$ 阶次对图像进行重新映射调整，使图像信息分布合理，利于图像分析与处理的执行，可采用线性灰度变换、分段线性灰度变换。

点变换可描述为，将输入图像中每个像素 (x, y) 的灰度值 $f(x, y)$，通过映射函数 $T(\cdot)$，变换成输出图像中的灰度 $g(x, y)$，即 $g(x, y) = T[f(x, y)]$。

（1）亮度增强。亮度增强功能有两种增强变换，即 $g(x, y) = k_s \times f(x, y)$ 与 $g(x, y) = f_0 + f(x, y)$，其对应的变换曲线如图 2-15 所示。

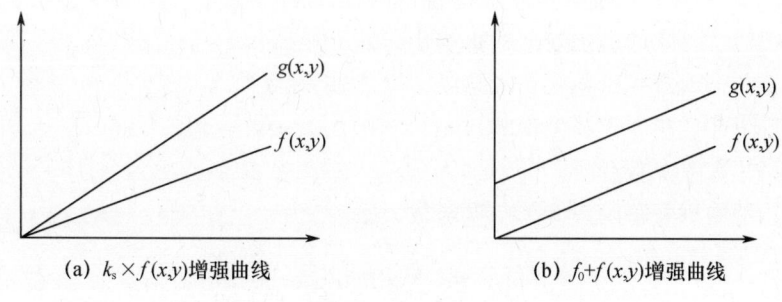

（a）$k_s \times f(x, y)$ 增强曲线　　　　（b）$f_0 + f(x, y)$ 增强曲线

图 2-15　图像亮度增强灰度变换曲线图

（2）对比度增强。对比度增强变换为 $g(x, y) = 128 + k_s \times (f(x, y) - 128)$，其对应的变换曲线如图 2-16 所示。

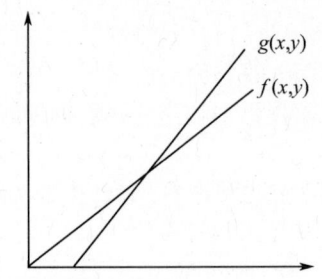

图 2 - 16   图像对比度增强灰度变换曲线图

2）统计变换增强

统计变换是根据整幅图像的统计信息进行评价，对像素的强度进行变换，典型的方法是直方图均衡化变换增强。

直方图增强变换为了使参与匹配的图像在光度上具有较好的一致性，避免整体变亮或变暗，对于极端亮、暗的图像进行均衡化处理。

图像均衡化的原理即要找到一种变换 $S = T(r)$ 使图像的直方图分布变平直，为使变换后的灰度仍保持从黑到白的单一变化顺序，且变换范围与原图像一致，必须满足以下条件：

（1）在 $0 \leq r \leq 1$ 中，$T(r)$ 是单调递增函数，且 $0 \leq T(r) \leq 1$。

（2）反变换 $r = T^{-1}(s)$，$T^{-1}(s)$ 也为单调递增函数，$0 \leq s \leq 1$。

从视觉特性考虑，一幅图像的直方图如果是均匀分布的，即 $P_s(s) = k$（归一化时 $k = 1$）时，图像色调将比较协调。图像均衡化即通过变换 $T(r)$ 将原图的直方图调整为均匀分布，以满足视觉图像处理的需求。

基于上述设定，根据输出图像的概率密度函数能通过变换函数 $T(r)$ 控制的概率论原理，可推导出能达到输出图像直方图均匀分布的变换函数为累积分布函数，基于此，图像均衡化处理的基本步骤如下：

（1）求出图像中所包含的灰度级 r_k，可以定为 $0 \sim L-1$。

（2）统计各灰度级的像素数目 $n_k (k = 0,1,2,\cdots,L-1)$。

（3）计算图像直方图。

（4）用累积分布函数计算变换函数，即

$$S_k = T(r_k) = \sum_{j=0}^{k} P_r(r_j) = \sum_{j=0}^{k} \frac{n_j}{n}$$

（5）用变换函数计算映射后输出的灰度级 S_k。

（6）统计映射后新的灰度级 S_k 的像素数目 n_k。

（7）计算输出图像的直方图。

2. 图像分割

图像中的目标在其边缘处表现为不连续性,在目标区域内部具有某种同一性,例如颜色同一、灰度同一或纹理同一。根据这种同一性质,把一幅图像上划分为若干个区域,每一个区域对应于某个目标或者目标的某一部分,这种处理称为图像分割。

图像分割即在给定均匀测度度量 P 执行,将表示该图像的二维像素的集合 x 分成若干个非空子区域,并且满足条件:

(1) 每个子区域非空,并且所有子区域的和是整个图像。

(2) 每个子区域自身是连通或直接连通的。

(3) 对于各个子区域,符合某种性质 P 的均匀属性,但是任何两个及以上子区域的和集不满足性质 P 均匀属性。

根据分割所采用的依据,主要有 3 种图像分割对星体表面探测成像具有针对性作用,包括阈值法分割、区域生长法分割、模式识别区域分割 3 类。

1) 阈值法分割

该方法是使用特定的阈值对各像素逐点判断分类,假设需将图像分成 N 类区域,则需要设定 $N-1$ 个阈值,根据每点像素的属性值进行分类,$T(j,k) = i-1$,如果 $T_{i-1} < B(j,k) \le T_i$,其中 $i = 1,2,\cdots,N$;$B(j,k)$ 是 (j,k) 点的某种属性,它可以是颜色值、灰度或图像的纹理特征度量。阈值法性能取决于阈值的选择。在人工参与阈值选择的应用条件下,通常可以根据视觉效果动态调整阈值来确定。图像特征的自身分布规律可以实现自动阈值确定进行图像分割。常用的阈值方法有基于直方图统计的阈值选择,对于两类区域的分割,阈值自动选择在阈值双峰之间的谷点。

2) 区域生长分割

前述的阈值法区域分割,实际是在各自子区域内具有均匀测度,这一特征是通过隐含的方法实现的。区域生长法分割直接基于特征属性,从某一像素点开始,逐步增加像素点进行区域增长,对这些像素组成的区域进行属性均匀性测试,若满足均匀性,则继续扩大区域,直到不满足均匀条件为止。

3) 人工标注图像分割

对于某些特定应用的图像分割,区域分割依据需要考虑不只一种均匀性属性,甚至需要考虑图像所对应的隐含属性,如图像所对应目标的三维测量信息等。这种情况下需要人工进行标注分割。在星体表面探测中,考虑到镜头污点、图像上大范围的阴影、过曝光等区域图像内容为不可靠信息,不能引入后端的图像分析与地形建立过程中,因此,在图像预处理阶段需要对图像无效区域进行标注,在后续三维交会处理中,对这些无效标注区域对应的三维空间设定为不可见区域,保证最终结果的可靠性。

2.3 图像匹配

图像特征点匹配是确定月面地形上同一目标点在不同图像(左右目立体图像、邻接序列图像)上的对应关系,并完成同名点定位的过程。由于不同图像的成像视角、光照条件、噪声干扰等成像条件的差别,图像特征点匹配是月面图像处理的重点和难点。

在地形重构过程中,通过图像核线校正将图像二维匹配点搜索约束到一维搜索,同时利用稀疏点匹配、密集匹配等分级匹配方法提高匹配可靠性。

月面地形构建图像处理中的特征点匹配分为立体图像匹配、序列图像匹配。在实现这些匹配过程中,综合应用了图像相关匹配、最小二乘图像匹配等基本的图像匹配算法。地形构建过程中的图像匹配流程关系如图2-17所示。

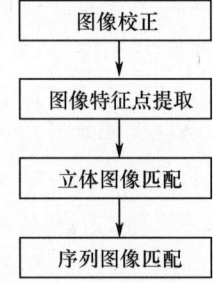

图2-17　巡视器相机图像匹配处理流程图

2.3.1 图像校正

图像校正是通过图像几何变换,消除参加匹配的双目立体图像一个方向的视差,而仅仅在一个方向存在视差,从而提高匹配的可靠性和效率。由于成像畸变的存在,实际成像并不满足透视成像关系,因此在几何变换前需要首先对图像进行成像畸变校正。

而对于短焦距的鱼眼镜头成像的匹配校正,还需要对成像的模型转换重投影,使其满足透视投影关系。

1. 畸变校正

畸变校正利用相机的畸变模型,经过重投影,消除相机镜头的径向畸变、偏心畸变和像半面畸变等成像畸变,使得图像点与所对应的空间物点满足透视投影成像模型。

畸变校正所用的畸变参数通过空间控制点与像点的坐标构成成像方程来求解,在此基础上畸变校正通过以下3个主要步骤完成:

(1)计算校正后图像的幅度。根据畸变参数和畸变模型计算待校正图像左上、左下、右上、右下4个边框点消除畸变后的坐标位置 P_{LT}、P_{LB}、P_{RT}、P_{RB},基于消除畸变后的位置确定校正图像的长、宽幅度。

(2)反向求解。根据校正图像边框点位置参数 P_{LT}、P_{LB}、P_{RT}、P_{RB} 计算校正图像上每个像素点 p_i 的校正后坐标值,在此基础上根据畸变校正模型和参数反向计算 p_i 在原始图像上的点位值参数 p_i'。

（3）根据位置在原图上双线性插值进行颜色值计算。

经过计算，校正图像上每个整数点位置所对应的原图上位置参数 p_i' 将不是整数点位置，这里采用双性插值的方法，根据原图上 p_i' 相邻的 4 个点的颜色值插值计算像素点 p_i 的颜色值，双线性插值方法具体实现参考 2.4.5 节内容。

对于短焦距鱼眼镜头，在进行畸变校正后还需要进行模型变换重投影，从 $f-\theta$ 鱼眼成像模型变换为 $f-\tan\theta$ 透视成像模型，之后再进行核线图像生成及后续处理。

2. 核线校正

核线校正是将非核线影像重新采样成核线校正图像，从而将二维的匹配问题简化为沿核线方向的一维匹配问题。

立体视觉中摄影基线与任一月面点构成的平面称为核面，核面与像面的交线称为核线。在立体像对上，同名像点一定位于同名核线上，而且同名核线对上的像点是一一对应的。如图 2-18 所示，AS_1S_2 是摄影基线 S_1S_2 和摄影射线 AS_1 所构成的平面，a_1 代表左方的图像，a_2 代表右方的图像。

在倾斜图像上，核线是相交的，交点是核点。将像片上的核线投影到一对"相对水平"的像片——平行于摄影基线的像片对，则核线相互平行。核线方向为 X 轴，同名点有相同的 Y 坐标。

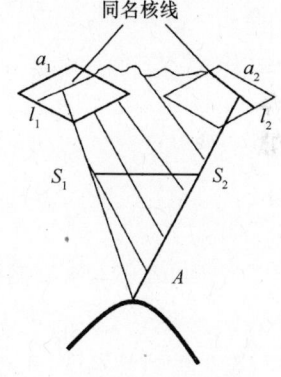

图 2-18　立体视觉核线与核面构成图

原始图像与核线校正图像比较如图 2-19 所示。

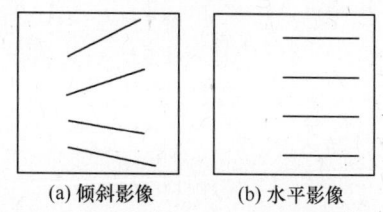

(a) 倾斜影像　　(b) 水平影像

图 2-19　原始图像与核线校正图像比较

核线图像生成步骤如下：

设一般位置关系的双目视觉中透视成像的左目像片点坐标为 x、y，其重新投影后水平相片坐标为 u、v，两个重投影新图像的像面平行于基线、左右成像光轴平行且两个图像坐标轴平行的"水平"像片。重投影图像的坐标轴方向之一为基线方向，通过向旋转后的新图像进行再投影可以实现核线图像的获取。将描述相机所处位置姿态的外部坐标系统定义为世界坐标系，世界坐标系到左目相机成像坐标系的旋转矩阵为 $\boldsymbol{R}$，世界坐标系到右目相机成像坐标系的旋转矩阵为 $\boldsymbol{R}'$，则根据共线方程可知重投影图像与左目相机原图像关系为

$$\begin{cases} x = -f\dfrac{a_1 u + b_1 v - c_1 f}{a_3 u + b_3 v - c_3 f} \\ y = -f\dfrac{a_2 u + b_2 v - c_2 f}{a_3 u + b_3 v - c_3 f} \end{cases} \tag{2.12}$$

式中：$a_1, a_2, a_3, b_1, b_2, b_3, c_1, c_2, c_3$ 为外方位元素的余弦值函数，即 $\boldsymbol{R} = \begin{bmatrix} a_1 & a_2 & a_3 \\ b_1 & b_2 & b_3 \\ c_1 & c_2 & c_3 \end{bmatrix}$，$f$ 为像片主距。在水平影像上，当 v 为常数时，即获得上述的水平核线图像。故将 $v = c$ 代入式(2.12)，得

$$\begin{cases} x = \dfrac{d_1 u + d_2}{d_3 u + 1} \\ y = \dfrac{e_1 u + e_2}{e_3 u + 1} \end{cases} \tag{2.13}$$

以等间隔 u 在水平图像的 u 方向上采样，采样点位置为 $k\Delta, (k+1)\Delta, (k+2)\Delta, \cdots$，对每一点可求得相应的原图点坐标 $(x_1, y_1), (x_2, y_2), (x_3, y_3), \cdots$，根据此对应关系即可实现核线图像的生成。同样方法，根据右目图像的姿态关系通过重投影插值可以容易获得右目图像的核线图像。

2.3.2 特征点提取

特征点是图像的重要特征，图像特征点多对应于实际场景中角点、边线端点、交点以及纹理突变点等关键部位，是图像中信息含量丰富的位置。特征点配准是三维地形密集重建的一个基础工作。

1 基于兴趣值的特征点提取

重点介绍摄影测量界特征点描述精度较高的 Forstner 算法，该算法是摄影测量和计算机视觉中应用最为广泛的。

Forstner 算法计算每个像素点的两个兴趣值，综合考虑这两个兴趣值确定特征候选点。Forstner 算法可以给出特征点的类型描述，重复性和定位性能也较好。

Forstner 特征提取算法通过计算各像素的 Robert 梯度和像素 (c, r) 为中心的灰度协方差矩阵，通过两个兴趣值来选择特征点。记图像坐标系表示为 $o - u$，v，(i, j) 位置的灰度值为 $g_{i,j}$，则特征提取算法步骤可描述如下：

（1）计算各像素的 Robert 梯度，即

$$\begin{cases} g_u = \dfrac{\partial g}{g_u} = g_{i+1,j+1} - g_{i,j} \\[3mm] g_v = \dfrac{\partial g}{\partial v} = g_{i,j+1} - g_{i+1,j} \end{cases} \tag{2.14}$$

（2）计算 1×1 窗口中灰度的协方差矩阵,即

$$\boldsymbol{Q} = \boldsymbol{N}^{-1} = \begin{bmatrix} \sum g_u^2 & \sum g_u g_v \\ \sum g_v g_u & \sum g_v^2 \end{bmatrix}^{-1} \tag{2.15}$$

（3）计算兴趣值 q 与 w,即

$$q = \frac{4 \mathrm{Det} \boldsymbol{N}}{(\mathrm{tr} \boldsymbol{N})^2} \tag{2.16}$$

$$w = \frac{1}{\mathrm{tr} \boldsymbol{Q}} = \frac{\mathrm{Det} \boldsymbol{N}}{\mathrm{tr} \boldsymbol{N}} \tag{2.17}$$

q 即像素 (c,r) 对应的误差椭圆的圆度。

（4）确定待选点。如果兴趣值大于给定阈值,则该像素为待选点。阈值 T_q、T_w 为经验值,参考值为下式,其中 $\overline{w}$ 为均值,w_c 为中值。当 $q > T_q$,同时 $w > T_w$ 时,该像素为待选点,即

$$T_q = 0.5 \sim 0.75$$

$$T_w = \begin{cases} f \overline{w} \, (f = 0.5 \sim 1.5) \\ c w_c \, (c = 5) \end{cases} \tag{2.18}$$

（5）选取极值点。以 w 为依据,选定窗口内最大待选点作为特征点。

在实际处理中,常采用其替代的快速算法,首先用一个简单的差分算子提取初选点,然后采用 Forstner 算子在 3×3 窗口计算兴趣值,并选择候选点,最后提取极值点为特征点,具体步骤如下:

（1）利用差分算子提取初选点。差分算子:计算像素 (c,r) 在上、下、左、右 4 个方向的灰度差分绝对值 d_{g1}、d_{g2}、d_{g3}、d_{g4},即

$$\begin{cases} d_{g1} = |g_{c,r} - g_{c+1,r}| \\ d_{g2} = |g_{c,r} - g_{c,r+1}| \\ d_{g3} = |g_{c,r} - g_{c-1,r}| \\ d_{g4} = |g_{c,r} - g_{c,r-1}| \end{cases} \tag{2.19}$$

$$M = \mathrm{mid}(d_{g1}, d_{g2}, d_{g3}, d_{g4}) \tag{2.20}$$

式中:mid 为取中值操作,对于给定的阈值 T,若 $M > T$,则 (c,r) 为特征初选点;否则,(c,r) 不是特征初选点。即若 4 个方向的差分绝对值有任意两个大于阈值,则该像素有可能是一个初选点。

（2）在初选点 (c,r) 为中心的 3×3 窗口中根据 Forstner 算子式计算协方差

矩阵 Q 及误差椭圆度 q。

（3）给定阈值 T_q，若误差椭圆长、短轴之比的极大值选择区间为 $3.2 \sim 2.4$，则可求得对应的 $T_q =$ 取值区间为 $0.32 \sim 0.5$；若 $q_{c,r} > T_q$，则该像素为一特征候选点，按下式原则确定其权 $w_{c,r}$，即

$$w_{c,r} = \begin{cases} 0 & (q_{c,r} < T_q) \\ \dfrac{\mathrm{Det}N}{\mathrm{tr}N} & (q_{c,r} > T_q) \end{cases} \tag{2.21}$$

（4）以权值为依据，选取一适当窗口中"权"最大者为特征点。

Forstner 算子较复杂，它能给出特征点的类型，而且精度也较高，在连续图像的特征点提取具有较好的重复性。

图 2-20 给出了一组大参数阈值约束下的模拟地形场景图像的 Forstner 特征点提取结果。

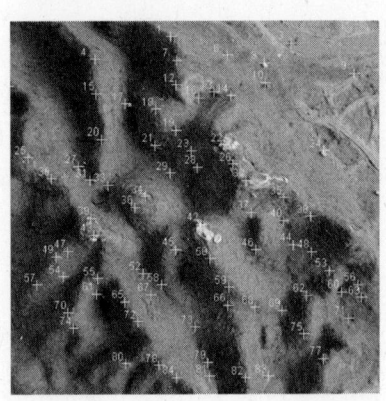

图 2-20　Forstner 特征点提取结果

2. 准均匀分布特征点提取

传统的 SIFT、Forstner、Harris 等特征提取算法采用整个图像范围内兴趣值最大化为准则提取特征点，这对于图像纹理分布不均匀而且纹理强度区域差别大的图像效果较差，将出现纹理在个别区域集中的情况，难以满足月面地形构建中密集全覆盖的地形重建要求。

本节介绍一种适用于地形重建的准均匀特征点提取方法，基本思想是将待处理图像划分若干个区域，在每个区域内基于兴趣值最大化的特征点提取，最终综合各个区域特征点从而获得全图均匀分布的特征点。算法通过以下步骤实现：

（1）将待测图像由 $I \times J$ 个网格均匀划分为 $I \times J$ 区域，如图 2-21 所示；

（2）在每个区域的图像上用已知的 Forstner 算法提取兴趣值最大的前 n 个点作为控制特征点。

Forstner 特征提取算法通过计算各像素的梯度和像素 (c,r) 为中心的灰度协方

差矩阵,在图像中寻找具有尽可能小而且接近于圆的误差椭圆的点作为特征点。

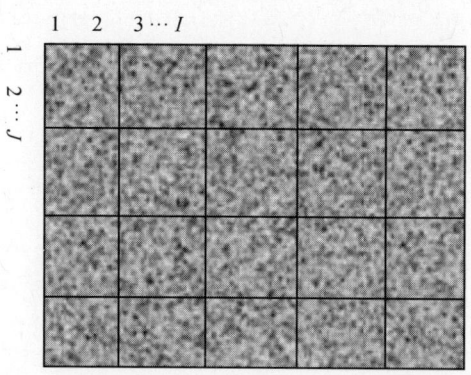

图 2-21　准均匀特征提取的图像网格划分

经过以上两个步骤,最终形成全图的均匀分布的控制特征点,共 $N = I \times J \times n$ 个。

对于同一幅纹理强度与空间分布不均匀的图像采用传统方法与本文结果比较,从提取特征点分布上看,采用本文方法实现了全图基本均匀的特征点分布,避免了传统方法提取特征点在某些局部区域上密集而在另一区域上缺乏的不足。

采用准均匀的特征提取算法与常规 Forstner 算法对月面成像进行了处理与结果比较,实验中采用 100 像素的度网格对图像划分,图 2-22 给出了两种方法的特征点提取结果,从图上可以看出对于纹理分布均匀方法两者结果一致性较好,而对于纹理分布不均匀的图像,本文算法提取结果在全图分布均匀性方面具有较大优势,适合于地形感知这类应用。

(a) 典型 Forstner 算法特征提取结果　(b) 准均匀特征提取算法特征提取结果

图 2-22　常规特征点提取结果与准均匀特征点提取算法比较

2.3.3　图像匹配算法

双目立体匹配通过两个步骤实现,即稀疏点匹配和密集匹配。

稀疏点匹配过程:对于左右目立体图像提取特征点,在其配对图像上搜索同名点,获得 N 个特征点。对稀疏点匹配,地形构建过程提供了两种可选方法:一种为强制搜索方法;另一种为左右目图像特征名互配对搜索方法。

强制搜索方法分为以下两个步骤:

(1) 在左图上提取特征点。

(2) 对左图上每一个特征点在右图上搜索其同名特征点。

左右目图像特征名互配对搜索方法实现过程如下:

(1) 在左、右图上分别提取特征点。

(2) 对左右图上的每个特征点在对应图像上特征点中寻找匹配点。

密集匹配是在稀疏点匹配的基础上,对于左右目立体图像中的一幅图像上间隔 Δd 的每一个点,在另一幅图像上搜索其对应匹配点过程。

地形构建中密集匹配是根据初始特征点构建形成的三角网为预测约束条件,通过最小二乘方法实现同名点匹配。

1. 灰度相关法匹配

搜索匹配点及互匹配计算通过图像相关匹配来实现,选取系数最大值作为匹配点。

相关方法是利用两个图像局部模块进行相关系数计算,通过比较相关系数,选择最大相关系数对应的位置作为匹配结果实现图像匹配。相关系数匹配时以相关系数为测度,针对目标区,在搜索区内寻找相关系数最大的点作为同名点。主要步骤如下:

(1) 在第一幅图像上确定一个特定点,称为目标点。以此特定点为中心选取 $m \times n$ 个像素的灰度阵列作为目标区或目标窗口。

(2) 估计配对图像上该目标点对应的同名点可能存在的范围,建立一个 $k \times l (k > m, l > n)$ 个像素的灰度阵列作为搜索区,如图 2－23 所示。

(3) 依次在搜索区中取出 $m \times n$ 个像素灰度阵列(搜索窗口通常取 $m = n$),计算其与目标区的相似性测度,即

$$\rho_{ij}\left(i = i_0 - \frac{l}{2} + \frac{n}{2}, \cdots, i_0 + \frac{l}{2} - \frac{n}{2}; j = j_0 - \frac{k}{2} + \frac{m}{2}, \cdots, i_0 + \frac{k}{2} - \frac{m}{2} \right) \quad (2.22)$$

式中:(i_0, j_0) 为搜索区中心像素。当取得最大值时,该搜索窗口的中心像素被认为是同名点,即

$$\rho_{c,r} = \max\left\{ \rho_{ij} \left| \begin{array}{l} i = i_0 - \dfrac{l}{2} + \dfrac{n}{2}, \cdots, i_0 + \dfrac{l}{2} - \dfrac{n}{2} \\ j = j_0 - \dfrac{k}{2} + \dfrac{m}{2}, \cdots, i_0 + \dfrac{k}{2} - \dfrac{m}{2} \end{array} \right. \right. \quad (2.23)$$

则 (c, r) 为同名点。

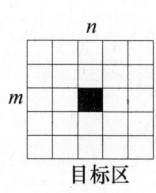
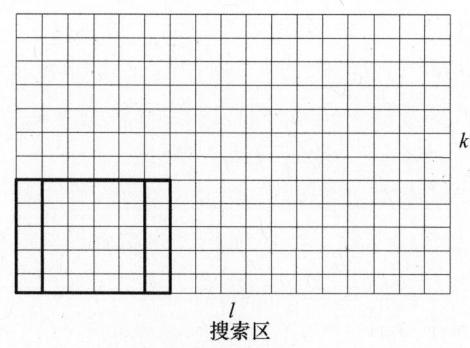

图 2-23 相关法图像匹配示意图

在相关法匹配中,相似测度称为相关系数,是标准化的协方差函数。协方差函数除以两信号的方差即相关系数。灰度函数 $g(x,y)$ 的相关系数为

$$\rho_k = \frac{\sigma'_{gg}}{\sqrt{\sigma_{gg}\sigma'_{g'g'}}} \qquad (k=0,1,\cdots,m-n) \tag{2.24}$$

式中:ρ_k 为相关系数;$g(x,y)$ 是以 (x,y) 为中心的目标区影像;$g'(x',y')$ 是搜索区中以 (x',y') 为中心的影像;σ'_{gg} 是以 (x,y) 为中心的目标区影像和以 (x',y') 为中心的影像的方差;σ_{gg} 是以 (x,y) 为中心的目标区影像的方差;$\sigma_{g'g'}$ 为搜索区中以 (x',y') 为中心的影像的方差,则

$$\begin{cases} \overline{g} = \dfrac{1}{n^2}\sum_{i=1}^{n}\sum_{j=1}^{n}g_{ij} \\[2mm] \overline{g}' = \dfrac{1}{n^2}\sum_{i=1}^{n}\sum_{j=1}^{n}g'_{i+k,j+k} \\[2mm] \sigma_{gg} = \dfrac{1}{n^2}\sum_{i=1}^{n}\sum_{j=1}^{n}g_{ij}^2 - \overline{g}^2 \\[2mm] \sigma_{g'g'} = \dfrac{1}{n^2}\sum_{i=1}^{n}\sum_{j=1}^{n}g'^2_{i+k,j+k} - \overline{g'_{kk}}^2 \\[2mm] \sigma_{gg'} = \dfrac{1}{n^2}\sum_{i=1}^{n}\sum_{j=1}^{n}g_{ij}g_{i+k,j+k} - \overline{g}\,\overline{g}' \end{cases} \tag{2.25}$$

式中:g_{ij} 为坐标为 (i,j) 的影像的灰度;g 是以 (x,y) 为中心的目标区影像灰度的平均值。当 ρ 取得最大值时,搜索窗口的中心像素认为是同名点。

2. 最小二乘匹配

最小二乘法在影像匹配中的应用是 20 世纪 80 年代发展起来的。该方法充分利用了影像窗口内的信息进行平差计算,使影像匹配可以达到亚像素精度。它不仅可以用于数字地面模型生成过程,产生 DOM,而且可以用于控制点的加密以及工业上的高精度量测。由于在最小二乘影像匹配中可以非常灵活地引入

各种已知参数和条件(如共线方程等几何条件、已知的控制点坐标等),从而可以进行整体平差。它不仅可以解决"单点"的影像匹配问题,以求其"视差",也可以直接求解其空间坐标,而且可以同时求解待定点的坐标与影像的外方位元素,还可以同时解决"多点"影像匹配。

影像匹配中判断影像匹配的度量很多,其中一种是"灰度差的平方和最小"。若将灰度差记为余差 v,则上述判断可写为 $\sum vv = \min$。

因此,它与最小二乘的原则是一致的。但是,一般情况下,它没有考虑影像灰度中存在着系统误差,仅仅认为影像灰度只存在偶然误差(随机噪声 n),即 $n_1 + g_1(x,y) = n_2 + g_2(x,y)$ 或 $v = g_1(x,y) - g_2(x,y)$。

这就是一般的按 $\sum vv = \min$ 原则进行影像匹配的数学模型。若在此系统中引入系统变性的参数,按 $\sum vv = \min$ 的原则解求变形参数,就构成了最小二乘影像匹配系统。

影像灰度的系统变形有两大类,一类是辐射畸变,另一类是几何畸变,由此产生了影像灰度分布之间的差异。产生辐射变形的原因包括照明及被摄物体辐射面的方向、大气与摄影机物镜所产生的衰减、摄影处理条件的差异以及影像数字化过程中所产生的误差等。产生几何畸变的主要因素包括:摄影方位不同所产生的影像透视畸变、影像的各种镜头畸变以及由于地形坡度所产生的影像畸变等。

两个二维影像之间的变形,不仅存在相对移位,而且还存在图形变化。如图 2-24 所示,左方影像上为矩形影像窗口,而在右边影像上相应的影像窗口,是个任意四边形。

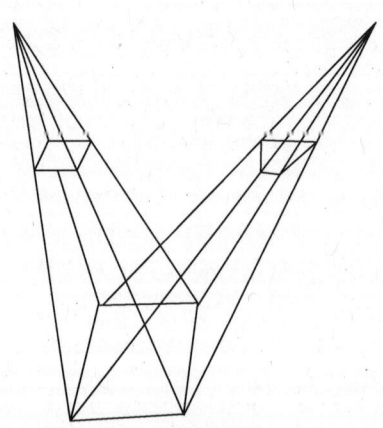

图 2-24　图像匹配中图像变形示意图

只有充分考虑影像的几何变形,才能获得最佳的影像匹配。但是,由于影像

匹配窗口的尺寸均很小,所以一般考虑一次畸变,即

$$\begin{cases} x_2 = a_0 + a_1 x + a_2 y \\ y_2 = b_0 + b_1 x + b_2 y \end{cases} \tag{2.26}$$

若同时再考虑右方影像相对于左方影像的线性灰度畸变,则可得

$$g_1(x,y) + n_1(x,y) = h_0 + h_1 g_2(a_0 + a_1 x + a_2 y, b_0 + b_1 x + b_2 y) + n_2(x,y) \tag{2.27}$$

线性化后,可得最小二乘影像匹配的误差方程式为

$$v = c_1 \, \mathrm{d}h_0 + c_2 \, \mathrm{d}h_1 + c_3 \, \mathrm{d}a_0 + c_4 \, \mathrm{d}a_1 + c_3 \, \mathrm{d}a_2 + c_6 \, \mathrm{d}b_0 + c_7 \, \mathrm{d}b_1 + c_8 \, \mathrm{d}b_2 - \Delta g \tag{2.28}$$

式中:$\mathrm{d}h_0, \mathrm{d}h_1, \mathrm{d}a_0, \cdots, \mathrm{d}b_2$ 是特定参数的改正值,它们初值分别为

$$h_0 = 0; h_1 = 1; a_0 = 0; a_1 = 1; a_2 = 0; b_0 = 0; b_1 = 0; b_2 = 1 \text{。}$$

观测值 Δg 为相应像素的灰度差,误差方程式的系数为

$$\begin{cases} c_1 = 1 \\ c_2 = g_2 \\ c_3 = \dfrac{\partial g_2}{\partial x_2} \dfrac{\partial x_2}{\partial a_0} = (g_2)_x = g_x \\ c_4 = \dfrac{\partial g_2}{\partial x_2} \dfrac{\partial x_2}{\partial a_1} = x g_x \\ c_5 = \dfrac{\partial g_2}{\partial x_2} \dfrac{\partial x_2}{\partial a_2} = y g_x \\ c_6 = \dfrac{\partial g_2}{\partial y_2} \dfrac{\partial y_2}{\partial b_2} = g_y \\ c_7 = \dfrac{\partial g_2}{\partial y_2} \dfrac{\partial y_2}{\partial b_1} = x g_y \\ c_8 = \dfrac{\partial g_2}{\partial y_2} \dfrac{\partial y_2}{\partial b_2} = y g_y \end{cases} \tag{2.29}$$

由于在数字影像匹配中,灰度均是按规则格网排列的离散阵列,且采样间隔为常数 Δ,因此上式中的偏导数均用差分代替,即

$$g_y = g_J(I,J) = \frac{1}{2} [g_2(I,J+1) - g_2(I,J-1)]$$
$$g_x = g_I(I,J) = \frac{1}{2} [g_2(I+1,J) - g_2(I-1,J)] \tag{2.30}$$

逐个像元建立误差方程式,其矩阵形式为:$\boldsymbol{V} = \boldsymbol{CX} - \boldsymbol{L}$,其中,$\boldsymbol{X} = [\, \mathrm{d}h_0 \; \mathrm{d}h_1 \; \mathrm{d}a_0 \; \mathrm{d}a_1 \; \mathrm{d}a_2 \; \mathrm{d}b_0 \; \mathrm{d}b_1 \; \mathrm{d}b_2 \,]^{\mathrm{T}}$。

在建立误差方程式时,可采用以目标区中心为坐标原点的局部坐标系。由

误差方程式建立法方程式 $(\boldsymbol{C}^{\mathrm{T}}\boldsymbol{C})\boldsymbol{X}=(\boldsymbol{C}^{\mathrm{T}}\boldsymbol{L})$。

最小二乘影像匹配的迭代过程如图 2 – 25 所示。

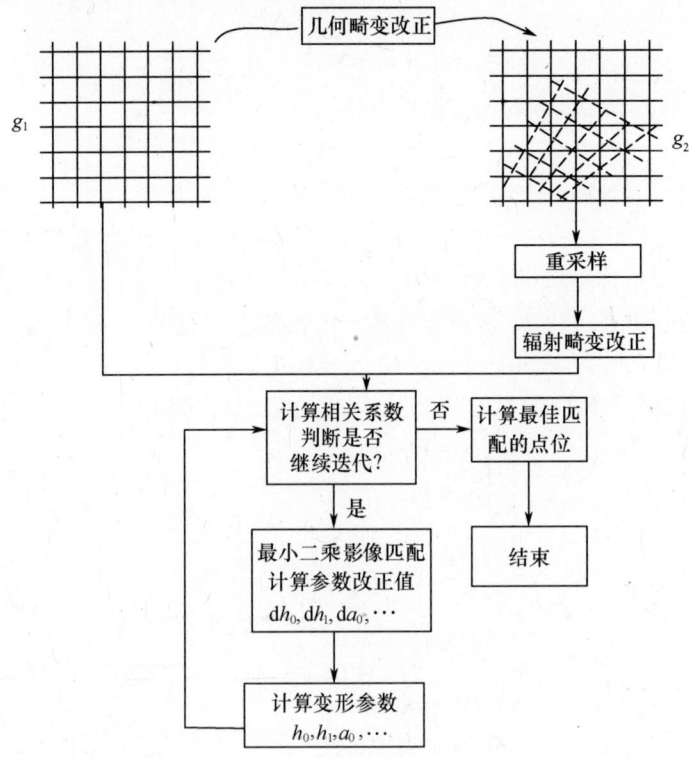

图 2 – 25　最小二乘图像匹配流程示意图

最小二乘具体步骤如下：

（1）几何变形改正。根据几何变形改正参数 a_0、a_1、a_2、b_0、b_1、b_2，将左方影像窗口的像片坐标变换至右方影像阵列，即

$$\begin{cases} x_2 = a_0 + a_1 x + a_2 y \\ y_2 = b_0 + b_1 x + b_2 y \end{cases} \tag{2.31}$$

（2）重采样。采用双线性内插进行灰度重采样计算 $g_2(x_2,y_2)$。

（3）辐射畸变改正。利用由最小二乘影像匹配所求得辐射畸变改正参数 h_0、h_1，对上述重采样结果做辐射改正，即 $h_0 + h_1 g_2(x_2,y_2)$。

（4）计算左方影像窗口与经过几何、辐射改正后的右方影像窗口的灰度阵列与之间的相关系数 ρ，判断是否需要继续迭代。若相关系数小于前一次迭代后所求得的相关系数，则可认为迭代结束。

（5）采用最小二乘影像匹配，求解变形参数的改正值 dh_0，dh_1，da_0，…。

（6）计算变形参数。设 h_0^{i-1}，h_1^{i-1}，a_0^{i-1}，a_1^{i-1}，…是前一次变形参数，则 dh_0^i，

$\mathrm{d}h_1^i,\mathrm{d}a_0^i,\mathrm{d}a_1^i,\cdots$ 是本次迭代所求得的改正值,那么,几何改正参数 $a_0^i,a_1^i,\cdots$ 为

$$\begin{bmatrix}1\\x_2\\y_2\end{bmatrix}=\begin{bmatrix}1&0&0\\a_0^i&a_1^i&a_2^i\\b_0^i&b_1^i&b_2^i\end{bmatrix}\begin{bmatrix}1\\x\\y\end{bmatrix}=\begin{bmatrix}1&0&0\\\mathrm{d}a_0^i&1+\mathrm{d}a_1^i&\mathrm{d}a_2^i\\\mathrm{d}b_0^i&\mathrm{d}b_1^i&1+\mathrm{d}b_2^i\end{bmatrix}\begin{bmatrix}1&0&0\\a_0^{i-1}&a_1^{i-1}&a_2^{i-1}\\b_0^{i-1}&b_1^{i-1}&b_2^{i-1}\end{bmatrix}\begin{bmatrix}1\\x\\y\end{bmatrix}$$

$$(2.32)$$

所以,有

$$\begin{cases}a_0^i=a_0^{i-1}+\mathrm{d}a_0^i+a_0^{i-1}\,\mathrm{d}a_1^i+b_0^{i-1}\,\mathrm{d}a_2^i\\a_1^i=a_1^{i-1}+a_1^{i-1}\,\mathrm{d}a_1^i+b_1^{i-1}\,\mathrm{d}a_2^i\\a_2^i=a_2^{i-1}+a_2^{i-1}\,\mathrm{d}a_1^i+b_2^{i-1}\,\mathrm{d}a_2^i\\b_0^i=b_0^{i-1}+\mathrm{d}b_0^i+a_0^{i-1}\,\mathrm{d}b_1^i+b_0^{i-1}\,\mathrm{d}b_2^i\\b_1^i=b_1^{i-1}+a_1^{i-1}\,\mathrm{d}b_1^i+b_1^{i-1}\,\mathrm{d}b_2^i\\b_2^i=b_2^{i-1}+a_2^{i-1}\,\mathrm{d}b_1^i+b_2^{i-1}\,\mathrm{d}b_2^i\end{cases}$$

$$(2.33)$$

对于辐射畸变参数,有

$$\begin{cases}\begin{bmatrix}1\\g_1\end{bmatrix}=\begin{bmatrix}1&0\\\mathrm{d}h_0^i&1+\mathrm{d}h_0^i\end{bmatrix}\begin{bmatrix}1&0\\h_0^{i-1}&h_1^{i-1}\end{bmatrix}\begin{bmatrix}1\\g_2\end{bmatrix}\\h_0^i=h_0^{i-1}+\mathrm{d}h_0^i+h_0^{i-1}\,\mathrm{d}h_1^i\\h_1^i=h_1^{i-1}+h_1^{i-1}\,\mathrm{d}h_1^i\end{cases}$$

$$(2.34)$$

(7) 计算最佳匹配的点位。根据最小二乘匹配的精度理论可知,坐标精度取决于影像灰度的梯度 g_x^2、g_y^2。根据梯度的平方为权,在左方影像窗口内对坐标做加权平均,即

$$\begin{cases}x_\mathrm{t}=\sum x\cdot g_x^2/\sum g_x^2\\y_\mathrm{t}=\sum y\cdot g_y^2/\sum g_y^2\end{cases}$$

$$(2.35)$$

以它作为目标点坐标,同名点坐标可由最小二乘影像匹配所求得的几何变换参数求得

$$\begin{cases}x_\mathrm{s}=a_0+a_1x_\mathrm{t}+a_2y_\mathrm{t}\\y_\mathrm{s}=b_0+b_1x_\mathrm{t}+b_2y_\mathrm{t}\end{cases}$$

$$(2.36)$$

3. 特征距离比较匹配

特征距离比较方法是根据特征点特征描述的相似程度评判两个特征点配准的准确度,通常使用特征的描述向量之间的距离作为评判测度,距离越小则配准度越高。

特征距离比较方法进行匹配的实现过程:首先对每一个特征点建立特征向量,然后计算待匹配点与每一个候选特征点之间的特征距离,最后对这些特征距

离进行比较,选择距离最小的作为同名匹配点。在特征距离比较匹配的基础上,引入特征距离分布的曲线拟合,实现最终的高精度同名匹配。

利用特征点的特征匹配距离作为相似测度,通过对相似测度关于位置做二次拟合来精确定位的匹配方法,类似基于灰度直接匹配的相关系数拟合定位方法,具体的实现过程描述如下:

(1) 建立参考图待匹配特征点和匹配图像上候选点的特征向量描述。假设已知参考图上的特征点 $p'(x',y')$,匹配任务是在匹配图上初始点 $p(x_0,y_0)$ 附近精确定位 $p'(x',y')$ 的同名匹配对应点。在参考图上,以待匹配点 $p'(x',y')$ 为中心,根据其邻近区域的图像建立其特征向量 $V'_{p'(x',y')}$。对匹配图像上的 $p(x_0,y_0)$ 点及其周围 $n_x \times n_y$ 范围内每个点 $p(x_i,y_i)$ 建立特征向量 $V_{p(x,y)}$。由于 n_x、n_y 较小(通常取 3 或 5),可以将这些特征向量的主方向取为以 $p(x_0,y_0)$ 为中心的特征的主方向。

(2) 计算特征距离相似测度。在基于特征距离比较的匹配定位中,本文定义特征距离相似测度函数 f_d。若两幅图像上目标点的特征描述为 V_1 和 V_2,V_1 为参考图上目标点的特征向量,V_2 为待匹配图像候选点的特征向量。定义两个特征点的特征距离相似测度为两个特征向量所有分量差的绝对值之和,如式(2.37)表示。特征距离相似测度函数衡量两个特征间的匹配程度,相似差越小匹配程度越好,反之匹配程度越差。

$$f_d = \sum_{i=1}^{n} |v_{1i} - v_{2i}| \qquad (2.37)$$

(3) 二次曲线拟合精确定位。基于特征距离描述的精确匹配定位方法类似基于灰度匹配中的相关系数拟合定位方法。实现流程如下:

(1) 计算参考图像上待匹配点 $p'(x',y')$ 的特征向量 $V'_{p'(x',y')}$ 与匹配图像上所有候选点 $p(x_i,y_i)$ 的特征向量的特征距离相似测度函数 $f_d(V'_{p'(x',y')}, V_{p(x,y)})$。

(2) 将所有的相似测度函数关于位置变量用二次曲线拟合,曲线的极小值点即精确匹配位置。

2.3.4 立体图像匹配

上节介绍了图像匹配的具体算法,在月面图像处理中双目视觉采集的左右目立体图像匹配是地形重构数据计算的基础,在应用立体匹配基本算法的基础上,重点需要设计可靠的匹配测量和约束条件,保证立体匹配的可靠性和自动化程度。本节介绍通过稀疏匹配和密集匹配两步的立体图像匹配方法。

1. 稀疏点匹配

在图形匹配的整个流程中,稀疏点也称为匹配控制点,稀疏点的获取以左右核线图像上准均匀的特征点提取结果为输入,通过比较两图上对应点之间的相关系数,确定具有双向最大相似度的点对为配准同名点,从而实现全图范围内稀疏的控制特征点匹配,整体处理过程如图 2 - 26 所示。

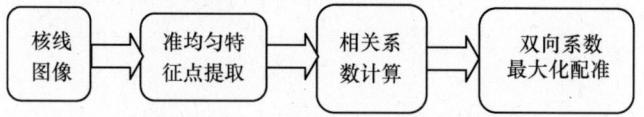

图 2 - 26　控制特征点鲁棒匹配过程

准均匀特征点提取采用 2.3.2 节算法,设定严格的配准确认阈值,得到可靠的匹配稀疏匹配结果集。

相关系数计算方法为:

$$c(i,j) = \frac{\sum_x \sum_y (g(x,y) - \overline{g})(g'(x-i,y-j) - \overline{g}')}{\sqrt{\sum_x \sum_y (g(x,y) - \overline{g})^2 \sum_x \sum_y (g'(x-i,y-j) - \overline{(\overline{g}')})^2}}$$

$$(2.38)$$

式中:$\overline{g}$,$\overline{g}'$ 分别为匹配对应区域的灰度均值。

互为最大值的两个特征点确定为最终同名匹配点,即同时满足式(2.39)中的两个条件,其中 N_L 和 N_R 是左右待匹配的特征点集,$c_{p_1p_2}$ 是配准两点的相关系数。

$$\begin{cases} c_{p_1p_2} = \max c_{p_1p_i}(P_i \in N_R) \\ c_{p_1p_2} = \max c_{p_jp_2}(P_j \in N_L) \end{cases}$$

$$(2.39)$$

2. 稠密匹配

经过稀疏点匹配,在双目视觉系统的左右目图像上具备了稀疏准均匀分布且已配准的同名特征点,这些点的配准可靠性高,且全图分布,可用于后续全图密集匹配的引导。

地形构建需要全图稠密点匹配结果作为输入,为了实现稠密匹配的快速与可靠实现,提出了利用配准控制点作为引导的方法,由邻近的同名匹配点形成三角网控制区域,基于同名特征点对三角网区域内的待匹配点进行插值变换,计算其同名预测点作为匹配初值,在预测点附近范围内进行最小二乘匹配,基于控制点的待匹配点预测如图 2 - 27 所示。

该算法首先使用稀疏匹配点作为引导控制特征点,估计两图待匹配区域之间的相似变换模型,利用相似变换预测每一个待匹配点的初始配准点。相似变换关系描述了图像之间的缩放、剪切、平移等变换,描述方程如式(2.40)所示,当控制点不少于 3 对时即可计算得到该变换参数。

$$\begin{cases} x' = a_1 x + b_1 y + c_1 \\ y' = a_2 x + b_2 y + c_2 \end{cases}$$

$$(2.40)$$

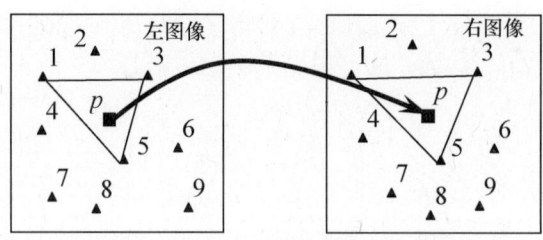

图 2 – 27　匹配点预测方法示意图

基于以上变换关系,可以对左图上控制点覆盖的范围内每一个点仿射变换,获得每个点在右图上初始匹配点。以初始匹配点为原点,在 $(\Delta x, \Delta y)$ 范围内搜索最大相关系数的匹配点,以最大系数匹配点作为初值,采用最小二乘的方法进行优化匹配。

由于左右目图像成像时光照条件变化较小,构建最小二乘模型不必考虑辐射变化,只需考虑两图像之间存在的仿射变换,采用六参数计算模型即可,这样还可以保证计算速度。六参数模型综合考虑随机误差与几何畸变,则待匹配两图之间的灰度分布关系可用式(2.41)描述的模型近似表示。其中,n_1,n_2 为随机噪声,g_1,g_2 分别为基准图与当前图的灰度分布函数。用该式构造线性化的最小化目标函数,用迭代求解参数 a_0,a_1,a_2,b_0,b_1,b_2 的最优解,即可实现高精度匹配定位。

$$g_1(x,y) + n_1(x,y) = g_2(a_0 + a_1 x + a_2 y, b_0 + b_1 x + b_2 y) + n_2(x,y)$$

$$(2.41)$$

采用真实月面图像和模拟月面图像对本文匹配方法试验。在其中一对典型的月面图像处理过程中,图 2 – 28 中(a)为稀疏匹配结果,在此基础上(b)给出了稠密匹配结果。

2.3.5　序列图像匹配

1. 单目序列图像匹配

单目序列图像匹配是同一相机图像相邻偏航/俯仰角图像的同名点的匹配,是全景图生产、序列立体图像重建等应用的关键步骤之一。

对于较少特征点的匹配和实时性要求高的应用条件,可采用2.3.3节中特征点强制匹配和目标预测跟踪算法。首先,对第一幅图进行特征点提取,在后续第二幅图像采用最小二乘匹配相关匹配(LSM)搜索同名匹配点,将连续图像中特征点的位置参数构建卡尔曼滤波函数,在后续的序列图像中对每个特征点通过卡尔曼滤波计算同名特征点的预测值,最后使用最小二乘方法进行最终精确匹配位置计算。

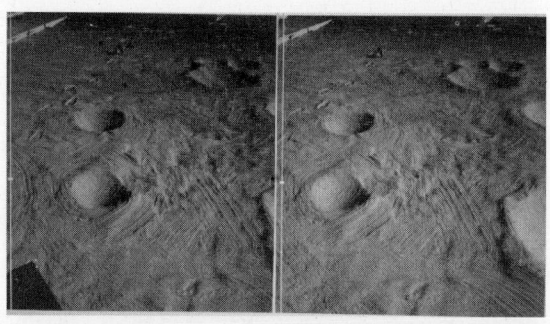

(a) 月面地形图像稀疏点匹配结果

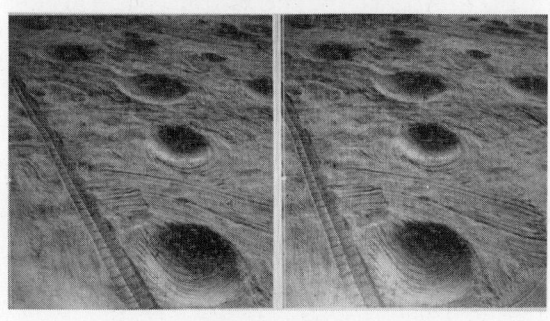

(b) 月面地形图像密集点匹配结果

图 2 - 28　月面成像特征匹配结果

对于序列图像匹配中特征点密集程度要求高的非实时应用条件,一般可采用 2.3.3 节的同名点互配对搜索方法。该方法中,首先对参加匹配的每幅图像进行特征点提取,再通过特征点之间的相似度进行同名特征配准。为实现可靠的同名点配准,通常需要引入多种约束条件,根据所具备的特定条件设计匹配策略,常用的有视差限制性条件、多视图几何关系等约束。

多视图几何关系可以为两个图像之间的特征点匹配提供极线约束、单应约束等约束条件,可以为三视图之间的特征点匹配提供三视张量匹配约束条件,利用多视图几何约束可以使匹配点的搜索范围显著缩小,使同名点的匹配效率得到提升,可靠性得到加强。

1) 视差有限性条件

视差有限性条件是匹配同名点搜索常用的一个基本约束条件,它不依赖于两幅图像的精确相对几何关系。根据 Marr 视觉理论的连续性限制,在立体视觉中,两个同名点之间的视差必须小于某一个阈值,这个阈值称为视差限,视差限来源于人类视觉系统的研究。对于序列图像而言,尤其是图像序列的连续图像之间,由于待匹配图像之间的重叠度高、各图像成像位置差别较小,相应的同名点视差阈值在一个较小范围,有利于同名点的搜索。而对于大基线、视角变化大等成像情况,基于视差有限性约束的匹配需要提供较大的视差阈值才能搜索到匹配点,计算量较大。这种条件下,通常要引入多视图几何约束条件进一步减小搜索范围,以提高特征点匹配效率。

2) 极线约束

极线约束是在待匹配图像间实现相对几何关系弱标定条件下,即对极几何关系已知条件下的一个最基本的同名点搜索约束条件。对极约束关系可以简单地描述为:对一幅图像上的任一特征点,它在另一幅图像上的同名匹配点一定位于由这个特征点和对极几何约束所决定的一条对极线上。由此可见,根据极线约束,搜索一个特征点在另一幅图像上的对应同名点就可以从二维的整个图像空间变为沿着一维的对极线进行,可显著减小匹配搜索范围。

如图 2-29 所示,在对极几何中,三维空间点 P 在光心点分别为 C_1,C_2 的相机像面 I,I' 上的投影为 p 和 p',光心与像点以及空间点形成的平面称为极平面。图中所示空间点 P 处是由两个相机均可见的空间场景目标,不失一般性,该点场景在极平面两侧小范围内可以用箭头形状表示。极平面与像面 I' 的交线 l' 称为点 p 对应的图像 I' 中的极线,极线 l 也有类似的定义。同一个空间点 P 在两个像面上的对应的像点 p 和 p' 必然位于对应的极线上,称为极线约束。对极几何关系可由基础矩阵 F 来表示。

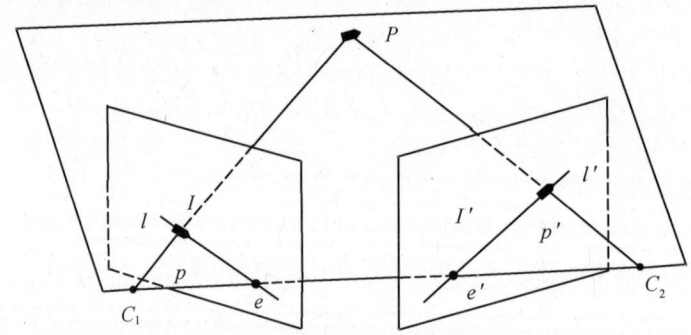

图 2-29 对极几何与极线约束匹配原理

I 与 I' 上对应像点的齐次坐标分别为 x 和 x',则对极关系为

$$x'^{\mathrm{T}} F x = 0 \tag{2.42}$$

匹配点对应的极线和两图中的对极点坐标为

$$\begin{cases} l' = Fx \\ l = F^{\mathrm{T}} x' \end{cases} \tag{2.43}$$

$$\begin{cases} Fe = 0 \\ F^{\mathrm{T}} e' = 0 \end{cases} \tag{2.44}$$

F 是秩为 2 的 3×3 维矩阵,7 个自由度,可以通过不少于 7 组匹配点解算基

础矩阵。根据对极几何关系,在已知基础矩阵情况下两图像上同名目标点的匹配只需要在对应的极线上搜索即可,将二维搜索简化到了一维搜索,增加了可靠性和精度。

3)单应约束

单应(Homography)反映了平面场景在多视图像之间的对应关系,主要用于平面场景和近似平面场景成像的特征点匹配。根据单应的形成条件,属于平面场景的特征点在不同的图像上是一一对应关系,因此,在图像匹配中基于单应条件可以直接预测待匹配特征点的同名点位置,这种应用单应预测匹配点的方法称为单应约束的匹配,单应约束的匹配相对于二维或者一维的图像搜索可以大大提高匹配效率。单应约束在图像配准中占有非常重要的地位,诸多文献对单应在同名特征点匹配中的应用进行了研究。与单应约束类似,基于仿射模型预测同名点的匹配方法,在特定的应用条件下也取得较好的匹配效果,这种方法的实现原理是待匹配特征点的局部图像区域在两图像之间可以近似用仿射模型来描述。

两视图之间的另外一个重要关系是单应映射关系,当平面场景同时在两视图成像时,两视图之间满足单应映射关系。图 2-30 所示为三维空间平面在两个摄像机成像形成单应映射的示意图,空间平面 π 在两幅图像上成像的同名像点满足一个射影关系,即可以通过单应矩阵 $\boldsymbol{H}$ 互相转移。第一与第二幅图像同名像点分别为 x 和 x',则单应关系为 $\boldsymbol{X} \rightarrow \boldsymbol{X}' = \boldsymbol{H}\boldsymbol{X}$,单应矩阵 $\boldsymbol{H}$ 是自由度为 8 的 3×3 矩阵,通过 4 组同名对应点可以线性求解。

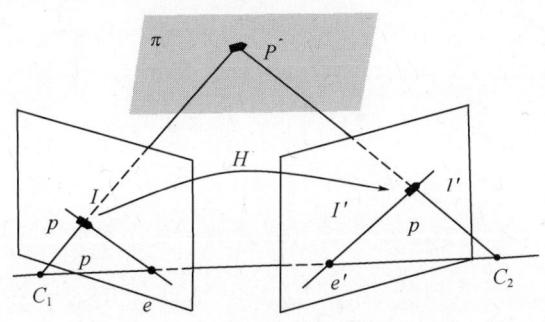

图 2-30　单应约束匹配示意图

对于共面场景的特征点匹配,可以利用 $\boldsymbol{H}$ 直接得到待匹配点在第二幅图像上的转移匹配点,就是单应矩阵用于目标点匹配的原理。在月面探测地形重构中,月面成像区域内主要场景为月面地形,在局部范围可用平面场景来表达,在不同图像之间满足单应映射关系。因此可以在局部区域直接应用单应匹配点预测,同时为了克服其他各种误差的影响,在最后一步将预测点作为匹配的初值点,用最小二乘方法进行同名点精确匹配定位。

2. 序列立体图像匹配

月面探测的双目视觉系统单次成像范围难以满足路径规划和场景显示等要求,通常需要将不同位置、姿态条件下的多个立体像对的重建结果融合,因此需要解决序列立体图像匹配问题,在实际应用中连续的序列立体相对之间具备较大的重叠度,这对于连续立体图像对的匹配是有利条件,能为可靠匹配提供辅助信息。

对于具有重叠覆盖区域的连续立体成像,重叠区域场景在相邻的立体像对上能够同时成像,基于此,在连续立体像对的每一个左右目图像立体匹配时,根据其中的重叠区域在相邻的上一个立体图像对所完成的匹配结果,以及图像对之间的运动参数,可是估计这些重叠区域在当前立体像对上的匹配结果,以此估计信息作为当前立体像对匹配的导引信息,从而可以提高立体图像对的匹配效率和精度,这就是先验信息引导的立体图像匹配的基本原理。

图 2-31 为序列立体成像的连续两次,其中,I_L^1、I_R^1 分别表示第一次成像的左目图像和右目图像,I_L^2、I_R^2 分别表示第二次成像的左目图像和右目图像,$\boldsymbol{R}$、$\boldsymbol{T}$ 为左目相机从第一次成像位置到第二次成像位置姿态变化的旋转和平移矩阵。P 表示成像的一个空间点,p_L^1,p_R^1 分别表示空间点 P 在第一次成像左目和右目图像上的像点,p_L^2,p_R^2 分别表示空间点 P 在第二次成像左目和右目图像上的像点。

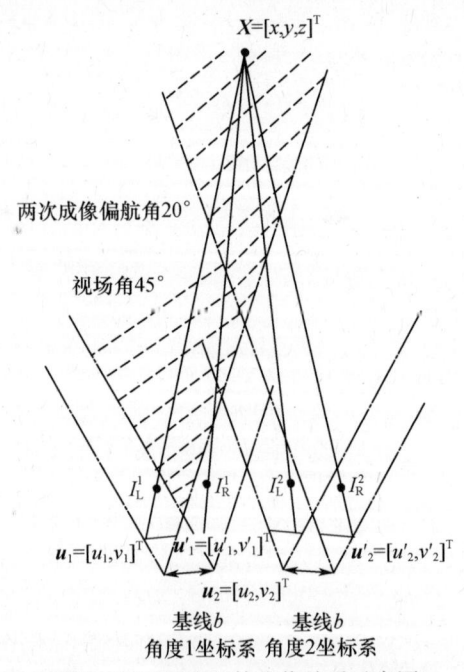

图 2-31 两次立体成像关系示意图

记第 i 个点在第一次成像的左右目图像的像点分别为 $p_{Li}^1(u_{Li}^1, v_{Li}^1)$、$p_{Ri}^1(u_{Ri}^1,$ $v_{Ri}^1)$，则左右目像点与对应空间点 $P_i(X_i, Y_i, Z_i)$ 的关系为

$$Z_i \begin{bmatrix} u_{Li}^1 \\ v_{Li}^1 \\ 1 \end{bmatrix} = M_L^1 \begin{bmatrix} X_i \\ Y_i \\ Z_i \\ 1 \end{bmatrix}$$

$$Z_i \begin{bmatrix} u_{Ri}^1 \\ v_{Ri}^1 \\ 1 \end{bmatrix} = M_R^1 \begin{bmatrix} X_i \\ Y_i \\ Z_i \\ 1 \end{bmatrix} \tag{2.45}$$

式中：M_L^1，M_R^1 为立体视觉系统的成像坐标系下左右目相机的投影矩阵，由各自相机的内参矩阵和外参矩阵构成，即

$$M_L^1 = K_L \begin{bmatrix} R_L^1 & t_L^1 \end{bmatrix}$$

$$M_R^1 = K_R \begin{bmatrix} R_R^1 & t_R^1 \end{bmatrix} \tag{2.46}$$

左右目相机内参矩阵 K_L 与 K_R 通过相机标定求得，外参矩阵通过相机坐标系与世界坐标系的转换关系求得。将同名点坐标和相机参数带入上述公式中，可求得 $P_i(X_i, Y_i, Z_i)$ 坐标。

第 i 个点的第二次成像是在第一次成像基础上通过旋转云台的水平旋转自由度完成的。将云台的旋转动作看作刚体动作，两次成像相对运动可用旋转与平移矩阵表示。则可得第二次成像的投影矩阵如下：

$$M_L^2 = \begin{bmatrix} K_L & 0 \end{bmatrix} \begin{bmatrix} R_L^1 & t_L^1 \\ 0^T & 1 \end{bmatrix} \begin{bmatrix} R_L^{12} & t_L^{12} \\ 0^T & 1 \end{bmatrix}$$

$$M_R^2 = \begin{bmatrix} K_R & 0 \end{bmatrix} \begin{bmatrix} R_R^1 & t_R^1 \\ 0^T & 1 \end{bmatrix} \begin{bmatrix} R_R^{12} & t_R^{12} \\ 0^T & 1 \end{bmatrix} \tag{2.47}$$

则第二次成像在左右目图像上同名对应点 $p_{Li}^2(u_{Li}^2, v_{Li}^2)$，$p_{Ri}^2(u_{Ri}^2, v_{Ri}^2)$ 可根据空间点 $P_i(X_i, Y_i, Z_i)$ 利用相机投影原理计算。

上述分析表明，根据位姿状态 1 的匹配结果通过相机运动的先验信息传导能得出位姿状态 2 中重叠部分的匹配初值，基于此原理的序列立体图像匹配如图 2-32 所示。算法实现中首先对位姿 1 的立体像对利用 SIFT 算法进行特征提取与初步匹配，再采用最小二乘方法进行密集匹配；之后利用位姿 1 与位姿 2 的坐标系变换关系将位姿 1 中重叠部分匹配结果传递给位姿 2，位姿 2 以此为初值进行重叠区域的图像匹配；最后再通过视差预测的方法求取非重叠区域的匹配结果。

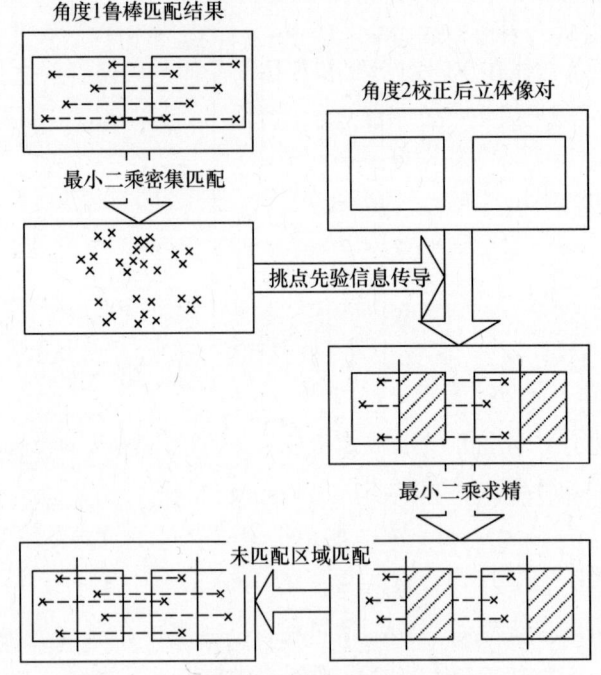

图 2 – 32　先验匹配信息传导的图像匹配方法

在立体像对序列的处理过程中引入相邻像对的先验匹配信息,相比各像对的独立处理方法有如下优势:

(1) 无需利用 SIFT 算子进行特征提取与匹配作为密集匹配的初值,而是直接利用先验匹配信息作为密集匹配初值。

(2) 在相邻像对的重叠部分直接引入先验密集匹配结果,减少重叠区域的重复密集匹配。

(3) 在引入先验匹配信息后,对先验匹配信息进行验证与校正,综合两幅图对的匹配结果,提高匹配精度。

(4) 在有人工干预的情况下,先验匹配信息带有人工干预的匹配结果,可以直接引入后续序列中,减少人工干预的次数,提高匹配结果精度。

2.4　地　形　构　建

2.4.1　点云解算

三维解算为根据左右目立体图像特征匹配结果,联合左右目相机的位置、姿态参数,解算匹配点的三维空间位置从而获得三维点云的过程。前方交会方法是目前比较通用的点云解算实现方式。

　　根据成像几何可知,用同一区域的两幅重叠图像,可以确定两条同名射线在空间的方向,两条射线在空间相交处必然是该点的月面位置。这种利用立体像对中两张图像的内外方位元素和像点坐标确定相应月面点的月面坐标方法称为空间前方交会。图 2-33 和图 2-34 分别给出了前方交会方法的坐标关系示意图和几何关系示意图。

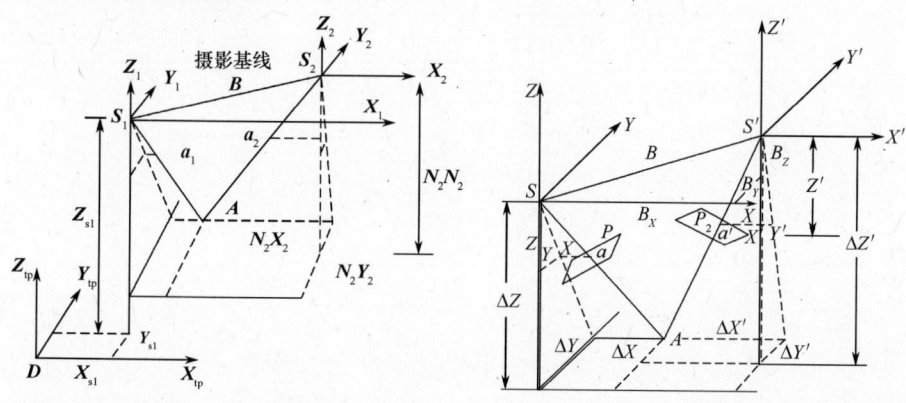

图 2-33　前方交会方法坐标关系示意图　　图 2-34　前方交会方法几何关系示意图

　　如图 2-33 所示,月面坐标系为 $D-X_{tp}Y_{tp}Z_{tp}$,像空间坐标系为 $S_1-X_1Y_1Z_1$、$S_2:S_2-X_2Y_2Z_2$。A 点在月面坐标系表示为 (X_A,Y_A,Z_A),像点 a_1、a_2 像空间坐标为 $(x_1,y_1,-f)$,$(x_2,y_2,-f)$。

　　如图 2-34 所示,得:

$$\begin{cases} \Delta X = B_X + \Delta X' \\ \Delta Y = B_Y + \Delta Y' \\ \Delta Z = B_Z + \Delta Z' \end{cases} \tag{2.48}$$

　　左图在空间中成像如图 2-35 所示,其几何关系为

$$\frac{S_A}{S_a} = \frac{\Delta X}{X} = \frac{\Delta Y}{Y} = \frac{\Delta Z}{Z} \tag{2.49}$$

设 $\frac{S_A}{S_a} = N$,则 a 点投影系数为

$$\begin{cases} \Delta X = NX \\ \Delta Y = NY \\ \Delta Z = NZ \end{cases} \tag{2.50}$$

左图像空间辅助坐标系到物方坐标系转换关系为

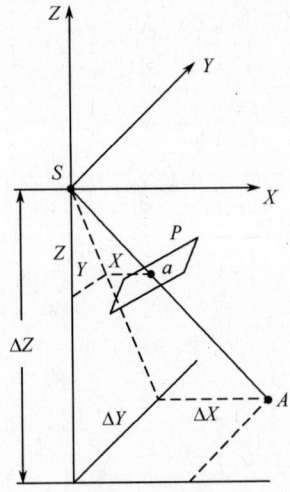

图 2-35 左图像视觉成像原理示意图

$$\begin{bmatrix} X \\ Y \\ Z \end{bmatrix} = \begin{bmatrix} a_1 & a_2 & a_3 \\ b_1 & b_2 & b_3 \\ c_1 & c_2 & c_3 \end{bmatrix} \begin{bmatrix} x_1 \\ y_1 \\ -f \end{bmatrix} \tag{2.51}$$

右图在空间中成像如图 2-36 所示,其几何关系为

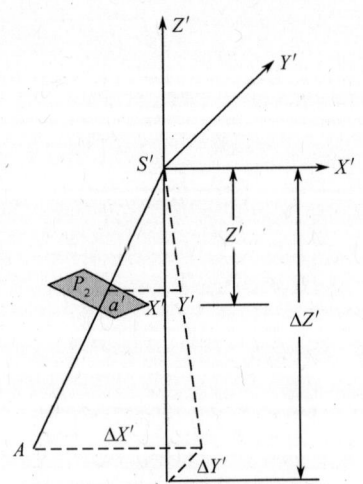

图 2-36 右图像视觉成像原理示意图

$$\frac{S'_A}{S'_{a'}} = \frac{\Delta X'}{X'} = \frac{\Delta Y'}{Y'} = \frac{\Delta Z'}{Z'} \tag{2.52}$$

设 $\dfrac{S'_A}{S'_{a'}} = N'$，则 a' 点投影系数为

$$\begin{cases} \Delta X' = N' \ X' \\ \Delta Y' = N' \ Y' \\ \Delta Z' = N' \ Z' \end{cases} \tag{2.53}$$

右片像空间辅助坐标系到物方坐标系转换关系为

$$\begin{bmatrix} X' \\ Y' \\ Z' \end{bmatrix} = \begin{bmatrix} a'_1 & a'_2 & a'_3 \\ b'_1 & b'_2 & b'_3 \\ c'_1 & c'_2 & c'_3 \end{bmatrix} \begin{bmatrix} x_2 \\ y_2 \\ -f \end{bmatrix} \tag{2.54}$$

根据左、右片像空间辅助坐标系到物方坐标系转换关系，可推导，得

$$\Delta X = NX = B_X + \Delta X' = B_X + N'X'$$

$$\Delta Y = NY = B_Y + \Delta Y' = B_Y + N' \ Y'$$

$$\Delta Z = NZ = B_Z + \Delta Z' = B_Z + N' \ Z' \tag{2.55}$$

根据图 2-37 的成像关系，可求解投影系数，即

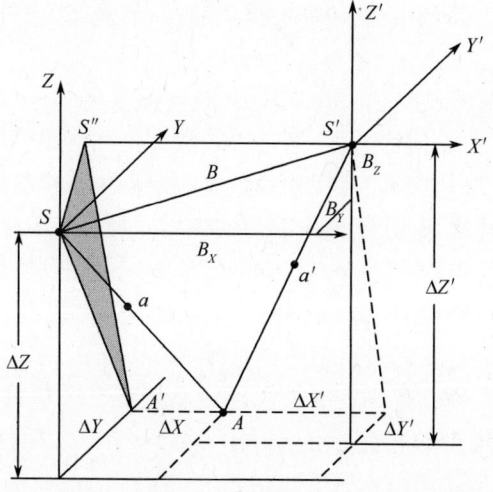

图 2-37　立体视觉投影变换后前方交会示意图

$$\begin{cases} N = \dfrac{B_Y Z' - B_Z Y'}{YZ' - ZY'} \\ N' = \dfrac{B_Y Z - B_Z Y}{YZ' - ZY'} \end{cases} \tag{2.56}$$

前方交会是基于共线方程的,根据已知内外方位元素的两幅或两幅以上的影像,将待定点的影像坐标作为观测值,解求待定点物方坐标的过程。具体步骤如下:

(1) 将共线方程线性化,得到前方交会的误差方程式,即

$$\begin{cases} v_x = -\dfrac{\partial x}{\partial X}\mathrm{d}X - \dfrac{\partial x}{\partial Y}\mathrm{d}Y - \dfrac{\partial x}{\partial Z}\mathrm{d}Z - l_x \\ v_y = -\dfrac{\partial y}{\partial X}\mathrm{d}X - \dfrac{\partial y}{\partial Y}\mathrm{d}Y - \dfrac{\partial y}{\partial Z}\mathrm{d}Z - l_y \end{cases} \quad (2.57)$$

对每一个像点,列出两个误差方程。若某点出现在 n 幅序列影像中,则列出 $2n$ 个方程,可用矩阵形式表示为

$$V = AX - L \quad (2.58)$$

(2) 求解误差方程,其解为

$$X = (A^{\mathrm{T}}A)^{-1}A^{\mathrm{T}}L \quad (2.59)$$

初值通过双像前方交会求得,则空间点坐标值为

$$(X, Y, Z)^{\mathrm{T}} = (X_0, Y_0, Z_0)^{\mathrm{T}} + (\Delta X, \Delta Y, \Delta Z)^{\mathrm{T}} \quad (2.60)$$

通过迭代解算可以求待定的坐标。

三维点云数据是离散的空间三维点,是三维地形最原始的数据。根据点云通过处理可以得到不同形式的地形数据产品,以及表面纹理模型。

2.4.2 网格剖分

点云数据是最初始地形数据,但是点云数据是无组织的散乱点集合,在地形分析及其后续行驶路径规划、可视化场景显示中无法直接应用。

地形数据用 DEM 表示,是地形表面的三维向量的有限序列。有多种表示形式,主要有规则矩形格网和不规则三角网两种方式。规则格网使用一系列在 X、Y 方向上等间隔排列的地形点的高程 Z 表示地形,可减少数据存储并便于使用管理,应用广泛。但其缺点是有时不能准确表示地形的结构和细节,为克服这一缺点,将地形特征采集点按一定的规则连成覆盖整个区域且互不重叠的许多三角形,构成一个不规则的三角形的网表示地形数据,通常称为三角网 DEM 或者 TIN。

三角网地形数据能较好地顾及地貌特征点、线,表示复杂地形表面的性能比规则矩形格网更加精确,缺点是数据量较大,数据结构比较复杂。

对应离散非规则分布的点云数据,可以建立各种非规则的数字地面模型,其中最简单、应用最广泛的是三角网。

三角网建立的原则是最佳三角形条件,即每个三角形是锐角三角形或者三角形的三个边近似相等,避免出现过大的钝角和过小的锐角。常用的三角形构

建方法有角度判断法、狄洛尼方法(Delaunay)等。

1. 角度判断法

角度判断方法是当已知三角形的两个顶点后,利用余弦定理计算备选的第三顶点的三角形内角大小,选择最大者对应的点作为该三角形的第三顶点,步骤如下:

(1)图像数据准备,包括图像分块,快速索引表建立。

(2)确定第一个三角形,从离散点任取一点 A,在其附近选取距离最近的一个点 B 作为三角形的第二点,然后对附近的第三个点进行筛选。若附近某点的余弦值最大,则选该点作为第三点。

(3)由第一个三角形向外部扩展,将所有离散点构成三角形网,并保证三角网中没有重复和交叉的三角形。

当所有生成的三角形的新生边均经过扩展处理后,则所有离散点云连成不规则的三角网 DEM。

2. 狄洛尼(Delaunay)三角构网方法

在三角网中,狄洛尼三角网是一种较好构网方法,它满足空外接圆法则和最大最小角法则,这保证了狄洛尼三角网的唯一性。狄洛尼三角网构网方法主要有 3 种,即分治算法、逐点插入算法、三角网生长算法。这些算法或是基于原始离散数据点,利用狄洛尼法则通过点点连接逐步循环生成三角网;或是基于已有的三角网中插入新点,每插入一个点,就重新构建狄洛尼三角网,直至完成所有的顶点插入。增长式三角构网方法因具有很高的计算效率而被普遍采用。

三角形增长法实施狄洛尼三角构网的基本步骤如下:

(1)找出离散点集中相距最短的两点,连线成为 D – TIN 首三角形的初始边。

(2)按 D – TIN 的判断法则找出包含此边的狄洛尼三角形的第三点,连接第三点与原来的两点构成首三角形。

(3)按 D – TIN 的判断法则找出包含首三角形中的任意一条的其他三个狄洛尼三角形,依次循环处理所有新生的边,直到所有离散点均成为 D – TIN 的端点。

2.4.3　数字高程

采用前方交会方法得到点云三维坐标,将各组图像对交会得到的三维点通过 Kriging 内插得到整个成像视场内的 DEM 地形图。

Kriging 方法也称为空间局部估计或空间局部插值,是在变异函数理论及结构分析基础上,在有限区域内对区域变化量的取值进行无偏、最优估计的一种方法。Kriging 方法主要利用区域化变量的原始数据和变异函数的结构特点,对插值点区域化变量的取值进行线性无偏最优估计。与普通的插值方法不同,它最大限度地利用了所提供的信息,能够计算每个估计值的误差大小,得到估计值的可靠性程度。通过不同数据点之间半方差的计算,可做出半方差随距离变化的半方差图,从而用来估计未采样点和采样点之间的相关系数,进而取出内插点的高程。

利用 Kriging 方法进行地形插值的原理是:用协方差函数和变差函数确定高程变量随空间距离而变化的规律,以距离为自变量的变差函数,计算相邻高程值关系权值,进而获得空间任意点或块最优的无偏高程值。具体步骤如下:

(1) 将离散点集构成狄洛尼三角网,以此建立离散点间的联系,狄洛尼三角网是唯一的,是最接近于规则化的三角网。

(2) 选取待插点邻域内的点,根据点高程与距离构造变差函数的估计值 $\tau(h)$。根据变差函数值,得到最优拟合模型,构建半方差矩阵,即

$$\tau(h) = \frac{1}{2N(h)} \sum_{i=1}^{N(h)} \left[Z(x_i) - Z(x_i + h) \right]^2 \qquad (2.61)$$

(3) 构建 Kriging 方程组,求得估计量权重系数。

待估高程 $\hat{Z}_v = \sum_{i=1}^{n} \lambda_i Z_i$,是周围 n 个高程值的线性组合。当区域化变量满足平稳假设条件时,可得到点 V 的高程 Z 的估计方差公式为

$$\sigma_E^2 = E[Z_v - \hat{Z}_v]^2 = E[Z_v - \sum_{i=1}^{n} \lambda_i Z_i]^2$$

$$= \sum_{i=1}^{n} \sum_{j=1}^{n} \lambda_i \lambda_j C_{i,j} - 2 \sum_{i=1}^{n} \lambda_i C_{i,v} + C_{v,v} \qquad (2.62)$$

欲使得估计方差最小,即求条件极值,采用拉格朗日乘子法,令 $F = \sigma_E^2 - 2\mu \left(\sum_{i=1}^{n} \lambda_i - 1 \right)$。求 F 对 $\lambda_i (i-1,2,\cdots,n)$ 和 μ 的偏导数,得 Kriging 方程组为

$$\begin{cases} \sum_{j=1}^{n} \lambda_i \tau_{i,j} + \mu = \tau_{i,v} \quad (i = 1,2,\cdots,n) \\ \sum_{i=1}^{n} \lambda_i = 1 \end{cases} \qquad (2.63)$$

求解 Kriging 方程,得到系数 λ_i,计算得到待插点的高程值。

2.4.4 正射影像

在得到 DEM 的情况下,利用原始影像及其外方位,通过反解法求得对应区域的 DOM。反解法求 DOM 的方法主要是在得到的格网 DEM 中,以每个格网的

三维坐标反投于原始地面影像,插值出该三维点对应的像素值。对 DEM 中每个三维点做此操作,得到 DOM,具体步骤如下:

(1) 计算地面点坐标。设正射影像上任意一像点(像素中心)P 的坐标为 $(\hat{X}', \hat{Y}')$,由正射影像左下角图廓点地面坐标(X_0, Y_0)与正射影像比例尺分母 M 计算 P 点对应的地面点坐标(X, Y)为

$$\begin{cases} X = X_0 + MX' \\ Y = Y_0 + MY' \end{cases} \tag{2.64}$$

(2) 计算像点坐标。应用共线条件式计算 P 点在相应原始图像上的像点 P 的坐标(X, Y)为

$$\begin{cases} x_p = -f\dfrac{a_1(X - X_s) + b_1(Y - Y_s) + c_1(Z - Z_s)}{a_3(X - X_s) + b_3(Y - Y_s) + c_3(Z - Z_s)} + x_0 \\[2mm] y_p = -f\dfrac{a_2(X - X_s) + b_2(Y - Y_s) + c_2(Z - Z_s)}{a_3(X - X_s) + b_3(Y - Y_s) + c_3(Z - Z_s)} + y_0 \end{cases} \tag{2.65}$$

式中:Z 为 P 点的高程,由 DEM 内插求得。

(3) 灰度内插。由于所求得的像点坐标不一定正好落在其扫描采样点上,为此,这个像点的灰度值不能直接读出,必须进行灰度内插,程序采用双线性内插,求得 P 点的灰度值 $g(X, Y)$。

双线性内插公式为

$$g = \frac{1}{\Delta^2}\left[(\Delta - x_1)(\Delta - y_1)\,g_1 + (\Delta - y_1)\,x_1 g_2 + x_1 y_1 g_3 + (\Delta - x_1)\,y_1 g_4\right] \tag{2.66}$$

式中:g_1, g_2, g_3, g_4 为像点周围 4 个像元素的灰度值。

采用本节所述方法,对"嫦娥"三号巡视器的一次序列成像的地形恢复结果如图 2-38 所示。

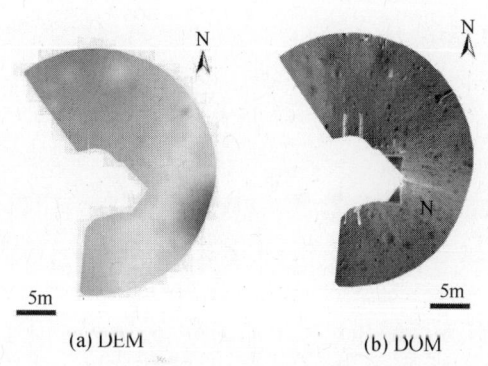

(a) DEM   (b) DOM

图 2-38 巡视器月面序列成像的地形重构结果

2.4.5 融合与截取

由于成像探测位置的移动,会出现在不同位置对同一区域地形地貌恢复重建的情况,则重复区域的每一点将存在于两幅以上图像。获取整个探测区域的地形地貌图,则需要将这些不同成像位置获取的重建地形图进行融合处理,融合处理的重点是对不同图像上都包含的重叠区域点的高程(灰度值)计算。

另外,在巡视器导航规划、任务场景可视化显示等应用中,常常需要截取部分图像进行计算分析,因此,如何不丢失精度地从原图中截取部分图像是一个基础的问题。

本节介绍适用于数字地形图的图像融合与截取的几种典型方法。

1. 双线性多项式插值

根据待求点最邻近的 4 个数据点,可确定一个双线性的多项式:

$$Z = a_{00} + a_{10}X + a_{01}Y + a_{11}XY \tag{2.67}$$

利用 4 个已知数据点求出 4 个系数 $a_{00}, a_{10}, a_{01}, a_{11}$,之后根据待定点的坐标和多项式系数,则可求出待定点的高程。双线性多项式的特点是:当坐标 X(或者 Y)为常数,高程只与坐标呈线性关系,故称双线性。

当已知的数据点为规则排列的矩形或者正方形时,可导出直接计算的内插公式。双线性多项式内插只能保证相邻区域邻接边处的连续,不能保证光滑,该方法计算速度快,保持边界连续,可适用于多种图像、地形数据处理中。

2. 双三次多项式插值

对数据精度保持性能更好的双三次多项式插值方法,该方法采用三次多项式对局部数字地形进行拟合,数据获取精度高,处理速度较慢。三次曲面的方程为

$$Z = a_{00} + a_{10}X + a_{20}X^2 + a_{30}X^3 + a_{01}Y + a_{02}Y^2 + a_{03}Y^3 + a_{11}XY + a_{21}X^2Y + a_{31}XY^2$$

$$\tag{2.68}$$

根据待求点最邻近的数据点,可确定一个双三次多项式,之后对待求点位置参数带入该多项式计算器函数值。

2.5 小 结

地形重构作为遥操作系统的重要组成部分,为遥操作多个环节提供基础数据。本章重点介绍了地形重构过程中的图像数据解析、预处理、特征点匹配、三维解算、DEM/DOM 地形图产品生成的方法,提供了月面地形重构的图像分析处理的技术方法。

参 考 文 献

[1] 张祖勋,张剑清. 数字摄影测量学[M]. 武汉:武汉大学出版社,2012.

[2] 李志林,朱庆. 数字高程模型[M]. 武汉:武汉大学出版社,2003.

[3] 王大轶,黄翔宇,魏春岭. 基于光学成像测量的深空探测自主控制原理与技术[M]. 北京:中国宇航出版社,2012.

[4] 吴伟仁,王大轶,宁晓琳. 深空探测器自主导航原理与技术[M]. 北京:中国宇航出版社,2011.

[5] 于起峰,陆宏伟,刘肖琳. 基于图像的精密测量与运动测量[M]. 北京:科学出版社,2001.

[6] 陈鹰. 遥感影像的数字摄影测量[M]. 上海:同济大学出版社,2003.

[7] 李德仁. 基础摄影测量学[M]. 北京:测绘出版社,1995.

[8] 马颂德,张正友. 计算机视觉——计算理论与算法基础[M]. 北京:科学出版社,1998.

[9] Li Lichun, Yu Qifeng,Shand Yang,et al. A new navigation approach of terrain contour matching based on 3 – D terrain reconstruction from onboard image sequence,SCIENCE CHINA,2010(5):1176 – 1183.

[10] Li Lichun,Yu Qifeng,et al. Super – resolution reconstruction and higher – degree function deformation model based matching for Chang' E – 1 lunar images, SCIENCE IN CHINA Series E, 2009, 52 (12): 3468 – 3476.

[11] Forstner W. A Feature Based Correspondence algorithm For Image Matching [C]. Proceedings of the Intern. Arch. of Photogrammetry and Remote Sensing,Rovaniemi,1986,26:150 – 166.

[12] Li Lichun, Zhang Heng, Fu Dan, et al. Image Matching Based on Epipolar and Local Homography Constraints[C]. Proceedings of SPIE,Beijing,2007,6833,68330Z.

[13] Mortensen E N, Deng Hongli,Shapiro L. A SIFT Descriptor with Global Context [C]. Proceedings of International Conference on Computer Vision and Pattern Recognition,San Diego,USA,2005:184 – 190.

[14] Lowe D G. Object recognition from local scale – invariant features [C]. Proceedings of the International Conference on Computer Vision,Corfu,Greece,1999:1150 – 1157.

[15] 李立春,周建亮,孙军,等. 应用单应诱导视差的探测器月面着陆平面选择方法[C]. 第十届深空探测全国学术会议,太原,2013:284 – 289.

[16] Yan Ke,Sukthankar R. PCA – SIFT: a more distinctive representation for local image descriptors [C]. Proceedings of the International Conference on Computer Vision and Pattern Recognition,San Diego,CA,2004, 2:506 – 513.

第3章 任务规划

月面巡视器工作在一个人类尚未完全了解的陌生环境中,许多在传统空间探测活动中能以离线方式完成的工作,在月面巡视勘察任务中变得不可能,其中最主要的就是规划探测器的工作序列。巡视器将"双眼"捕捉到的信息发送给地面,接受地面控制指令按照指定路径行驶,依据地面人员制定的工作序列开展作业,以此实现大范围月表科学探测。

月面巡视器的任务规划问题,就是规划巡视器的月面行驶路径,安排在该路径上的行为序列(如充电、拍照等),使月面巡视器按要求到达目标状态,且整个过程满足各种操作约束和指定约束。任务规划输出的是巡视器月面探测任务的"脚本",是一切月面活动的依据。因此,任务规划的性能决定了巡视器的探测效率,甚至任务的成败。

3.1 分层规划和约束

月面巡视器的任务规划问题,就是在给定初始条件(包括环境条件和巡视器初始状态)、操作约束集以及目标集合(包括目标位置、到达目标位置时的巡视器状态及时间等)的前提下,规划巡视器的月面行驶路径和安排在该路径上的行为序列(如充电、拍照等),使月面巡视器按要求到达目标状态,且整个过程满足各种操作约束和指定约束。因此,巡视器任务规划内容分为行为和路径两部分(图3-1)。从美国火星车的任务经验看来,合理有效的任务规划技术的确是实现安全高效巡视探测任务的基础。

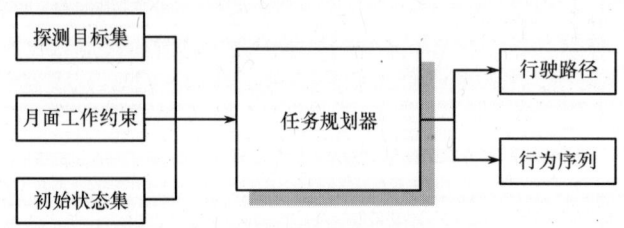

图3-1 月面巡视器任务规划内容

任务规划以一系列分布在月面的目标点集合为规划目标,生成从当前初始状态,顺序完成目标点探测任务的行为序列。而且,规划出的行为序列必须时刻满足各种操作约束。可以说,任务规划输出的是巡视器月面探测任务的"脚本",是一切月面活动的依据。因此,任务规划的性能决定了巡视器的探测效率,甚至任务的成败。

根据巡视探测操作控制的特点,将巡视探测的任务规划进行分层规划。

3.1.1　分层规划

分层规划主要分为 3 个层次,即任务整体规划、探测周期规划和导航单元规划。

1. 整体规划

任务整体规划是综合考虑任务目标、地形地貌及约束条件,确定巡视器寿命期内的巡视路线与探测点。

利用不同来源的月面图像,进行图像数据融合处理,建立着陆区三维场景,在巡视探测过程中,通过全景、导航相机获取的图像,不断细化完善着陆区探测环境;根据探测环境确定科学目标点及探测需求;结合巡视器的当前位置、状态及约束条件,进行任务整体规划。在巡视器故障或遭遇异常情况下,对任务整体规划进行修订。

2. 探测周期规划

探测周期规划确定巡视器在两个探测点之间的导航点和行为序列,包括感知、移动、探测、数传、充电、月夜休眠等行为。

探测周期规划给出巡视器在月面行驶一定距离(100m,可以根据实际选择其他值)的行驶路线和行为序列,但不生成直接控制巡视器运动的指令。随着巡视器在月面巡视探测工作的开展,探测周期规划在必要时进行修正或重新规划。

地面接收巡视器数传数据,获取巡视器全景、导航相机的图像,建立月面全景环境,综合巡视器的探测任务、巡视器状态、约束等因素,规划出下一个探测点及其对应的巡视器行为序列。探测周期规划的优化目标,一般包括时间最短、路线最短、资源最省、充电次数最少等,可根据实际情况选择一个或几个条件用于生成周期规划的优化目标。周期规划完成后,可以得到巡视器约 100m 行驶范围内的导航点和行为序列(发生行为的时间、地点和行为执行的代价)。

3. 导航单元规划

路径规划、活动机构规划和机械臂规划都属于导航单元规划的内容。导航单元规划是确定两个导航点(距离约 10m,取决于探测器月面地形感知能力)之间的行驶路径及动作序列。

导航单元规划的输出包括巡视器约每 10m 的行驶路径、巡视器动作(发生动作的时间、地点,动作执行的代价)。巡视器动作包括巡视器机构运动、仪器设备的加/断电、解锁、自检、复位等。

导航单元规划中,视巡视器为多刚体,并且需要考虑巡视器地形匹配、各轮的速度、轮壤作用、巡视器重心变化等因素。行驶路径可用路径点序列或路径特征(圆心、曲率半径、弧长)描述。利用巡视器导航相机图像数据,建立导航单元的月面三维场景,完成导航单元规划,得到巡视器约10m行驶范围内的行驶路径和动作。

根据导航单元规划的结果,形成指令序列。巡视器执行指令序列时,地面通过遥测信息进行状态监视。指令序列执行完毕后,获取下一个导航点的环境信息,建立新的月面三维场景,在此基础上完成效果评估,进行下一步的导航单元规划或在探测点开展科学探测。

3.1.2 规划约束

1. 规划约束条件种类

巡视器的任务规划指在较长一段时间内(以天数为单位),给定巡视器的初始位置及时间、目标位置、月面DEM图(米级分辨力)和探测需求,在满足巡视器的机动性能约束、通信约束、能源约束、工作模式约束、航向前提下,规划各停泊点序列和停泊点上的工作模式序列。主要约束的具体内容包括:

(1)测控约束。测控约束,是巡视器与地面遥操作系统的基本约束。该约束主要是指满足通信可见性条件,即可用测控站对巡视器的高度角满足阈值要求,连续测控弧段跟踪时满足测控站切换规则要求等。

(2)能源约束。能源约束即功率平衡,主要包含3个因素,即巡视器通过太阳翼获取能量、巡视器工作时能量消耗、蓄电池充电损耗及存储能量。通过太阳翼获取的能量与巡视器姿态、太阳高度角、太阳翼角度、太阳翼遮挡情况等相关。巡视器耗能取决于巡视器的工作模式和移动模式等。蓄电池充电量取决于电池性能及充电控制方式等。

(3)温控约束。温控约束是指巡视器在一定太阳高度角、巡视器姿态、太阳翼角度和工作模式下,确保车体尤其是太阳翼温度在工作温度范围内,避免月昼时出现温度过高或者月夜时温度过低。

(4)工作模式约束。工作模式约束是指巡视器进行月面巡视探测时,必须处于确定的工作模式,包含:感知模式、移动模式、科学探测模式、充电模式、月夜模式等,每种模式的执行需具备一定约束条件,各模式之间的转换也需满足特定约束。

(5)工作能力约束。工作能力约束是指巡视器由于其自身能力限制造成的约束条件。主要指运动约束,例如巡视器移动过程中无法跨过超过一定高度的障碍,无法翻越超过一定坡度的斜坡等。

2. 月面环境因素约束分析

从以上任务规划约束条件的种类分析来看,任务规划受到的约束均是月面环境与自身工作限制制约的结果。巡视器的巡视勘察过程受到多种环境因素影响。首先,必须避开地形障碍物、过陡的坡面、太过粗糙的区域等。地形因素是影响巡视器运动的基础因素,在规划月面行驶路径、选择休眠地点、选择科学探测点等都要考虑。另外,由于巡视器任务规划涉及范围广,时间跨度长,其他环境因素效果也不能忽视,包括太阳光照条件和对地通信条件。太阳光照是巡视器月面活动的能量来源,保障各项月面活动顺利进行;而与地面的通信畅通,不仅可以及时传回探测数据和巡视器自身的状态信息,并且有利于地面人员监控巡视器状态,实施紧急情况下的应急控制,保证巡视器安全等。因此,首先对巡视器工作的月面环境建模,再分析各种环境要素及其与巡视器工作能力制约的约束模型。

月面巡视器任务规划受到时变和非时变两大类环境因素的影响:非时变环境因素主要指月面地形;时变环境因素包括太阳光照、对地通信条件等。时变环境因素的变化来源于星体间的相对运动,其对巡视器活动的影响不仅与时间有关,也与当地地形相关。环境因素的相互关系如图 3-2 所示。因此,本节从时间和空间两方面考虑环境因素对巡视器月面活动的影响效果,重点对地形可通过特性、太阳光照适宜性以及对地通信可见性 3 个方面展开研究,从而建立起面向巡视器任务规划的综合月面环境模型。具体研究内容包括:

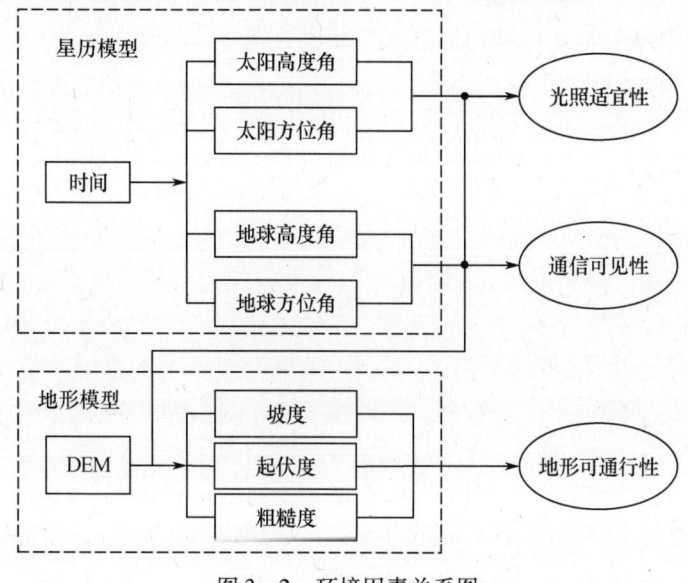

图 3-2 环境因素关系图

（1）根据规划问题需要选择合适的粒度，对高精度月面数字高程图进行栅格化处理；对数字高程模型进行统计分析，提取坡度、粗糙度等地形特征。接着，从巡视器爬坡能力、离地间隙等约束条件出发，对月面地形进行可通行性分析。可通行性分析的评估与度量采用代价函数的思想，通过不同的代价引导巡视器远离陡峭粗糙的区域，尽量通过相对平坦的区域到达目标点。

（2）光照对巡视器的影响效果不仅取决于某时刻的太阳高度角和方位角，也取决于当地的地形特征，尤其是坡度特点。太阳光照是巡视器月面工作的能量来源，但太过强烈的光照会引起车内电子设备温度的快速上升，给温控带来困难。分析地形遮挡形成的光照阴影分布情况、考虑地形的实际光照效果，并提出光照适宜性的概念作为光照效果的评估方法，平衡考虑光照对能源摄入和温控两方面的影响。

（3）通信可见是巡视器月面工作时需保证的另一重要条件。通信条件主要由两个因素决定：一是地球相对探测区域的位置；二是巡视器与地面测站的连线是否被遮挡。从这两个因素着手分析通信可见性，计算某时刻下哪些区域被地形遮挡成为通信盲区，为每个栅格指定通信代价值，以此引导巡视器尽量行走在地面测控站可控的安全区域内。

3. 各约束耦合关系

与仅仅关注局部地形环境的传统路径规划不同，任务层路径规划的目的在于为巡视器长时间远距离的月面活动规划行驶路径。因此，任务层路径规划不仅要实现传统路径规划方法具备的障碍规避功能，还要在规划路径时考虑其他全局因素的影响，包括远距离行驶带来的大时间跨度影响、路径选择对能源接收和消耗的影响等。

1）地形交互

巡视器在月面移动时，必须避开障碍物以到达指定的目标点。这些地形障碍物大小不一，从与巡视器大小相当甚至更小的石块到尺寸远远超过巡视器规模的高山或撞击坑等。之前的研究工作人多对巡视器尺寸大小的障碍检测、巡视器周围局部范围的地形特征分类等问题进行深入分析，这些可称为局部导航（local navigation）。在局部导航问题中，巡视器运动学和动力学特性对于确定月面一个位置是否适合通过非常关键。例如，轮式月面巡视器的车轮半径常常决定了可以越过的障碍高度；转向机构的设计决定了行驶过程中的最小转弯半径。在某些特别情况下，也必须考虑巡视器的一些动力学性质。例如，巡视器可以利用之前平地上行驶的动量帮助爬坡；快速行驶时必须将速度、重心位置以及地面牵引力同时考虑，以评价转弯时的安全性。为完成局部导航，一般都需要地形分辨率能达到巡视器车轮直径大小的高分辨率地图。

与局部导航对应的是全局导航（global navigation），它考虑的是更大范围内的导航问题。全局导航并不能通过局部导航方法在更大尺度及范围上的简单扩展来实现，两种层次的导航关注的因素及角度都存在很大不同。任务层路径规划属于巡视器全局导航的范畴。在实际任务中，全局范围内的高精度地形图（达到局部导航精度需求）往往不易得到，再加上使用大范围的高精度地形图会带来巨大的计算量，因此在全局导航中，一般不考虑已经在局部导航中重点考虑的小尺寸障碍，也不考虑巡视器车体的运动学和动力学特性。

任务层路径规划处理地形障碍的方式与传统路径规划有所不同。在传统路径规划问题中，一般比较容易判断石块等是否为障碍物，如果是障碍物则尽一切代价避开。而在全局路径规划中，环境不再被简单地区分为障碍或可通行的二值量，而是考虑地形总体特征对巡视器造成的行驶代价。例如，可以把一些陡峭的山坡判定为不可通行区域，而对于坡度较缓的山谷等，则应该根据坡度大小来判断巡视器行驶需付出的代价。在判断一个区域是否可行时，要综合考虑该地的坡度情况、巡视器航向角等来判断是否会发生倾斜的危险。地形的粗糙程度则很大程度上决定了巡视器的运行速度；坡度、航向角、粗糙度和土壤切应力等可用来估计移动机构的功耗。

大范围地形影响的不仅仅是巡视器的行驶行为。例如，过高的地形可能会遮挡阳光或阻挡巡视器与地面测控站或着陆器等通信，从而影响太阳电池阵输出功率和蓄电池充电或影响对地数据传输的时间。因此在任务层路径规划时，大范围地形带来的这些影响因素也在考虑范围内。

2）时间因素

任务层路径规划要考虑的另一个重要因素是时间。迄今为止，大部分面向星球表面巡视器的路径规划器都忽略了时间因素带来的影响，这可从局部路径规划的任务目标和特点来分析。局部路径规划两个基本目标是：尽可能避开会对巡视器造成危害的障碍物，以及生成到达指定目标点的最短路径。由于月面环境中的障碍物是静止的，而路径的长短又完全由障碍物的分布情况决定，因此这两个任务目标都不需要考虑时间的影响。从任务特点来看，局部导航对应于短时间的月面行驶，环境参数可认为基本保持不变，因此也不需要考虑时间推进带来的环境变化。

然而对于全局导航，情况则大不相同。太阳光照的适宜程度、对地通信条件，都影响巡视器行驶路径的选择。随着时间推移，天体之间发生相对运动，产生了月面昼夜更替、太阳光照通量变化、月地关系变化引起的巡视器对地通信条件变化等。维持正常工作的车载能源是时间和路径的函数。是否处于地面测控或太阳光照范围之内，是由月面位置与目标天体的连线是否被遮挡有关，而大型月面特征物造成的光照或通信阴影会随着时间推移而变化。根据太阳、地球等天体的星历模型，以及月面地形特征，预测月面某点在特定时刻是否处于阴影或是否地面可见,在选择最优能量路径或最大通信能力月面行驶路径时非常关键。

只有在路径规划时考虑太阳、地球的位置随时间的变化情况,规划出的路径才能为巡视器提供充足的能源供给,并充分利用对地通信的机会,传回尽可能多的科学探测数据。这些都是进行任务层路径规划时优化目标的一部分。

任务层路径规划还要保证其规划出来的路径满足所有操作约束,其中很多操作约束都是依赖于时间的。例如,对某些特定地点进行科学探测时,可能要求该处有特定的光照条件。同时,还有一部分约束是纯粹的时间约束。例如,在地面测控站执行多任务时,有可能只在某个特定的时间段用来向该任务提供测控服务;巡视器进入休眠状态也只与时间有关。

3) 能源演化

任务规划的一个关键问题就是保证序列中各个行为有足够可用的资源。资源是一种达到目标时需要消耗,且数量有限的量,分为度量资源(Metric Resource)和单位资源(Unit Resource)两类。度量资源是可以储存的,在行为中被消耗,如能源或燃料。从规划的观点看来,度量资源的概念更为抽象,如电动机有限的寿命等。度量资源根据是否可以补充分为单调和非单调两类。非单调资源是可以在一些行为中补充。度量资源可以用取值为连续实数的变量描述。单位资源一般用布尔变量表示,有占用和可用两种状态,如相机的使用等。

能量是保证月面行驶过程的关键因素,它是一种非单调的度量资源。由于太阳是能量的唯一来源,因此巡视器从一个地点到达另一个地点所走的路径对能量消耗和采集都有非常大的影响。直观上看,巡视器行走似乎是一个单纯的能量消耗行为;实际上,通过太阳入射角高的区域往往能为巡视器采集到比行走需求更多的能量,从而将行走变成一个储能的过程。另外,与一般简单的路径规划技术不同,任务层路径规划并不一定以长度最短作为优化的目标。通过陡峭、松软、打滑和石块多的区域比平坦、坚固区域耗费的能量肯定要多。在其他参数都相同的情况下,通过阴影地区的路径不可能采集与完全暴露在阳光下的路径相同的能源。

不难发现,能源变化是由巡视器路径的空间位置和时间决定的。时间和空间位置决定了巡视器接收太阳能及产生能量的水平,空间位置的地形统计特征又确定了巡视器通过该区域的能量消耗水平。实际上,可以通过太阳适宜度代价和地形可通行性代价两个指标来评价能量的变化情况。任务层路径规划,要保证巡视器一直行驶在光照适宜的区域内,同时也能够提供一种从能源上更优的路径选择。

4) 路径优化目标

任务层路径的优化目标不再是单单追求行驶距离最短,而需要平衡各种任务需要,如科学探测数据返回的最大化、保证行驶沿途能量供给、维持巡视器安全等,这些任务需求都会影响路径输出。

任务层路径规划,必须综合考虑这些有可能相互冲突的任务需求,以某种形式将其表示到同一个框架中。对于巡视器的远距离长时间月面工作,仅仅采用距离或能量消耗等典型指标来评价任务层路径已不再合适,而应该转而寻找一种能平衡各种期望性能的路径评价方法。如果任务目标是以奖励函数的形式存在,任务层路径规划的目标则是在使该目标函数值整个路径上达到最大。

5)各种因素间的耦合

地形交互、时间、能源演化以及优化目标所刻画的任务需求等因素之间存在较强的耦合关系,每一种因素都不能单独考虑。例如,地形条件(坡度、粗糙程度等)影响巡视器运行速度和能耗,进而影响时间消耗,同时较大的地形突起也是产生阴影和通信盲区的原因;太阳光照提供巡视器月面工作的能源,是蓄电池充电的能量来源,也为相机成像和科学探测提供条件,但同时也可能使巡视器电子器件温度升高,影响正常工作。一旦采集了科学或工程数据,对地通信的行为就能将数据传回地面操作团队。

从图3-3所示的任务层路径规划中各因素间的耦合关系可以看到,地形和时间是影响路径选择的两个基本因素。在这两个基础要素的作用下,月面环境通过地形可通行性能、太阳光照适宜程度以及通信可行条件的形式影响巡视器任务层路径的选择。

另外,任务层路径规划的优化目标虽复杂,但其归根结底仍是通过选择巡视器在适当时刻通过符合条件的月面区域来实现目标最优化。

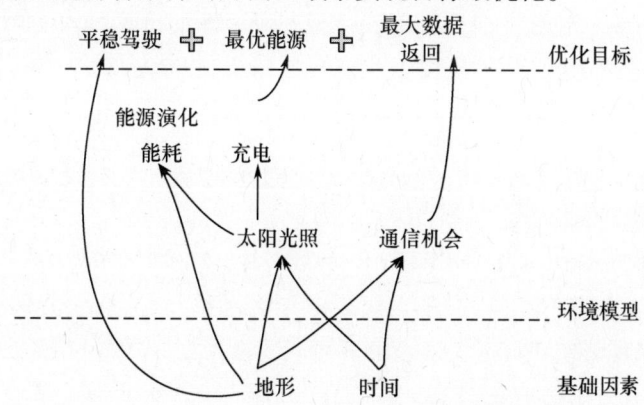

图3-3 任务层路径规划中各因素间的耦合关系

在局部导航问题中,障碍物分布及大小等地形要素是影响路径选择的唯一要素,而路径规划目标往往是行驶距离最短等指标(图3-4)。

正是任务层路径规划相对于传统的局部路径规划,在基础因素、环境模型和

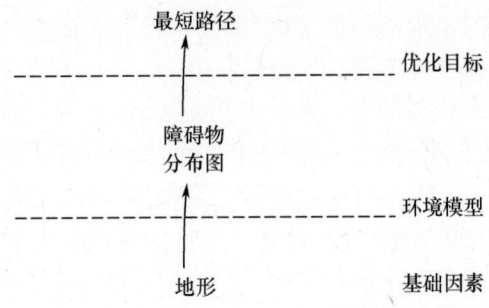

图 3 – 4　局部路径规划中的因素关系

优化目标上存在很大不同且变得非常复杂,原有的路径规划问题的定义和描述、求解方法、评价标准等均不能应用在规划巡视器月面行驶路径的实际问题上,必须转而设计一种新的路径规划技术,在规划域模型、求解方法和路径评价标准等方面展开针对性开发,使之满足地面遥操作系统的规划巡视器最优月面行驶路径的任务需要。

3.2　任务规划的概念模型

　　根据 3.1 节对于任务规划的需求分析,任务规划问题对应于"智能规划"(Automated Planning)领域的时态规划问题(Temproal Planning Problem,TP)。任务规划涉及动作之间的逻辑关系、动作的执行代价、动作执行的持续时间、各种耦合的约束关系(如资源约束、光照约束、通信约束),这些需求要素均可通过时态规划的概念完成建模。时态规划在逻辑变量之外提供了"数值变量"(Numeric Variables)的概念与语义,可用于建模资源约束;在初始条件的概念之外提供了"定时触发文字"(Timed Initial Literals)概念与语义,可用于建模不受巡视器控制的外部事件。

3.2.1　时态规划的基本概念与术语

　　TP 问题定义为 $\varPi = (V, I, \mathrm{TIL}, G, A, \delta)$,其中:

　　(1) V 由两个不相交的变量有限集组成:$V_\mathrm{L} \cup V_\mathrm{M}$,其中变量的取值可随时间而变化。$V_\mathrm{L}$ 为命题变量集,每个变量 f 的值域为 $\mathrm{Dom}(f) = \{T, F\}$;$V_\mathrm{M}$ 为数值变量集,$x \in V_\mathrm{M}$ 具有值域 $\mathrm{Dom}(x)$;

　　(2) I 是初始状态,为 $f \in V_\mathrm{L}$ 赋予真值"T"或"F",为 $x \in V_\mathrm{M}$ 赋予 $d \in \mathrm{Dom}(x)$;

　　(3) TIL 是"定时触发文字"的有限集,每个时间化文字的形式为 $\langle [t] f = d \rangle$,表示变量 f 在时刻 t 的取值更新为 d;

（4）G 为目标集，其中每个目标命题具有形式 $\langle f = d \rangle$，这些目标在规划方案执行之后必须使之成立；

（5）A 是动作集：动作 $a \in A$ 具有形式 $\langle \mathrm{dur}_a, C_a, E_a \rangle$，$\mathrm{dur}_a \in R^+$ 表示动作的持续时间；C_a 是 a 的执行条件集合（简称条件集）包含动作 a 要求在它的开始执行时刻成立的条件、结束时刻成立的条件和执行过程中保持的条件；E_a 是 a 的执行效果集合（简称效果集），包含动作 a 在开始执行时刻产生的效果和结束时刻产生的效果。对于条件 $c \in C_a$，如果它约束逻辑变量则具有形式 $\langle (st_c, et_c) v = d \rangle$，$d \in \mathrm{Dom}(v)$，如果它约束数值变量则具有形式 $\langle [st_c, et_c] v \ op\ \exp \rangle$，$op \in \{ >, \geqslant, <, \leqslant, = = \}$，表达式 $\exp$ 由数值变量和常量组成。对于效果 $ef \in E_a$，如果它影响逻辑变量则具有形式 $\langle [t] v \leftarrow d \rangle$，如果影响数值变量则具有形式 $\langle [t] v\ eop\ \exp \rangle$，$eop \in \{ =, +=, -=, *=, /= \}$；

（6）$\delta: A \rightarrow R$ 是动作的代价函数，$\delta(a) \geqslant 0$ 表示执行 a 需要付出代价，$\delta(a) < 0$ 表示执行 a 获得收益。

对动作 a 的时间语义进一步说明如下。将动作 a 的开始执行时刻和结束时刻分别记为 st_a 和 et_a。对于条件 c，如果 $st_c = et_c = st_a$ 则要求条件 c 在 a 的开始时刻成立，称此类条件的"开始条件"；如果 $st_c = et_c = et_a$ 则要求 c 在 a 的结束时刻成立，称此类条件为"结束条件"；如果 $st_c = st_a$，$et_c = et_a$ 则要求 c 在开区间 (st_c, et_c) 上成立，称此类条件为"持续条件"。对于效果 ef，如果 $t = st_a$，则该效果在动作的开始时刻发生，称此类效果为"开始效果"；如果 $t = et_a$，则该效果在动作的结束时刻发生，称此类效果为"结束效果"。动作 a 的条件和效果中均可包含数值变量，数学表达式的形式依据 PDDL2.1 规范。

给定 TP 问题，它的一个状态 s 由有限个变量赋值组成。用 $s(v)$ 表示 s 对变量 v 的赋值，则 $s(v) \in \mathrm{Dom}(v)$。状态不一定对全部变量都给出赋值，未对所有变量赋值的状态称为"部分状态"，对所有变量赋值的状态称为"完全状态"。

在状态 s 上，如果动作 a 的"开始条件"在时刻 st_a 成立、"结束条件"在时刻 et_a 成立、"持续条件"在开区间 (st_a, et_a) 上成立，则称 a 在 s 上可执行。a 在 s 的执行记为 $a(s)$，计算方法为：在 st_a 时刻，按照 a 的"开始效果"更新 s 得到新状态 s'，在 et_a 时刻，按照 a 的"结束效果"更新 s' 得到 s''。

使用 $\pi = (\langle t(a_1), a_1 \rangle, \langle t(a_2), a_2 \rangle, \cdots, \langle t(a_m), a_m \rangle)$ 表示动作序列，其中动作变量 a_i 表示在第 i 步执行的动作，$t(a_i)$ 表示它的执行时刻。对于状态 s，如果 a_i 对应的动作可在时刻 $t(a_i)$ 依次执行，则称 π 为 s 上的"有效动作序列"。

TP 问题 Π 的规划方案（或称"规划解"，也称"规划"）表示为序列 $\pi - (\langle t(a_1), a_1 \rangle, \langle t(a_2), a_2 \rangle, \cdots, \langle t(a_m), a_m \rangle)$，$\pi$ 应为初始状态 I 上的有效动作序列，并且执行 a_m 后的状态满足目标集 G 的全部目标。π 的"时间跨度"（Make

Span)ms(π)为 $t(a_m) + \mathrm{dur}_{a_m}$。$\pi$ 的代价 $\delta(\pi)$ 为所有动作的代价和 $\sum_{i=1}^{m}\delta(a_i)$。$\pi$ 对变量 x 建模的资源的消耗量为在时刻 $t(a_m) + \mathrm{dur}_{a_m}$ 上 x 的取值与在初始状态 I 中 x 取值的差。根据"时间跨度""动作代价""资源消耗"等尺度可比较两个规划解 π 和 π' 的"规划质量"(Plan Quality)优劣,比较结果依据尺度的实际含义得出。

面向一个具体的规划尺度,可要求规划算法计算出最优的规划解,或者要求计算出一个令人满意的规划解。前一类计算问题称为最优规划问题(Optimal Planning),后一类问题称为"满意规划问题"(Satisficing Planning)。根据工程需要,将月面巡视器任务规划问题建模为满意规划问题,因为一般情况下"满意规划问题"相对容易,耗时较短。

3.2.2　时态规划概念的运用

TP 问题模型能够支持对月面巡视器任务的建模,举例分析如下。假设巡视器 r 当前能量为 50,位于停泊点 spot1,目标是对该停泊点拍照并完成数传。可执行的动作包括:拍照动作 image(r,spot1),数传动作 send_data(r,spot1),充满电动作 charge(r,spot1)。image 动作的持续时间为 10,charge 动作的持续时间为 30,send_data 动作的持续时间为 20。

(1) image(r,spot1)动作的执行前提是在开始时刻巡视器 r 在位置 spot1,并且在全部拍照期间保持位置不变。动作消耗的电量为 40。

(2) send_data(r,spot1)动作的执行前提是在开始时刻 r 位于 spot1 且在整个执行过程中位置保持不变。在整个执行过程中,r 应处于通信窗口内。动作消耗电量 30。

(3) charge(r,spot1)动作的执行前提是在动作执行的全部过程中 r 在光照范围内。

此外,巡视器位于光照范围的时间区间是 $[20,60]$、位于通信窗口 $[50,80]$。此处的时间均为相对时间。

此任务的规划解应为:第 1 步在时刻 0 执行拍照动作、持续 10 个时间单位,第 2 步在时刻 20 执行充电动作、持续 30 个时间单位,第 3 步在时刻 50 执行数传动作、持续 20 个时间单位。总的时间跨度为 70。

为建模以上实例,进行如下的模型设计(此处是简化设计,不同于最终的月面巡视器模型设计)。设计如表 3-1 所列。设计数值变量 energy(r)表示巡视器能量。

初始状态 $I = \{$at(r,spot1) = T,imaged(spot1) = F,not_imaged(spot1) = T,data_sent(spot1) = F,not_data_sent(spot1) = T,energy(r) = 50$\}$。

表 3 - 1 示例命题集与含义对照表

命题	含义
$at(r, spot1)$	r 在 spot1
$imaged(spot1)$	在 spot1 完成拍照
$data\_sent(spot1)$	完成数传
$in\_sun(r)$	r 处于光照范围
$in\_track(r)$	r 处于通信窗口

定时触发文字集合 TIL $= \{\langle [20] in\_sun(r) = T \rangle, \langle [60] in\_sun(r) = F \rangle,$ $\langle [50] in\_track(r) = T \rangle, \langle [80] in\_track(r) = E \rangle\}$。表示巡视器在时刻 20 处于光照范围,在时刻 60 离开光照范围;在时刻 50 进入通信窗口,在时刻 80 退出通信窗口。

目标集合 $G = \{imaged(spot1) = T, data_{sent(spot1)} = T\}$。

动作集 $A = \{\langle 10, C_{image}, E_{image} \rangle, \langle 30, C_{charge}, E_{charge} \rangle, \langle 10, C_{send\_data}, E_{send\_data} \rangle\}$,其中:

(1) $C_{image} = \{\langle (st_{image}, et_{image}) at(r, spot1) = T \rangle, \langle (st_{image}, st_{image}) energy(r) > 40 \rangle, \langle (st_{image}, st_{image}) imaged(spot1) = F \rangle, \langle (st_{image}, et_{image}) imaged(spot1) = F \rangle\}$;

(2) $E_{image} = \{\langle [et_{image}] energy(r) = 40 \rangle, \langle [st_{image}] imaged(spot1) = T \rangle\}$;

(3) $C_{charge} = \{\langle (st_{charge}, et_{charge}) at(r, spot1) = T \rangle, \langle (st_{charge}, st_{charge}) in\_sun(r) = T \rangle, \langle (st_{charge}, et_{charge}) in_{sun}(r) = T \rangle\}$;

(4) $E_{charge} = \{\langle [et_{charge}] energy(r) = 100 \rangle\}$;

(5) $C_{send\_data} = \{\langle (st_{send\_data}, et_{send\_data}) at(r, spot1) = T \rangle, \langle (st_{send\_data}, st_{send\_data}) energy(r) > 30 \rangle, \langle (st_{send\_data}, st_{send\_data}) data\_sent(spot1) = T \rangle, \langle (st_{send\_data}, et_{send\_data}) data\_sent(spot1) = F \rangle, \langle (st_{send\_data}, st_{send\_data}) in\_track(r) = T \rangle, \langle (st_{send\_data}, et_{send\_data}) in_{track}(r) = T \rangle\}$;

(6) $E_{send\_data} = \{\langle [et_{send\_data}] energy(r) = 30 \rangle, \langle [et_{send\_data}] data\_sent(spot1) = T \rangle\}$。

动作代价函数 δ 定义为:$\delta(image(r, spot1)) = 1, \delta(send\_data(r, spot1)) = 1, \delta(charge(r, spot1)) = 50$。将充电动作的代价赋值为远大于另外两个动作的用途在避免规划算法计算的规划解中包含过多不必要的充电动作。

上述示例的规划解表示为:$\pi = (\langle 0, image(r, spot1) \rangle, \langle 20, charge(r, spot1) \rangle, \langle 50, send\_data(r, spot1) \rangle)$。可以验证,在时刻 0 能执行第 1 步的拍照动作,它在时刻 10 完成,满足了"完成拍照"的目标,为了完成另一个目标"完成数传",应执行数传动作,但由于此时的巡视器电量变化为 50 - 40 = 10,而数传动作因要求电量高于 30 而不能执行。应该调度充电动作,但该动作不能在时刻

10 开始,因为巡视器在时刻 20 才处于光照范围。充电动作在定时触发文字 in_sun(r)在时刻 20 成立后开始执行,在时刻 50 执行完成,使电量变为 100。在时刻 50 可执行数传动作。在时刻 70,"完成数传"的目标达成。从而,两个任务目标全部完成。

以上的建模过程的要点包括:对动作代价概念的运用以引导规划解的质量评估;使用动作的"开始条件""持续条件"概念保证巡视器与外界环境在逻辑上和时序上同时满足约束;使用"定时触发命题"概念建模太阳光照变化等不受巡视器控制的外部事件,并作用于动作条件以保证相应约束的满足;使用"数值变量"建模巡视器的资源变化情况。

3.3 规划任务描述语言

规划是关于动作的推理。它是一种抽象的、清晰的深思熟虑的过程,这个过程通过预期动作的期望效果,选择和组织一组动作,其目的是尽可能好的实现一些预先给定的目标。任何规划算法都需要一个关于待求解问题的描述作为算法的输入。实际上,在问题描述中不太可能对所有可能的状态和所有可能的状态转移(动作)进行显式枚举。因此,需要一种好的规划问题表示方法,使得我们在规划求解过程中能够容易地按需计算状态和状态转移,而不必显式地把它们一一列举出来。

规划任务描述语言可分为两大类。一类是基于经典命题逻辑和一阶谓词逻辑,其特点是任何一个命题的真值或者为"真",或者为"假",二者必居其一。因为它只有两个真值,因此又称为二值逻辑。另一类是泛指除经典逻辑外的那些逻辑,主要包括三值逻辑、多值逻辑、模糊逻辑、模态逻辑及时态逻辑等,统称为非经典逻辑。巡视器的任务规划问题是一个经典规划问题,采用基于经典逻辑的描述语言。

经典规划表示形式是集合论表示的推广。经典规划表示中,使用了一阶逻辑中的符号体系。状态被表示成逻辑原子集合,这些原子的真值由解释确定。动作被表示为规划操作,它能够改变这些原子的真值。

月面巡视器任务规划的描述技术采用了"规划领域定义语言"PDDL(Planning Domain Definition Language),并进行了适当的扩展。PDDL 最先由 McDermott 教授设计,主要借鉴了 STRIPS 语言,经过十多年的演化不仅具有规范的语法,还具有丰富的语义表达能力。PDDL 的最新版本 PDDL3.0 能够刻画规划任务的时间特征、数值属性、动作代价、过程偏好,为工程实践中的规划任务描述提供了较好的技术基础。

3.3.1 任务描述的结构

PDDL 语言将规划任务描述为一个二元组 $D = ($ PlanningDomain, PlanningInstance $)$，其中 PlanningDomain 是规划领域描述文件，PlanningInstance 是问题实例描述文件，这种模块化的描述方法使得同一规划领域的规划实例的领域描述文件具有可重用性，不同的规划任务只需定义不同的问题实例描述文件即可。下面分别对 PDDL 语言的领域描述语法格式和问题实例描述语法格式进行介绍。

图 3-5 所示为 PDDL 语言用于描述领域模型的结构，其中

$($ define $($ domain domain_name $)$

$($:requirements $<$:req1 $> <$:req2 $> \cdots$

$<$:req$_n$ $>)$

$($:types $<$ type1 $> <$ type2 $> \cdots <$ type$_n$ $>)$

$($:predicates $<p1> <p2> \cdots <p_n>)$

$($:functions $<$ fun1 $> <$ fun2 $> \cdots <$ fun$_n$ $>)$

$($:action1 $)$

$\cdots$

$($:action$_n$ $)$

$)$

图 3-5 表示领域模型的 PDDL 结构

（1）define domain：用来说明领域名称（domain_name）。

（2）:requirements：用来声明领域描述文件的模型描述能力的不同特征类型。常用的关键字主要有 strips（表示支持 STRIPS 子语言）、equality（表示支持"="作为谓词）、typing（允许定义不同的对象类型）、fluents（允许定义不同的函数）、durative - actions（表示动作的执行时间是持续的）、timed - initial - literals（表示时间化初始文字，是一类确定的、无条件的外部事件。时间化初始文字跟实际应用密切相关：在真实的世界中，确定性的、无条件的外部事件是很常见的，比较典型的形式是时间窗口约束）。

（3）:types：用来定义不同对象的所属类型。类型名称前面都有符号"-"以示区别。值得注意的是：只有当:requirements 列表中有关键字:typing 时，才可以定义各种不同的对象类型。

（4）:predicates：即谓词，谓词的定义包括谓词名称及谓词参数，不同的谓词参数名称前加上符号"?"，且用符号"-"指出其所属类型。

（5）:functions：即函数，用来记录变量的值，如持续时间和资源的计算等。

（6）:action：即动作，用来定义领域中可以采用的动作集合。它一般由动作名称（action - name）、参数（parameters）、前提条件（precondition）和效果（effect）组成。如果:requirements 列表中有关键字:durative - actions，那么动作还包含持

续时间(duration)部分。

图3-6所示为PDDL定义的规划问题实例的结构,其中define problem:用来说明领域的问题名称(problem_name)。

```
(define(problem problem_name)
(:domain domain_name)
(:objects < PDDL code for objects > )
(:init < PDDL code for initial state > )
(:goal < PDDL code for goal state > )
(:metric < PDDL code for metric > )
)
```

图3-6　表示问题实例的PDDL结构

(1):domain:表示问题所属的领域(domain_name)。

(2):objects:该部分列出该问题描述文件中所有对象实例及所属类型。这些类型必须和领域描述文件中事先定义的类型保持一致。

(3):init:用来描述规划问题的初始状态。初始状态集合中只能出现领域描述文件中定义过的predicates、functions和问题描述文件中objects里声明过的对象。如果:requirements列表中有关键字:timed-initial-literals,还应该包括规划问题中确定性的、无条件的外部事件。

(4):goal:表示规划问题所要达到的目标状态。

(5):metric:规划尺度,不是规划器求解时必须满足的。规划尺度的引入能够更好地根据问题领域的特点来评价规划方案的质量。

3.3.2　状态的描述方法

PDDL支持使用命题变量、枚举变量和数值变量来描述状态。在PDDL语言的前身STRIPS语言中,仅支持使用命题变量,在PDDL的版本2.1中,增加了对数值型变量的支持,在PDDL的版本3中,增加了对枚举变量的支持。

命题变量由谓词和参数实例构成。如,命题At(rover,loc)是由谓词At、参数rover和loc形成。At是一个二元谓词,表示巡视器的位置。PDDL支持建模人员给出At的如下定义:(At ? x - Rover ? y - Location),同时,将Rover和Location定义为两个类型:Rover - Object,Location - Object。

数值变量是为了表示现实世界中持续变化的量而引入的,分为离散型和连续型。前者的论域为整数域 $\mathbf{Z}$,后者的论域为实数域 $\mathbf{R}$。数值变量虽然在实际中一般为对象的某个属性,但是PDDL不支持这种直接的表达方式。PDDL通过函数来间接定义数值变量和对象的数值属性。例如,巡视器(Rover)的"能量"(Energy)属性为持续变化的量。PDDL支持我们定义一个以"Energy"为函数名,以Rover实例为参数的函数:function Energy(? r - Rover)。对于一个具体的巡视器 JadeRabbitRover,它的能量值为 500,用 PDDL 表示为(= Energy(JadeRabbitRover) 500)。

枚举型变量在 PDDL3 中引入,支持用户定义论域为自定义有限集合的变量。例如,定义枚举变量"WeekDay"的论域为|Mon,Tue,Wed,Thu,Fri,Sat,Sun|。

3.3.3 动作的描述方法

动作的语义表达能力随着 PDDL 的演化不断增强。这里我们主要关注以下 5 种语义的表达:动作执行前提、动作执行效果、动作对时间的要求、用户对动作的偏好、外部事件。

动作的前提表示为对变量取值的要求。例如:巡视器 JadeRabbitRover 从月面地点 loc1 移动到 loc2 的操作 Move 的主要前提如下:

(1)能量值高于 80;

(2)当前位于 loc1;

(3)从 loc1 存在可行路线到达 loc2。

相应的 PDDL 表示如下:

(1)(> Energy(JadeRabbitRover) 80);

(2)Location(JadeRabbitRover,loc1);

(3)Reachable(loc1,loc2)。

其中,Energy(JadeRabbitRover)表示 JadeRabbitRover 的能量值。数字 80 是对能量值的最低要求。Location(JadeRabbitRover,loc1)是二元谓词 Location 的命题实例,表示 JadeRabbitRover 的位置为 loc1。Reachable(loc1,loc2)表示 loc1 和 loc2 可达(注意:我们并没有建模两个位置之间的具体行进路线)。

动作效果表示为变量取值的更新。同样以巡视器的操作 Move 为例。从月面位置 loc1 到达 loc2 后的效果如下:

(1)能量值减少 10;

(2)当前位置更新为 loc2。

相应的 PDDL 表示如下:

(1)(decrease Energy(JadeRabbitRover) 10);

(2)Location(JadeRabbitRover,loc1) and (not Location(JadeRabbitRover,loc1))。

此处,主要注意我们通过要求(not Location(JadeRabbitRover,loc1))取真值 "True",从而间接要求 Location(JadeRabbitRover,loc1)取真值"False",最终表示 JadeRabbitRover 不再位于 loc2。

动作对时间的要求通过若干表示时间关系的关键字进行表示。首先,操作 Move 的执行"时长"的建模可通过 PDDL 的(:duration expr)语法,其中 expr 可以为常量或函数表达式。操作与前提条件或动作效果的时态关系可以通过"at start"、"at end"、"over all"来分别表示在动作执行过程的开始时刻、在动作执行过程的结束时刻、在动作执行的整个过程中。

用户对动作的偏好可使用 PDDL 语法的(:cost expr)进行建模。其中 expr 为常量或函数表达式。对于能实现同一个目标的两个动作 a_1 和 a_2，如果用户偏好于使用 a_2，建模人员可以为 a_2 赋予比 a_1 代价值更低的数值。PDDL 对动作偏好的表示支持，为我们完成月面巡视器的建模提供了很大的便利。例如，巡视器任务中我们为了避免规划器为巡视器指定不必要的"充电"动作，我们为该动作赋予了较高的代价值。

外部事件是由建模领域之外的第三方对象所触发的环境变化，这种变化一般是由第三方的动作导致的。当第三方不属于可控对象时，规划系统应只关心这种动作的结果。PDDL 提供了"时间化文字"用于建模外部事件。这种表达能力对于建模巡视器的通信弧段提供了较大的便利。例如，采用(at 89043 (inTrack xs JadeRabbitRover q))和(at 147343 (not (inTrack JadeRabbitRover)))表示 JadeRabbitRover 在第 89043s 时进入通信弧段、在第 147343s 时离开通信弧段。

3.4　任务规划的建模与描述

在任务规划中，规划模型具体可以描述为如下的一个四元组：(对象,谓词,函数,动作)。对象用来表示任务规划问题中不同的对象类型，如巡视器等；谓词用来表示任务规划问题中各个对象的状态属性，如巡视器位于指定停泊点等；函数用来表示任务规划问题中动作的持续时间,各种资源的数值变化等；动作用来表示对象可以采取的动作,系统通过动作的执行来改变对象的状态属性。

针对本次巡视器控制任务设计的对象类型共有 7 个、如表 3－2 所列，设计的谓词均为二元以下谓词，如表 3－3 所列,设计的函数均为一元函数、如表 3－4所列。

表 3－2　任务规划模型中对象类型设计与说明

类型名	父类型	说明
object		所有类型的父类型
XsqType	object	巡视器
SpotType	object	巡视器停泊点
ModeType	object	作业模式
WorkModeType	ModeType	巡视器工作模式
MoveModeType	ModeType	巡视器移动模式
GroundModeType	ModeType	地面站工作模式

表 3 - 3　任务规划模型中谓词设计与说明

谓词名	元数	变元 1 及类型	变元 2 及类型	用途说明
park	1	spot , SpotType		巡视器当前位置
near	2	spot1 , SpotType	spot2 , SpotType	月表可穿越区域
finish	1	mode , ModeType		工作模式完成情况
undone	1	mode , ModeType		工作模式完成情况
next	2	mode1 , ModeType	mode2 , ModeType	工作模式顺序约束
modeAt	2	spot , SpotType	mode , ModeType	停泊点对应的工作模式
isWorkMode	1	mode , ModeType		当前工作模式
isGroundMode	1	mode , ModeType		当前工作模式
isMoveMode	1	mode , ModeType		当前工作模式
inTrack	1	xsq , XsqType		巡视器当前通信可用性
outOfTrack	1	xsq , XsqType		巡视器当前通信可用性
leave	1	spot , SpotType		巡视器离开停泊点
needEnterTrack	1	xsq , XsqType		巡视器需要通信
enterTrack	1	xsq , XsqType		巡视器进入可通信范围
inSun	1	xsq , XsqType		巡视器光照情况

表 3 - 4　任务规划模型中函数设计与说明

函数名	变元与类型	用途说明
modeTime	mode , ModeType	描述作业模式的持续时长
curEnergy	xsq , XsqType	描述巡视器的当前能量值
minEnergy	xsq , XsqType	描述巡视器的最低能量要求
enterTrackTime	xsq , XsqType	描述巡视器进入通信范围的时刻
leaveTrackTime	xsq , XsqType	描述巡视器离开通信范围的时刻
curAmuzith	xsq , XsqType	描述巡视器方位角
curPYAngle	xsq , XsqType	描述巡视器 + Y 太阳翼角度
curPYClamp	xsq , XsqType	描述巡视器 + Y 太阳翼夹角
curNYClamp	xsq , XsqType	描述巡视器 - Y 太阳翼夹角

3.4.1　操作建模

巡视器的主要工作过程是在满足各项约束的前提下从一个停泊点移动到另一个停泊点,在停泊点上根据运作模式的设定完成该模式下的科学探测工作。在执行停泊点之间移动的动作之前,巡视器应当确认当前所在的停泊点与期望到达的停泊点存在可达路径,在移动路径上处于通信弧段覆盖范围内以便保持数据传输,在移动过程中处于太阳光照范围以保证太阳翼的正常工作,保证整个移动过程后的能量剩余满足巡视器的最低能量要求。在一个停泊点开始执行某个运作模式之前,巡视器应确认当前停泊点与该运作模式匹配,在工作过程中处于通信弧段和太阳光照范围内,在该运作模式完成后巡视器的能量剩余满足最低能量要求。为了补充能量,巡视器可在停泊点进行充电,保持待命模式,在进行充电前应确认整个充电过程中巡视器处于太阳光照范围和通信覆盖弧段内。为了明确处于通信覆盖弧段的时间范围,巡视器应能根据可用通信弧段信息、通信建立所需时间、通信断开所需时间推导出它的通信时段。

巡视器的多数操作都不是立即操作,而是持续一定时间的操作——持续操作。为了刻画这一特性,采用了 PDDL 语言的"持续操作"语法模型。基于该语法,操作执行前的前提条件、操作执行过程中的前提条件、操作执行过程结束前的前提条件均能进行建模,操作的效果可建模于操作的开始时刻和操作的结束时刻。

为建模"玉兔"号巡视器的运作,设置了 3 种运作模式,分别为移动模式、工作模式和地基运算模式。下面以"工作模式"为例介绍建模方法。

在停泊点执行工作模式的操作模型 WorkAction 如图 3 - 7 所示。在图 3 - 7 中,中间的长方形表示 WorkAction 的整个执行时间段,左侧为开始时刻,右侧为结束时刻。位于长方形上面的命题都是 WorkAction 的前提条件,位于长方形下面的命题都是 WorkAction 的执行效果。具体而言,在左上侧的前提均应在 WorkAction 执行过程的开始时刻被满足,中上侧的前提均应在 WorkAction 执行过程中被满足,右上侧的前提均应在 WorkAction 执行结束时刻被满足。WorkAction 的参数与命题含义如表 3 - 5 所列,它对应的 PDDL 语言描述见图 3 - 8。

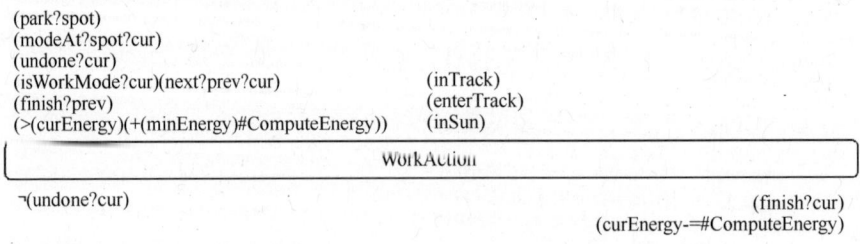

图 3 - 7　WorkAction 操作模型与时间的关系

对持续动作建模的关键难点在于确定动作前提应被满足的时间节点,如 WorkAction 操作的"可通信"(InTrack)条件应该在操作执行的全程中一直成立,而不应该仅仅在操作开始的时刻成立。这些建模难点的解决,依靠"玉兔"号操控人员与建模人员的大量经验积累。此外。从表 3-5 可见,一个操作可能包含十余个前提和效果,这些设计是为了保证每个操作的执行充分满足各项约束条件。

表 3 - 5　WorkAction 操作设计说明

语法项	说明
操作参数表	
? xsq - XsqType	xsq 代表巡视器
? spot - SpotType	spot 代表停泊点
? prev - ModeType	prev 代表前一个运作模式
? cur - ModeType	cur 代表当前运作模式
操作前提表	
(park ? spot)	巡视器位于停泊点 spot
(modeAt ? spot ? cur)	停泊点 spot 的运作模式为 cur
(undone ? cur)	运作模式 cur 有待完成
(isWorkMode ? cur)	模式 cur 为工作模式
(next ? prev ? cur)	模式 cur 是模式 prev 的后继模式
(finish ? prev)	模式 prev 已完成
(> (curEnergy) (+ (minEnergy) #ComputeEnergy))	能量剩余大于最低能量
(inTrack)	处于通信范围
(enterTrack)	通信链接已建立
(inSun)	处于太阳光照范围
操作效果表	
(undone ? cur)	模式 cur 未完成
(finish ? cur)	模式 cur 已完成
curEnergy - = #ComputeEnergy	更新当前能量值

```
(:durative-action WorkAction
      :parameters (?spot - SpotType ?prev ?cur - ModeType); ;动作参数
      :duration (= ?duration (modeTime ?cur));;用于建模动作的持续时长
      :cost 1 ;;用于建模偏好的动作代价
      : condition
            ( and
                (over all (inTrack))         ;;测控约束
                (over all (enterTrack))
                (over all (inSun))              ;;"处于太阳照射区域"约束
                (at start (park ?spot))         ;;"停泊点位置"约束
                (at start (modeAt ?spot ?cur))) ;;运作模式约束
                (at start (isWorkMode ?cur))
                (at start (undone ?cur) )
                (at start (next ?prev ?cur))    ;;运作模式顺序约束
                (at start (finish ?prev))
                (at start (> (curEnergy) (+ (minEnergy) #ComputeEnergy)));;能量约束
            )
      :effect
            (and
                (at start (not (undone ?cur) ) ) ;;开始执行发生的效果
                (at end (finish ?cur)) ;;结束时刻发生的效果
                (at end (assign (curEnergy) (bel00 (- (curEnergy) #ComputeEnergy)))))
      )
```

动作的前提

动作的效果

由外部程序计算的变量

图 3 - 8　WorkAction 操作的 PDDL 语言描述

3.4.2　任务实例建模

任务实例用于建模某次具体的控制任务,包含当时的任务环境信息和任务目标两部分。任务环境信息包含了参与任务的巡视器对象、月表停泊点信息、运作模式序列、巡视器初始停泊点、停泊点与运作模式的对应关系、每个运作模式的执行时长、通信链路建立和撤销所需的时长、巡视器当前能量、巡视器最低能量要求、巡视器姿态信息和测站的跟踪弧段信息。在我们的建模方法中,巡视器对象、月表停泊点和运作模式使用 PDDL 语言的对象实例进行建模;其他的信息使用 3.4.1 节中的谓词和函数进行建模。

图 3-9 所示为一个任务实例的建模与描述结果。该图的最后一行描述了任务的目标:完成模式 M0_MS_GZ 的执行,由于该模式的完成要求其前面的各个模式均完成,所以这个目标相当于要求所有运作模式都完成。

```
1   (define  (problem MTCY)
2    (:domain MTCY)
3     (:objects
4        xsq    - XsqType
5        spot0  - SpotType
6        init   - WorkModeType
7        M0_MS_GZ   - WorkModeType
8        …
9     (:init
10      (near spot0 spot1) ;; 描述停泊点之间的可达性
11      (park spot0) ;; 初始时巡视器位于停泊点 spot0
12      (isWorkMode init) ;; 模式 init 为工作模式
13      ( = (modeTime   init) 0.0) ;; 模式 init 所需的执行时长为 0.0s
14      ( = (enterTrackTime xsq) 500) ;;巡视器建立通信链接的时间为 500s
15      (modeAt spot0   init) ;; 停泊点 spot0 应完成模式 init
16      (next init M0_MS_GZ) ;; 模式 init 的后继模式为模式 M0_MS_GZ
17      (at 0   (inTrack xsq)) ;; 巡视器在第 0s 处于通信可见范围
18      (at 800   (not (inTrack xsq))) ;; 巡视器在第 800s 离开通信可见范围
19      ( = (curEnergy xsq) 80) ;; 巡视器当前电量
20      ( = (minEnergy xsq) 10) ;; 巡视器最低电量
21      …
22      )
23    (:goal (finish M0_MS_GZ))
```

图 3-9　任务实例的 PDDL 语言描述片段

任务实例建模中的一个关键技术在于"外部事件"的建模。对于"玉兔"号巡视器,外部事件指不由它控制的外部环境改变,如巡视器进入测站跟踪弧段

80

的事件和离开测站跟踪弧段的事件是不能由巡视器控制的。由于巡视器自身运动的月表范围较小,它的运动一般不影响测站跟踪弧段。不过,巡视器与测控站的可见弧段可通过预报而实现获知。为建模此类的外部事件,运用了PDDL 语言的"定时触发文字"语法。例如,为了建模巡视器的可见测控弧段为时间区间 $[t_1, t_2]$,在模型中将代表"巡视器进入测站'"的命题设置为在 t_1 时刻触发为"True",在 t_2 时刻触发为"False",具体的 PDDL 语言描述见图 3 - 9 的 17 ~ 18 行。

3.5　规划求解方法

3.5.1　任务规划的内容

任务规划系统在每次运行时都针对具体的任务参数进行规划。这些具体的任务参数通过抽象和符号化形成任务的实例。任务实例与任务的行为模型一起作为任务规划系统的输入信息。

任务实例主要包含如下参数的信息:

(1) 由停泊点组成的路径;

(2) 停泊点之间的可达关系;

(3) 各行为的耗时(持续时间);

(4) 各行为的能量消耗;

(5) 能量的初始值和最小保有能量阈值;

(6) 光照的时间窗口预报;

(7) 与能量补充相关的参数(如太阳翼角度参数)变化预报;

(8) 通信的时间窗口预报;

(9) 各停泊点上的预期行为集合及行为之间的顺序约束。

任务规划系统在接收以上信息后,进行规划求解,求解成功后输出规划方案。规划方案包含以下信息:

(1) 巡视器应执行的所有行为名称;

(2) 每个行为的开始执行时刻。

为了输出以上的规划方案,规划算法需要进行以下的决策:

(1) 在每个停泊点上以预期行为的正常执行为目标,如何安排每个动作的开始时刻,同时保证各种约束的满足;

(2) 在每个行为之前是否需要增加能量补充行为,其开始时刻怎样安排,是否能同时满足其他约束。

在任务规划中,规划最小单位为工作行为,因此存在以下几种规划内容:

（1）停泊点:对每个停泊点进行标识;

（2）工作行为:对每个停泊点上的每个非移动行为和移动行为进行标识;

（3）时刻:给出非移动行为的允许执行时间、移动行为的允许执行时间,由各种预报计算得出;

（4）时段:给出非移动行为和移动行为的耗时,由工作行为配置给出;

（5）能量:给出初始能量,各阈值等;

（6）能量消耗:给出非移动行为和移动行为的耗能;

（7）停泊点的依赖关系:各停泊点的执行顺序配置;

（8）工作行为的依赖关系:非移动行为和移动行为的执行顺序配置。

3.5.2 任务规划算法

任务规划的求解算法采用状态空间表示法之上的"贪婪最好优先搜索"算法(Greedy Best – first Search,GBFS)。每个状态带有时间戳,记录命题变量和数值变量的取值,记录不能违背的持续前提条件,记录在未来时刻发生的效果。具体上,状态 s 为六元组 (t,P,M,Π,E,pl),其中:

（1）t 为状态 s 对应的时刻(时间戳);

（2）P 记录命题取真值的最近时间,表示为集合 $\{\langle p_i,t_i\rangle \mid t_i < t\}$;

（3）M 记录数值型变量在当前时刻 t 的取值;

（4）Π 记录已经执行的动作的持续条件;

（5）E 记录未来时刻发生的事件集,由已执行动作的应用效果产生;

（6）pl 记录从初始状态到状态 s 所经历的动作序列。

求解算法的搜索空间通过在状态上不断"应用"动作产生新状态的方式进行扩展。本算法根据当前状态 s,分析巡视器任务规划的操作模型中的每个行为,根据任务实例的信息计算每个行为的能量消耗,从而将行为实例化为明确的动作。典型的实例化过程是对充电行为的实例化,首先根据巡视器当前的电量和巡视器的最大电容量的差值,得出充电量,然后根据太阳光照窗口预报和巡视器的太阳翼等参数计算充电速率,综合得出本次充电动作的持续时间。

同自动规划方法的求解困难一样,任务规划算法也面临着在多个可用动作之间选择一个能较快到达目标状态的动作,从而提高求解的效率。为解决此困难,设计启发函数 h,满足 $\forall s:h(s)\in R$,使用 h 对可用动作进行排序,优先考虑后继状态对应启发函数值最小的动作。启发函数的设计采用"松弛时态规划图"方法(Relaxed Temporal Planning Graph)和 Landmark 顺序分析方法,主要考察动作之间的逻辑关系和为满足这些逻辑关系所付出的估计代价。

巡视器任务规划算法的基本框架如图 3 – 10 所示。搜索空间由 Open 表和 Closed 表进行表示,两个表分别记录待扩展的状态和已扩展的状态。搜索从初始状态开始。每次在扩展一个状态之前都应判断该状态是否满足目标,判断的依据是目标中的所有命题是否都在该状态中取真值 T。状态 s 的扩展通过 4 个步骤,首先是调用外部计算过程分析各种相关的预报,产生 s 上的可用动作集,然后依次将每个可用动作作用在 s 上、产生新状态 s',随后计算 s' 的启发值 $h(s')$,最后将 s' 放入 Open 表、放入的顺序依据 $h(s')$。将 s' 放入 Open 表之前检查它是否出现在 Closed 表并且进行必要的重放入 Open 表。

> 建立 Open 表 (记录待扩展的状态)
> 建立 Closed 表 (记录已扩展的状态)
> 将任务的初始状态 Init 放入 Open 表
> **while** Open 表不为空
> 从 Open 表取出按启发函数 h 排序最前的状态 s
> 如果状态 s 满足任务目标 G,则求解成功,返回规划方案
> 根据操作模型调用外部计算工具、配置项和预报,
> 计算 s 上的可用动作集 App(s)
> **for** 动作 $a \in$ App(s)
> $s' \leftarrow a(s)$
> 计算 s' 的启发值 $h(s')$
> 若 $s' \notin$ Closed,则将 s' 放入 Open,放入顺序参照 $h(s')$;
> 若 $s' \in$ Closed 表中,而本次计算的启发值更小,则重新放入 Open
> **endfor**
> 将 s 从 Open 表移除、放入 Closed 表
> **endwhile**

图 3 - 10　任务规划算法

3.5.3　启发函数设计

面向月面巡视器的时态规划启发函数,主要考虑动作的代价,不考虑规划的时间跨度。这种设计启发函数的思路建立在月面巡视器任务的特殊性质之上。在巡视器控制任务中,规划方案的时间跨度基本上只受充电动作数量的影响(其他的动作是必需执行,仅仅是它们的开始执行时刻待定),充电动作的执行次数越多、整个方案的时间跨度越大。我们使用动作代价间接表示对某类动作的偏好。例如,将工作模式和移动模式对应的动作代价设置为 1,而将充电动作的动作代价设置为 500,用于引导规划算法尽量避免使用充电动作,除非充电是必需的。因此,要求规划系统给出代价较小的规划方案既能避免不必要的充电行为又可以优化时间跨度。

启发函数计算状态 s 的启发值需经历 3 个阶段:①根据规划任务 Π,建立当前状态 s 对应的"逻辑骨架任务"(Propositional Skeleton Task) Π_s^{PS};②计算 Π_s^{PS} 中

的 Landmark 顺序；③采用 h^{tpcc} 函数计算 Π_S^{PS} 的启发值。

给定时态规划任务 $\Pi = (V, I, \text{TIL}, G, A, \delta)$ 和状态 s，s 对应的"逻辑骨架任务" Π_S^{PS} 构造方法如下：①将 $\Pi = (V, I, \text{TIL}, G, A, \delta)$ 中的初始状态 I 替换为 s，得到 $\Pi_s = (V, s, \text{TIL}, G, A, \delta)$；②计算 Π_s 的可达动作集 A^+；③用 A^+ 替换原始动作集 A，并去掉 A^+ 中所有包含数值变量的前提和效果，得到 $\Pi_S^{\text{PS}} = (V_L, s, \text{TIL}, G, A^+, \delta)$。$\Pi_S^{\text{PS}}$ 不涉及数值变量，在其上运行 Landmark 顺序分析过程和启发值计算过程的计算代价因而较低。在它的算法中，值得说明的是：在它前部的 for 循环，每次均根据状态 s 和动作 a 的全部前提条件（逻辑型前提和数值型前提）来发现可用动作，更新可达命题集 P^+，但不改变 s。而在它后部的 while 循环中，动作 a 是否可达是根据 P^+ 和 a 的逻辑型前提判断，并同步更新 P^+。

可达到作分析算法如图 3-11 所示。

```
输入：Πs = (V, s, TIL, G, A, δ)
输出：动作集 A+
 A+ ← ∅
可达命题集 P+ ← ∅
可达数值集 M+ ← ∅
 P+ ← {(f= d)| f ∈ VL, (f=d) ∈ s} ∪ {(f=d)|⟨[t]f = d⟩ ∈ TIL}
 M+ ← {(f= d)| f ∈ VM, (f=d) ∈ s}
for a ∈ A
  if a 在 s 上可用
  then
   把 a 添加的命题放入 P+
 A+ ← A+ ∪ {a}
 A ← A−{a}
endfor
while A ≠ ∅
 if ∃a ∈ A 且 a 的逻辑型前提条件在 P+ 中满足
then
     将 a 添加的命题放入 P+
  A+ ← A+ ∪ {a}
    A ← A−{a}
 else break
endwhile
return A+
```

图 3-11　可达动作分析算法

3.6　小　结

月面巡视器的任务规划问题，就是从逻辑层面规划巡视器的月面行驶路线并安排在该路线上的行为序列,使各项目标要求得以完成,且整个过程满足各种操作约束和指定约束。本章从巡视器任务规划的需求分析出发,首先介绍了时态规划问题模型,随后详细介绍了规划描述语言体系的各要素及其在巡视器任务规划问题中的例化。接着针对巡视器任务规划问题的约束条件(包括环境因素约束、巡视器工作能力约束)建立了模型。在对约束条件分析基础上,提出了约束条件简化处理的方法并结合巡视器行为模型,最终建立任务规划问题的模型,为任务规划算法的提出提供了基础。

在本文提出的巡视器任务规划算法中,我们采取了在人工智能领域具有较多成功应用的贪婪最好优先搜索算法,并针对巡视器任务的特殊特点设计了启发函数,以较低的计算代价引导搜索算法。该任务规划方法的输出的规划方案符合巡视器的实际工作需求,展示了人工智能技术与领域专家知识、路径规划技术结合可产生有效的自动规划系统。

参 考 文 献

[1] (法)Malik Ghallab. 自动规划:理论和实践[M]. 姜云飞,杨强,凌应标,等译. 北京:清华大学出版社,2008.

[2] Fox M, Long D. PDDL2. 1: An Extension to PDDL for Expressing Temporal Planning Domains. Journal of Artificial Intelligence Research,2003:61 - 124.

[3] Alfonso G, Long D. Plan Constraint and Preferences in PDDL3 [C]. Proceedings of the Fifth International Planning Competition,2006.

[4] Minh Binh Do,Subbarao Kambhampati. SAPA: A multi - objective metric temporal planner [J]. Journal of Artificial Intelligence Research (JAIR),2003. 20:155 - 194.

第 4 章　路 径 规 划

路径规划是指机动平台按照某些性能指标(如最短路径、时间最短或者耗费最少等)的要求,规划出一条从起始位置到目标位置的最优或者次优的无碰路径,并指引机动平台按照该路径行进。

为此,地面机动平台的路径规划技术主要有以下三方面的特点:①复杂性,包括环境的复杂性与控制规则的复杂性。在复杂多变的环境中,机动平台对环境的感知以及根据传感器数据解析环境信息的过程,是复杂多变的。传感器的精度越高,使用数量越多,机动平台获得的环境信息就越多,对环境的感知越准确,那么机动平台在自主行进过程中,需要处理的环境数据就越多,需要的控制规则算法就越复杂。②随机性,机动平台的行进环境通常是复杂未知的,环境空间中障碍物(静态或动态)的存在通常具有未知性,这将导致机动平台的控制规则与运动行为同样存在着许多随机性和不确定因素。③多约束,机动平台与空间障碍物的几何形状、行进速度以及加速度等都会对机动平台的实际运动行为实施约束,模型建立不同,约束条件也不相同。基于以上这些特点,决定了路径规划问题的研究大体上分为 3 个方向,即全局路径规划技术、局部路径规划技术以及混合型的路径规划技术。

全局路径规划是一种整体规划技术,即在已知环境地图的基础上,规划出一条从起点到目标点的最优路径。全局路径规划结果的精确程度取决于建立的环境地图的准确程度,规划算法的有效性,以及二者之间的关联性。因此,建立精确的环境地图,选择合理的规划算法对于全局路径规划来说是十分必要的。

局部路径规划是局部规划控制技术,主要根据机动平台当前位置的环境信息对机动平台的行进方向和行进路线做出判断。局部路径规划技术依靠环境传感器系统来获取环境信息,对机动平台的运动行为进行规划。由于传感器信息随着环境的变化而实时地发生改变,因此,局部路径规划具有很强的实时性和实用性。局部路径规划的缺陷是规划仅仅依赖于局部的环境信息,容易产生局部极点,无法保证机动平台以最优代价到达目标点。

混合型的路径规划是融合了全局路径规划和局部路径规划技术的优点而提出来的。其规划思想是首先利用已知的环境信息,以最优代价规划出一条从起始点到目标点的最优路径,作为机动平台实际行进的目标路径;然后利用局部路径规划技术控制机动平台在按照规划的目标路径移动,避开环境中出现的静态或动态障碍,从而使得机动平台能够顺利地到达目标点。从机动平台工作环境的角度出发,路径规划技术可以分为静态确定环境的路径规划和动态未知环境的路径规划。前者是环境已知时的路径规划,主要用于基于环境地图的全局路径寻找;后者着重于机动平台实际行进过程中的导航与避障,是动态环境中的路径规划。

巡视器路径规划问题的基本目标是确定从一个位置到达另一个指定位置之间的可行或最优路径。可行和最优的标准根据特定应用问题而有所不同。巡视器通过月面移动实现大范围多点定位科学探测,月面所有作业任务都是沿着行驶路径安排的,因此规划行驶路径是巡视器任务规划的基本内容。

到目前为止,几乎所有关于星球表面路径规划的研究都集中在局部导航问题上,即如何从当前位置出发,安全通过布满石块等障碍的区域,到达几米或几十米外的目标位置。然而,一方面由于科学探测兴趣点无法在任务前指定,相隔距离可能相距甚远;另一方面巡视器在复杂环境中移动速度较慢,花费时间长;因此需要实现长时间远距离导航。对于长时间远距离导航的路径规划而言,一些在局部路径规划问题中无需考虑的因素对路径选择产生影响,包括大范围内的几何障碍、对地通信条件、太阳光照带来的能源变化等。为与之前路径规划技术有所区别,我们将考虑这些全局因素影响的路径称为任务层路径(Mission - level Path)。

与仅仅关注局部地形环境的传统路径规划不同,任务层路径规划的目的在于为巡视器长时间远距离的月面活动规划行驶路径。因此,任务层路径规划不仅要实现传统路径规划方法具备的障碍规避功能,还要在规划路径时考虑其他全局因素的影响,包括远距离行驶带来的大时间跨度影响、路径选择对能源接收和消耗的影响等。

任务层路径的优化目标不再是单单追求行驶距离最短,而需要平衡各种任务需要,例如,科学探测数据返回的最大化、保证行驶沿途能量供给、维持巡视器安全等,这些任务需求都会影响路径输出。

任务层路径规划,必须综合考虑这些有可能相互冲突的任务需求,以某种形式将其表示到同一个框架中。对于巡视器的远距离长时间月面工作,仅仅采用距离或能量消耗等典型指标来评价任务层路径已不再合适,而应该转而寻找一种能平衡各种期望性能的路径评价方法。如果任务目标是以奖励函数的形式存在,任务层路径规划的目标则是在使该目标函数值整个路径上达到最大。

本章首先从地形统计特征、月面光照条件、对地通信机会、光照阴影和通信遮挡等方面分析了月面环境因素对路径规划的影响,建立月球表面综合环境图。接着对路径搜索方法进行讨论,最后为满足工程实施的需求,设计路径优化方法,对路径搜索得到的理想路径进行优化,以得到平滑的、操作性强的最终跟踪路径。

4.1 月球表面环境图

巡视器在巡视勘察过程,受到多种环境因素影响。首先,必须避开地形障碍物、过陡的坡面、太过粗糙的区域等。地形因素是影响巡视器运动的基础因素,在规划月面行驶路径、选择休眠地点,选择科学探测点等都要考虑。另外,由于巡视器路径规划涉及范围广,时间跨度长,其他环境因素效果也不能忽视,包括太阳光照条件和对地通信条件。太阳光照是巡视器月面活动的能量来源,保障各项月面活动顺利进行;而与地面的通信畅通,不仅及时传回探测数据和巡视器自身的状态信息,并且有利于地面人员监控巡视器状态,实施紧急情况下的应急控制,保证巡视器安全等。巡视器所在的环境是实际的月面物理环境,而进行路径规划需要将物理环境抽象成为能被计算机理解和表达的环境模型,就是指根据已知的环境信息,通过提取和分析相关特征,将其转换成可供搜索的连通图。从月面实际物理环境中提炼出以下6项特征:坡度坡向、月面粗糙度、月面阶梯、月面通信、太阳光照、地月通信,其中前4项为时不变特征,后两项为时变特征。

传统移动机器人的环境建模一般只考虑地形信息,障碍物为几何障碍,环境被简单划分为障碍和自由空间两部分;并且移动机器人运行区域的地形信息往往是提前预知的。这种仅仅进行以地形分类、地形辨识等为着重点的月面地形建模技术,不能满足远距离长时间月面工作的实际需要。

月面数字地形一般以 DEM 形式表示。DEM 是地形的一种离散数字表示法,定义了考察区域内一系列离散点的位置和高度信息。每一个点可用一个三维向量表示:

$$\{V_i=(x_i,y_i,z_i),i=1,2,\cdots,N\} \tag{4.1}$$

式中:(x_i,y_i)为点的位置坐标;z_i为对应的高程值。

DEM 数据是用来分析月面地形的基础,但这些原始数据不能直接应用在巡视器路径规划问题的求解上。从物理意义上讲,直接影响巡视器移动能力的是月面坡度、地形粗糙程度、起伏程度等地形特征,因此,必须在原始 DEM 数据的基础上采用某些分析方法提取出地形特征并分析这些特征对巡视器月面工作能力的影响。

4.1.1 坡度坡向计算

整个月球表面总体上可分为月海和高地两大地理单元。人类在地球上用肉眼所看到的月球表面的暗黑色斑块,称为"月海"。月海实际上指的是宽广的平原区域,约占月表面积的17%,在月海表面没有一滴水。月海的分布主要在北半球。大多数月海具有圆形封闭的特点,类似于地球上的盆地,大多被山脉所包围。月海平原表面覆盖着玄武岩质溶岩,地势比高地要低得多,最低的月海最深处比月球平均水准面低6000多米。月球表面分布着22个主要的月海。高地是指月球表面高出月海的地区,一般高出月球平均水准面2~3km,面积约占月表面积的83%。高地地区较月海地区的起伏更大。

月海和高地表面都覆盖着大小不等的石块和一些撞击坑。撞击坑指的是月球表面密密麻麻分布着的大小不等的环形凹坑构造。据统计,月表撞击坑大量分布在月球高地,总数多达33000个,在月海平原的撞击坑密度较小。大多数撞击坑被高度一般在300~7000m之间的环形山包围。撞击坑深度差异一般从几十米到6km不等,但坑的底部大部分都很平坦。据分析得知,月球表面上存在的环形构造的数量与其直径存在很强的反比例关系。撞击坑的直径分布范围很宽,小的只有几十厘米或更小,直径大于1km的撞击坑的总面积约占整个月球表面积的7%~10%。据统计,撞击坑的深度与该撞击坑直径之比,一般有撞击坑的直径越小,比值越大的倾向。

不论是月海还是高地,其上均覆盖有不同尺寸、形状的石块和撞击坑,这些地形构造一同形成了各种高低起伏的斜坡,这是巡视器在月面行走时遇到的最基本的地形障碍。因此我们在分析DEM格式的月面数字地形时,首先要计算每个栅格的坡度、坡向。

地表相对于水平面的倾斜程度可以通过坡度矢量描述。某点坡度矢量大小为地表在该点处的切平面与水平面的夹角,方向为从该点出发沿最大倾斜方向上一矢量在水平面上的投影方向。亦即,坡度矢量可通过两个角度值来表示:

$$V_p = (\theta, \varphi) \tag{4.2}$$

以DEM理论为基础,经过大量研究和试验,计算坡度的方法得到长足发展。大致上可分为直接计算和曲线拟合两大类方法。其中,曲线拟合法具有较高的精度。

1. 拟合平面法

图4-1所示为计算栅格点 e 地形特征的分析窗口,首先采用最小二乘法得到该区域的拟合平面,基于该拟合平面计算坡度。

假设分析窗口内有 N 个高程点,其高程信息分别为 (x_i, y_i, z_i), $i=1, \cdots, N$。拟合平面方程为: $z = ax + by + c$,则可根据最小二乘法拟合出3个参数 a、b、c 的值。计算地形坡度如图4-2所示。

e_1	e_2	e_3
e_8	e	e_4
e_7	e_6	e_5

图4-1 拟合平面分析窗口

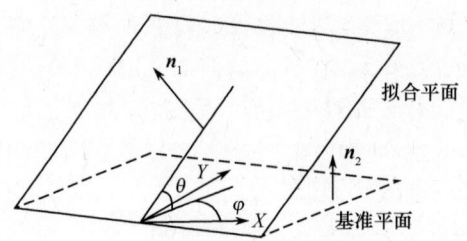

图 4-2　拟合平面法计算地形坡度坡向示意图

拟合平面 $z = ax + by + c$ 的法向量为

$$\boldsymbol{n}_1 = \{a, b, -1\} \tag{4.3}$$

基准平面 $z = 0$ 的法向量为

$$\boldsymbol{n}_2 = \{0, 0, 1\} \tag{4.4}$$

则以该参考点 e 为中心的拟合平面的坡度值 θ 为

$$\cos\theta = \boldsymbol{n}_1 \cdot \boldsymbol{n}_2 = \frac{1}{\sqrt{a^2 + b^2 + 1}} \tag{4.5}$$

令 $z = 0$，可得到拟合平面与基准平面的交线方程：

$$ax + by + c = 0 \tag{4.6}$$

其法向量 (a, b) 与 $+X$ 轴之间的夹角 φ 即表示该斜坡的方向。

2. 三阶不带权差分法

设地形曲面为 $z = f(x, y)$，对于曲面上的任意一点 O，其法向量为 $\boldsymbol{n}$，O 点的坡度 S 定义通过该点的法线方向 $\boldsymbol{n}$ 与垂直方向（Z 轴负向）之间的夹角，坡向 A 为 $\boldsymbol{n}$ 在水平面投影与正北方向的夹角，如图 4-3 所示。数学表达式为

$$\begin{cases} S = \arctan \sqrt{f_x^2 + f_y^2} \\ A = 270° + \arctan(f_y / f_x) - 90°(f_y / |f_y|) \end{cases} \tag{4.7}$$

式中：f_x 为南北方向高程变化率；f_y 为东西方向高程变化率。

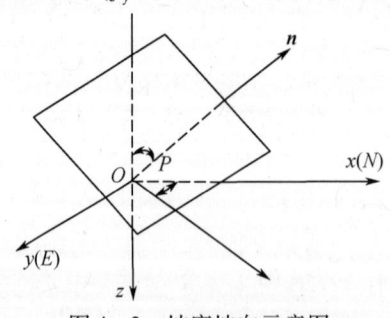

图 4-3　坡度坡向示意图

由式(4.7)可知,求解地面某点坡度、坡向的关键是求解 f_x 和 f_y。在均匀格网 DEM 上对 f_x 和 f_y 的求解,一般是在局部范围(3×3 移动窗口,如图 4-4 所示),通过数值微分方法或局部曲面拟合方法进行,即在 3×3 移动窗口中,利用中心点周围的 8 个格网点高程计算 f_x 和 f_y,窗口在 DEM 数据矩阵中连续移动后完成整幅 DEM 的格网点坡度、坡向计算。

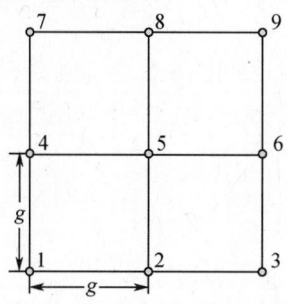

图 4-4   DEM 3×3 局部移动窗口

目前在 DEM 上求解 f_x 和 f_y 的方法有多种,选取精度较高且对 DEM 误差(由于数据采集方法、设备、内插算法等因素引入的误差)具有过滤和平滑作用的三阶不带权差分法计算坡度坡向值,如式(4.8)所示。

$$\begin{cases} f_x = (Z_7 - Z_1 + Z_8 - Z_2 + Z_9 - Z_3)/6g \\ f_y = (Z_3 - Z_1 + Z_6 - Z_4 + Z_9 - Z_7)/6g \end{cases} \tag{4.8}$$

式中:Z_x 为图 4-4 中第 x 个点对应的高程值,g 为图 4-4 中标识的栅格尺寸。

采用直径随机生成方法[9],产生尺度范围 100m×100m、分辨力 0.5m 的平坦月海地区月面数字地形(虹湾地区属于平坦月海地形),如图 4-5(a)所示。进一步,采用三阶不带权差分方法计算该区域地形的坡度值,计算结果如图 4-5(b)所示。对比(a)、(b)两幅图可以直观看出,三阶不带权差分方法较准确地计算出了 DEM 图中各栅格的坡度值,能够有效反映月面地形特征。

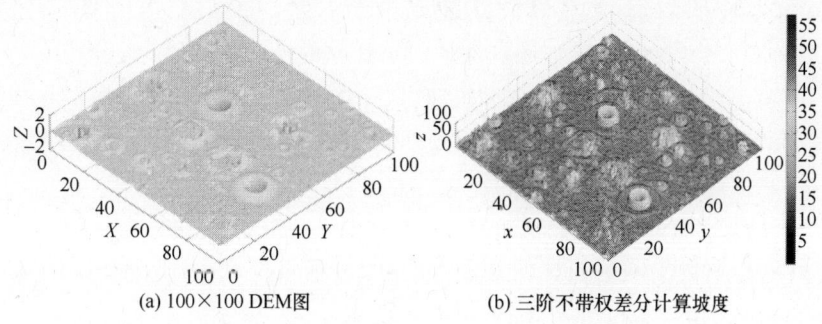

(a) 100×100 DEM图   (b) 三阶不带权差分计算坡度

图 4-5   月面数字地形及其相应坡度图

进一步,对算法精度进行分析。通过处理150幅仿真地形(其坡度、坡向值已知)分析了三阶不带权差分方法计算所得坡度、坡向的精度。分析过程如下:使用三阶不带权差分方法计算150幅仿真地形的坡度、坡向,求其与真值之差的绝对值D,进一步求出D的均值和方差,具体如表4-1所列。从表中可以看出,平坦区域、斜坡区域坡度、坡向计算误差较小,波动起伏区域计算误差相对较大,但都小于$0.5°$。

表4-1　仿真地形坡度、坡向计算误差分析表

仿真地形	平坦区域(50幅)	波动起伏区域(50幅)	斜坡区域(50幅)
坡度误差D的均值/(°)	0.034	0.17	0.013
坡度误差D的方差/(°)	0.07	0.21	0.022
坡向误差D的均值/(°)	0.14	0.36	0.017
坡向误差D的方差/(°)	0.33	0.27	0.081

对实际地形的DEM图,我们进行了相似的对比分析。不同的是DEM图的坡度、坡向没有真值,我们使用地形分析领域内较为常用的ArcGis软件求其坡度、坡向,与三阶不带权差分方法计算结果对比分析,具体如表4-2所列。可以看出,坡度、坡向计算相对误差均大于仿真数据分析结果,这是由两方面原因造成的:①ArcGis软件计算所得结果本身也存在一定的误差;②实际地形DEM图较之仿真地形相对复杂。同时,可以看出坡度、坡向计算误差均小于$1°$。

表4-2　实际地形DEM图坡度、坡向计算误差分析表

	DEM图(30幅)
坡度误差D的均值/(°)	0.43
坡度误差D的方差/(°)	0.217
坡向误差D的均值/(°)	0.79
坡向误差D的方差/(°)	0.533

3. 坡度代价、障碍计算

根据巡视器移动约束条件,当月面坡度大于某个角度时,巡视器不可通过,因此定义如下分段函数,描述巡视器通过某栅格时产生的坡度通过代价:

$$f_p(\theta_c) = \begin{cases} g_p(\theta_c) & (\theta_c < \theta_{max}) \\ +\infty & (\theta_c \geq \theta_{max}) \end{cases} \tag{4.9}$$

式中:θ_c为巡视器所要通过的栅格坡度;θ_{max}为巡视器最大通过坡度。

当栅格坡度θ_c小于最大通过坡度θ_{max}时,仅考虑坡度因素,巡视器可安全通过该栅格,但要付出一定的坡度通过代价;当栅格坡度θ_c大于等于最大通过坡度θ_{max}时,该栅格为坡度障碍,巡视器不可通过。

进一步,在式(4.9)中$g_p(\theta_c)$为符合某种规划策略的连续函数,定义为坡度

代价,如表 4 - 3 所列。综上所述,$f_p(\theta_c)$ 的取值范围是 $\{[0,1), +\infty\}$。

表 4 - 3　$g_p(\theta_c)$ 定义表

路径规划策略	策略说明	$g_p(\theta_c)$
距离最短	在安全行驶的基础上,巡视器移动到目标点的直线距离最短。该策略下,路径搜索只考虑巡视器与目标点的相对距离,不考虑巡视器移动过程中能耗、时间等其他因素	$g_p(\theta_c) = 0$
坡度代价最小	在安全行驶的基础上,巡视器移动到目标点的坡度代价消耗最小。该策略下,路径搜索不仅考虑巡视器与目标点的相对距离,还要考虑巡视器移动过程中随着 θ_c 的增加,坡度代价消耗的变化情况,目前使用线性函数描述 θ_c 与坡度代价的关系	$g_p(\theta_c) = \dfrac{\theta_c}{20}$

我们采用 4.1.1 节中生成的平坦月海地区月面数字地形的坡度计算结果,按照上述定义,分别计算在距离最短和坡度代价最小两种策略下的坡度通过代价,如图 4 - 6 所示。

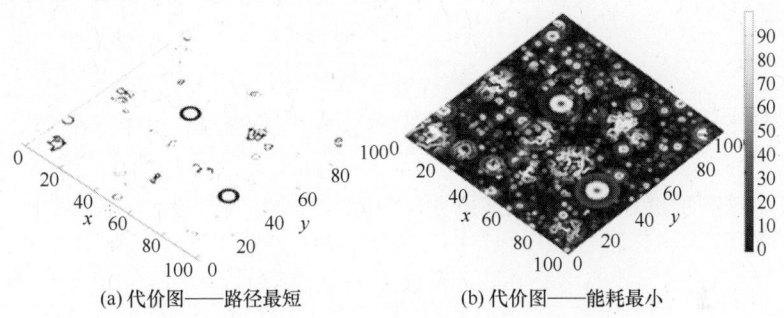

(a) 代价图——路径最短　　　　　(b) 代价图——能耗最小

图 4 - 6　坡度通过代价图

图 4 - 6(a) 所示为在距离最短策略下计算得到的代价图。图中白色区域的坡度通过代价为 0,巡视器可安全通过;黑色区域的坡度通过代价为 $+\infty$,该区域为坡度障碍,巡视器不可通过。图 4 - 6(b) 所示为在坡度通过代价最小策略下计算得到的代价图。图中,随着颜色由暗到亮,代价由 0 至 $+\infty$ 递增,其中纯白色的区域对应于子图(b)中的黑色区域,即坡度障碍区域。

4.1.2　粗糙度计算

实际环境中,威胁巡视器安全性的因素,除了上述的不可翻越的陡坡,还有凹凸不平的地形,本文用粗糙度来衡量这个指标。严格来说,地形的粗糙度一般定义为地表单元的曲面面积 $s_{曲面}$ 与其在水平面上的投影面积 $s_{平面}$ 之比,如图 4 - 7 所示。

在实际计算时,有些文献通过拟合平均偏差来表示地形的粗糙程度,地形越平滑,拟合平面与实际地形的差别越小。具体如下:

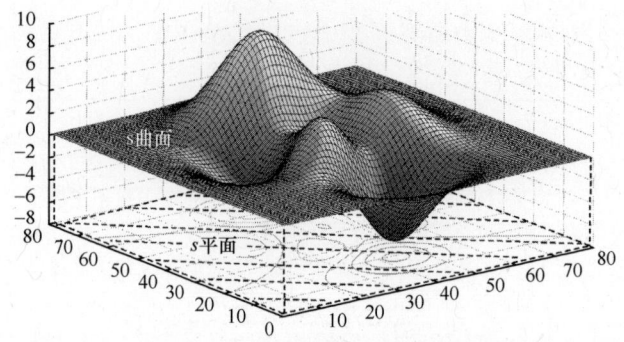

图 4 - 7   粗糙度定义示意图

$$\overline{D} = \frac{1}{N} \sum_{i=1}^{N} d_i \qquad (4.10)$$

式中：d_i 为区域内任一高程点 (x_i, y_i, z_i) 到拟合平面的绝对距离，有

$$d_i = \frac{|ax_i + by_i + c - z_i|}{\sqrt{a^2 + b^2 + (-1)^2}} \qquad (4.11)$$

但是这样平均处理后会忽略掉尖锐的峰或深陷的沟。出于安全考虑，在上述拟合平面的基础上，用这 9 个点中到拟和平面距离最远的两个正负点的距离和来表示该平面的粗糙度。即在图 4 - 8 中，该平面的粗糙度为 $L_1 + L_2$。

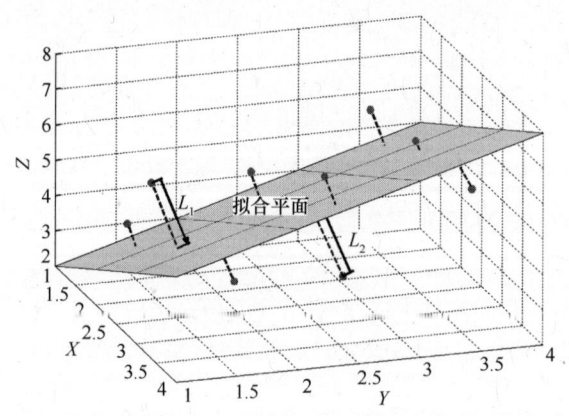

图 4 - 8   粗糙度计算示意图

定义粗糙度代价函数如下：

$$f_c(L) = \begin{cases} g_c(L) \, (L < L_{\max}) \\ + \infty \, (L \geqslant L_{\max}) \end{cases} \qquad (4.12)$$

式中：L 为分析区域内的粗糙度；$L_{\max}$ 为能够接受的最大粗糙度。

当 $L < L_{\max}$ 时，巡视器可安全通过该栅格，但要付出一定的粗糙度通过代价；

当 $L > L_{max}$ 时,该栅格为粗糙度障碍,巡视器不可通过。

进一步,下面分两种尺度讨论月面粗糙度代价:

(1)巡视器尺度。在该尺度下分析巡视器尺寸大小的区域,如图 4 - 9 所示,此时栅格尺寸与车轮相当。

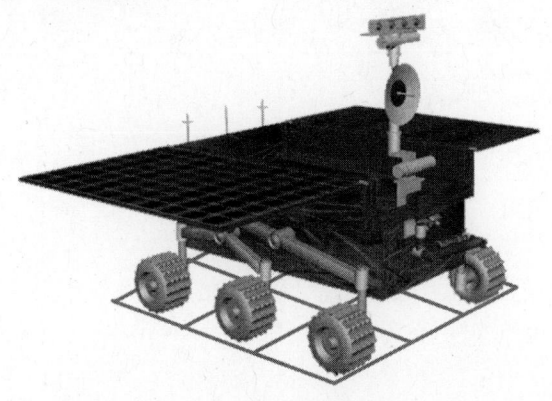

图 4 - 9　巡视器尺度粗糙度计算示意图

这种尺度下,粗糙度反映了巡视器是否能够安全地停留在该区域表面。修正式(4.12)得式(4.13):

$$f_c(L_V) = \begin{cases} g_c(L_V) & (L_V < L_{Vmax}) \\ +\infty & (L_V \geqslant L_{Vmax}) \end{cases} \tag{4.13}$$

式中:L_V,L_{Vmax} 分别为巡视器尺度下的区域粗糙度和最大粗糙度;$g_c(L_V)$ 为符合某种规划策略的连续函数,定义为侧翻代价,如表 4 - 4 所列;$f_c(L_V)$ 的取值范围为 $\{[0,1),+\infty\}$。

表 4 - 4　$g_p(\theta_c)$ 定义表

路径规划策略	策略说明	$g_c(L_V)$
距离最短	在安全行驶的基础上,巡视器移动到目标点的直线距离最短。该策略下,路径搜索只考虑巡视器与目标点的相对距离,不考虑巡视器移动过程中能耗、时间等其他因素	$g_c(L_V) = 0$
侧翻代价最小	在安全行驶的基础上,巡视器移动到目标点的侧翻代价最小。该策略下,路径搜索不仅考虑巡视器与目标点的相对距离,还要考虑巡视器移动过程中随着 L_V 的增加,巡视器移动过程中侧翻代价的变化情况。目前使用线性函数描述 L_V 与侧翻代价的关系	$g_c(L_V) = \dfrac{L_V}{L_{Vmax}}$

(2)轮系尺度。在该尺度下,我们分析轮系尺寸大小的区域,如图 4 - 10 所示,此时栅格尺寸远小于车轮尺寸。

这种尺度下,粗糙度反映了巡视器某车轮通过该区域时的颠簸程度,修正式(4.12),得

图4-10 巡视器车轮尺度粗糙度计算示意图

$$f_c(L_W) = \begin{cases} g_c(L_W), L_W < L_{Wmax} \\ +\infty, L_W \geq L_{Wmax} \end{cases} \quad\quad (4.14)$$

式中:L_W,L_{Wmax}分别为轮系尺度下的区域粗糙度和最大粗糙度;$g_c(L_W)$为符合某种规划策略的连续函数,定义为颠簸代价,如表4-5所列;$f_c(L_W)$的取值范围是$\{[0,1), +\infty\}$。

表4-5 $g_c(L_W)$定义表

路径规划策略	策略说明	$g_c(L_W)$
距离最短	在安全行驶的基础上,巡视器移动到目标点的直线距离最短。该策略下,路径搜索只考虑巡视器与目标点的相对距离,不考虑巡视器移动过程中能耗、颠簸、时间等其他因素	$g_c(L_W) = 0$
颠簸代价最小	在安全行驶的基础上,巡视器移动到目标点的颠簸代价最小。该策略下,路径搜索不仅考虑巡视器与目标点的相对距离,还要考虑巡视器移动过程中随着L_W的增加,巡视器移动过程中颠簸代价的变化情况。目前使用线性函数描述L_W与颠簸代价的关系	$g_c(L_W) = \dfrac{L_W}{L_{Wmax}}$

采用直径随机生成方法,产生尺度范围12m×12m、分辨力0.03m的平坦月海地区月面数字地形,设置巡视器当前坐标(3.9,3.9),目标点坐标(9,8.4)。首先,采用 A* 算法搜索仅考虑距离和坡度通过代价情况下的路径,如图4-13中蓝色路径所示。其次,分别计算巡视器轮系尺度和本体尺度的粗糙度通过代价,如图4-11、图4-12所示。进一步我们将这两幅代价图按1∶1加权叠加生成综合粗糙度代价图。最后,我们采用 A* 搜索算法[10]搜索考虑了距离、坡度通过代价以及粗糙度通过代价的路径,如图4-13中红色路径所示。图4-13中1、2两处有一定数量的小型撞击坑,坡度起伏很小,但较为密集。对比观察两条路径经过1、2两处时的差别可明显看出,由于这两处坡度起伏并不剧烈,蓝色路径并没有避开这些密集的小型撞击坑;而红色路径有效地避开了这些较为密集小型撞击坑,这些撞击坑有可能引起巡视器倾覆或带来持续的颠簸震动,不利于巡视器安全稳定工作。

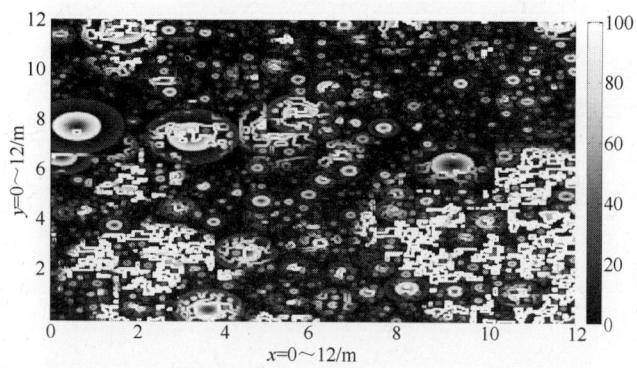

图 4-11　巡视器尺度范围下粗糙度代价计算结果

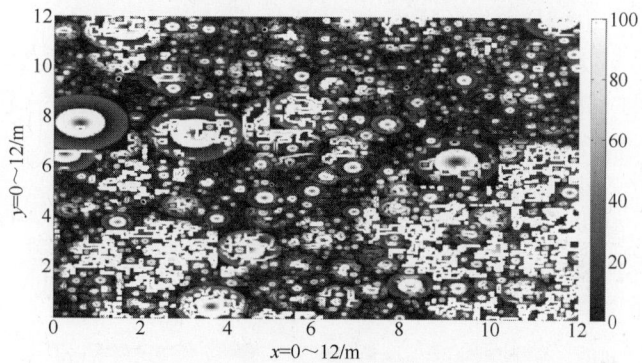

图 4-12　巡视器轮系尺度范围下粗糙度代价计算结果

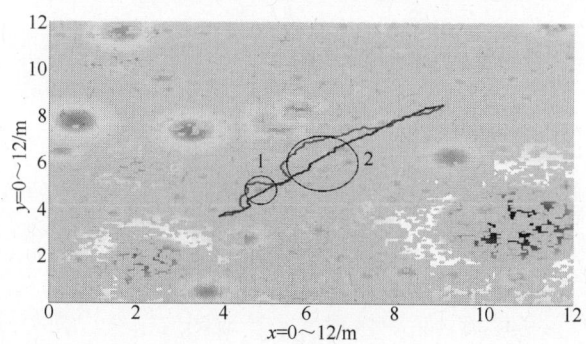

图 4-13　路径对比示意图

4.1.3　阶梯边缘检测计算

月球表面除了大大小小的撞击坑以外,还有分布着很多零散的石块,与月球表面之间形成了高程变化明显阶梯,这些阶梯状的地形与高低起伏的斜坡一起

97

威胁着巡视器行走的安全。当阶梯尺寸远大于轮系尺寸时,阶梯障碍转换为坡度障碍进行分析;当阶梯尺寸小于轮系尺寸或与轮系尺寸相当时,可以使用图像边缘检测的方法提取阶梯障碍,如图4-14所示。

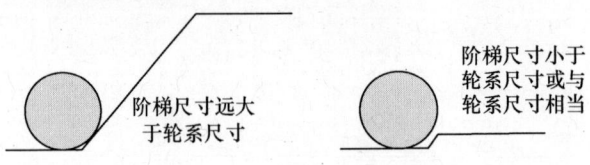

图4-14　阶梯障碍示意图

1. 阶梯边缘检测计算原理

边缘检测的基本思想是计算图像中的边缘强度,通过设置门限的方法提取边缘点。图像的边缘是图像灰度发生空间突变或在梯度方向上发生突变的像素集合。常见的灰度突变主要有3种,即阶跃状、斜坡状和屋顶状,如图4-15所示。从图中可以看出,灰度剖面图的导数在图像的突变处产生一个阶跃。因此,可以用导数的幅度值检测边缘的存在,确定边缘的位置,又由于数字图像数据是以一定间隔分开排列的,实际运算中可用差分运算代替微分运算。图像的边缘具有方向和幅度两个属性,像素沿边缘方向变化平缓,垂直边缘方向则变化剧烈。边缘上的这种变化可用微分(导数)算子检测出来,其中一阶微分(导数)认为最大值对应边缘,而二阶微分(导数)则以零点对应边缘位置。

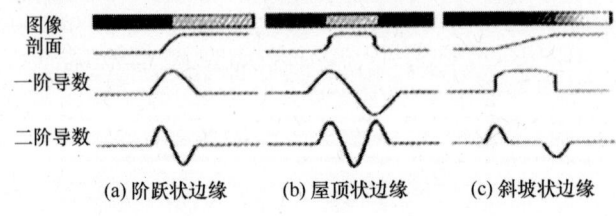

(a)阶跃状边缘　　(b)屋顶状边缘　　(c)斜坡状边缘

图4-15　图像边缘示意图

2. 阶梯边缘检测算法分析

常用于边缘检测的微分算子有 Roberts 算子、Prewitt 算子、Sobel 算子、Laplace 算子、LOG 算子以及 Canny 算子等,算子模板表达式如图4-16所示,边缘检测即使用某一算子模板卷积图像数据来获取图像边缘。其中,Roberts 算子采用对角线方向相邻两个像素之差近似梯度幅值检测边缘,对水平和垂直方向检测定位精度高,但对于噪声敏感,检测出的边缘较粗。Sobel 算子是像素四邻域的灰度加权和,在边缘处达到极值来检测边缘,能够产生较好的边缘效果,但定位精度不够高。Prewitt 算子和 Laplace 算子对噪声有平滑作用,检测出的边缘比较细,定位精度较高,但容易损失角点。LOG 算子检测的精度较高,但会产生伪边缘。Canny 算子采用高斯函数对图像进行平滑处理,然后再进行边缘检测,使提取的图像边缘较完整,边缘线形连接程度好,定位准确性较高,效果较好。因此,在实际应用中针对噪声较小情况的主要采用 Roberts 算子进行检测,对噪声较高的情况主要采用 Canny 算子进行检测。

$$\begin{pmatrix} 1 & 0 \\ 0 & -1 \end{pmatrix}\begin{pmatrix} 0 & 1 \\ -1 & 0 \end{pmatrix} \begin{pmatrix} -1 & 0 & 1 \\ -2 & 0 & 2 \\ -1 & 0 & 1 \end{pmatrix}\begin{pmatrix} 1 & 2 & 1 \\ 0 & 0 & 0 \\ -1 & -2 & -1 \end{pmatrix}$$

(a) Robers 算子模板　　(b) Sobel 算子模板

$$\begin{pmatrix} -1 & 0 & 1 \\ -1 & 0 & 1 \\ -1 & 0 & 1 \end{pmatrix}\begin{pmatrix} 1 & 1 & 1 \\ 0 & 0 & 0 \\ -1 & -1 & -1 \end{pmatrix}\begin{pmatrix} 0 & -1 & 0 \\ -1 & 4 & -1 \\ 0 & -1 & 0 \end{pmatrix}\begin{pmatrix} -1 & -1 & -1 \\ -1 & 8 & -1 \\ -1 & -1 & -1 \end{pmatrix}$$

(c) Prewitt 算子模板　　(d) Laplace 算子模板

$$\begin{pmatrix} 0 & 0 & -1 & 0 & 0 \\ 0 & -1 & -1 & -1 & 0 \\ -1 & -2 & 16 & -2 & -1 \\ 0 & -1 & -2 & -1 & 0 \\ 0 & 0 & -1 & 0 & 0 \end{pmatrix}\begin{pmatrix} -2 & -4 & -4 & -4 & 2 \\ -4 & 0 & 8 & 0 & -4 \\ -4 & 8 & 24 & 8 & -4 \\ -4 & 0 & 8 & 0 & -4 \\ -2 & -4 & -4 & -4 & -2 \end{pmatrix}$$

(e) LOG 算子模板

图 4-16　边缘检测微分算子表达式

Roberts 算子边缘检测比较简单,使用算子模板卷积图像数据即可。Canny 边缘检测算法实现相对复杂,描述如下:

(1) 用高斯滤波器来平滑图像。Canny 算法选用合适的一维高斯函数,分别对图像 $f(x,y)$ 按行和列进行平滑去噪,这相当于对图像信号的卷积,所选高斯函数为

$$G = \frac{1}{\sigma\sqrt{2\pi}}\exp\left(-\frac{x^2+y^2}{2\sigma^2}\right) \qquad (4.15)$$

式中:σ 为高斯滤波函数的标准差,这里用高斯滤波函数的标准差 σ 来控制平滑度。当 σ 较小时,滤波器也较短,卷积运算量小,定位精度高,但信噪比低;当 σ 较大时,情况恰好相反。因此,要根据实际需要适当选取高斯滤波器参数 σ。

(2) 用一阶偏导有限差分来计算梯度幅值的方向。Canny 算子采用 2×2 邻域一阶偏导的有限差分来计算平滑后数据阵列 $I(x,y)$ 的梯度幅值和梯度方向。x 和 y 方向偏导数的两个阵列 $G_x(i,j)$ 和 $G_y(i,j)$ 分别为

$$\begin{cases} G_x(i,j) = (I[i,j+1]-I[i,j]+I[i+1,j+1]-I[i+1,j])/2 \\ G_y(i,j) = (I[i,j]-I[i+1,j]+I[i,j+1]-I[i+1,j+1])/2 \end{cases} \qquad (4.16)$$

$$\begin{cases} G(i,j) = \sqrt{G_x^2(i,j)+G_y^2(i,j)} \\ \theta(i,j) = \arctan(G_x(i,j)/G_y(i,j)) \end{cases} \qquad (4.17)$$

式中:$G_x(i,j),G_y(i,j)$ 为在点 (i,j) 处 x 方向和 y 方向的偏导数。

（3）对梯度幅值进行非极大值抑制。为了精确定位边缘，防止出现伪边缘，要对边缘进行细化，因此只保留 $G(i,j)$ 的局部极大值，消除其余的像素点，即非极大值抑制。

（4）用双阈值算法检测和连接边缘。Canny 方法使用两个阈值分别检测强边缘和弱边缘。当对图像边缘点 (i,j) 的幅值 $G(i,j)$ 进行检测时，高于高阈值，该点是强边缘点，边缘点被输出。当 $G(i,j)$ 介于高阈值和低阈值之间时，认为是弱边缘点，而且仅当弱边缘与强边缘相连时，弱边缘才会包含在输出中。

我们用直径随机生成方法，产生尺度范围 $20\text{m} \times 20\text{m}$、分辨力 0.1m 的仿真月面数字地形，如图 4 – 17 所示。进一步，采用 Roberts 算子进行边缘检测，结果如图 4 – 18 所示，图中白色区域为检测得到的图像边缘。可以看出，Roberts 算子边缘检测方法不但检测出了较大的石块、撞击坑的边缘，对于 1、2 处的小坑以及 3 处的小石块也能有效检测出来。

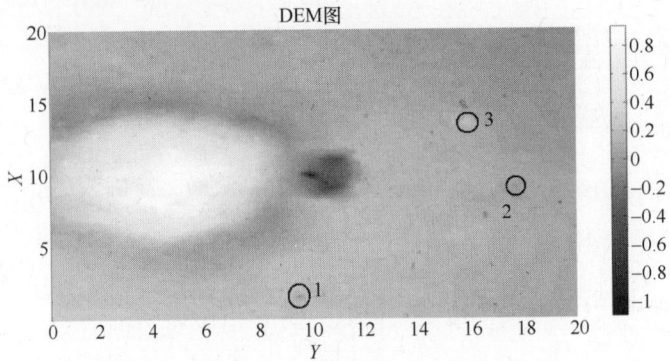

图 4 – 17　仿真月面 DEM 图

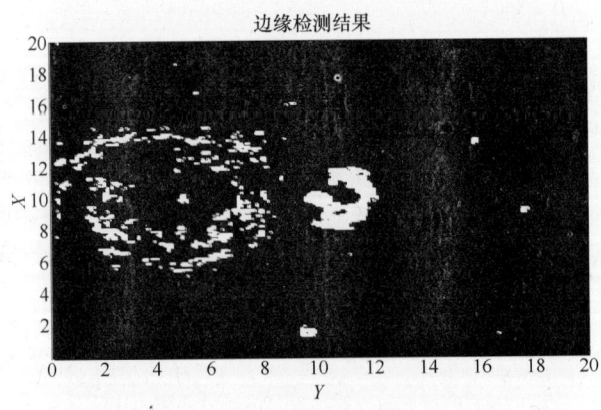

图 4 – 18　边缘检测结果示意图

进一步,采用门限值为 0.5 的 Robert 边缘检测算法对实测地形图像进行处理,如图 4 - 19 所示。图 4 - 19 为透明度为 0.5 的代价图叠画于 DOM 的结果。在 DOM 图中,1、2、3 处为 3 个石块,其高度通过测量分别为 277mm、167mm、54mm。在代价图中黄色代表代价,颜色越亮巡视器通过代价越大,蓝色区域为障碍。可以看出:我们准确地识别了数字 1 处高度大于 200mm 的石块障碍;数字 2 处石块高度小于 200mm,因此不是障碍,但其高度为 167mm,相对较高,所以通过代价较大;数字 3 处石块高度相对较低,因此其既不是障碍,通过代价也比较小。另外,由于计算所用的 DEM 图是由当前站点所生成的 DEM 图与之前的 DEM 图拼接而成,两幅 DEM 的高程基准存在偏差,因此拼接后会形成一个阶梯形的边界,边界上通过代价较大,同时阶梯高度大于 200mm 的地方也被边缘检测算法识别为障碍,如图中红色直线所标注区域。

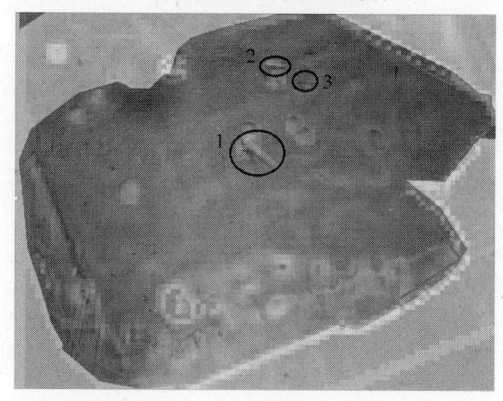

图 4 - 19　代价图叠画于 DOM 图

4.1.4　通视性计算

由于运载能力的限制,携带大量电池开展月面巡视勘察是不符合现实情况的。巡视器月面工作的主要来源是太阳光照,通过车载太阳能电池阵收集太阳能并转化为电能驱动各部件工作;同时利用太阳能对车载蓄电池充电存储能量。在太阳电池阵功率无法满足工作需求时,可采用蓄电池组和太阳能电池阵联合供电的方式。由此可见,太阳光照对于巡视器完成月面巡视勘察工作至关重要。太阳光照是影响月面工作过程的一大重要因素,在进行巡视器任务规划时,必须分析太阳光照如何影响巡视器的行驶路径、行为序列等,并建立太阳光照的评估模型,为规划月面行为提供基础。正是由于太阳是巡视器的能量来源,在规划月面行驶路径时要尽量避免行驶在太阳光照形成的阴影区域里。一旦在阴影区域出现故障,巡视器可能会因为能源耗尽而无法完成任务。

通信可见是巡视器月面工作时需保证的另一重要条件。通信条件主要由两个因素决定:一是地球相对探测区域的位置;二是巡视器与地面测控站的连线是否被遮挡。本节正是从这两个因素着手分析通信可见性,计算某时刻下哪些区域被地形遮挡成为通信盲区,为每个栅格指定通信代价值,以此引导巡视器尽量行走在地面测站可见可控的安全区域内。

太阳光照阴影区、地月通信阴影区对巡视器来说都是不可通行的障碍区域,如图 4-20 所示。我们可以采用通视性分析的方法进行阴影区计算。

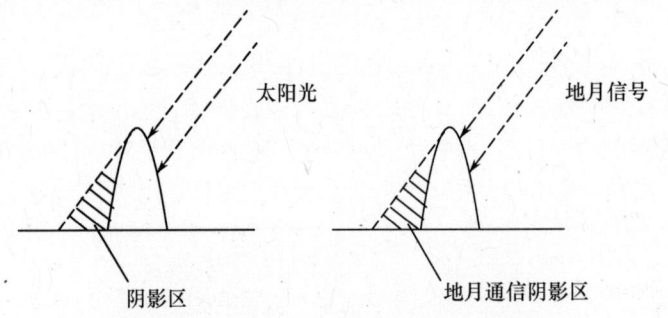

图 4-20　太阳光照阴影区计算示意图

通视性,就是指给定视点和目标点,能否从视点直接看到目标点,即视点和目标点之间的地形和地物是否遮挡住了两者之间的连接线。如果能够通视,则视点和目标点的连线,即视线上任意一点的高度都要大于两者之间对应位置的地形或地物高度,如图 4-21 所示。所以,只要在视点和目标点之间找出一个能遮挡住视线的高度,就可以判定不能通视,而要能够通视,则视点和目标点之间的地形和地物都必须在视线之下,这就是通视性分析的算法原理。

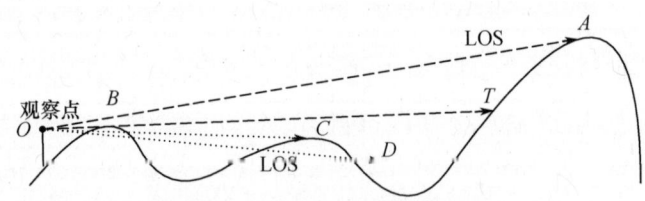

图 4-21　通视性分析原理示意图

根据算法原理,我们得出通视性分析的计算方法:确定视线在 (x,y) 平面上的投影同方形网格单元边的每一个交点,然后通过两个已知高程的网格节点进行线性插值确定交点的高程。从视点到目标点逐点分析这些交点,比较视线的斜率和视点到交点的斜率,如果从视点到交点的斜率大于视线斜率,计算结束并返回 FALSE,目标点为障碍栅格,不可通视;如果一直推进到目标点,则返回 TURE,目标点可通视。算法如图 4-22 所示。

为确定月面上某点 p 是否处在周围景物形成的阴影中,可从当前位置投射

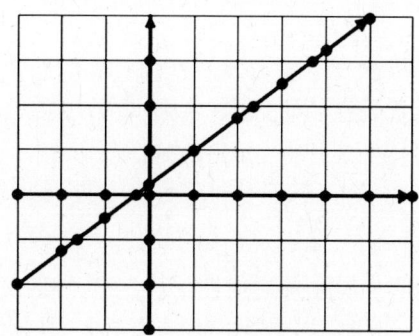

图 4 - 22　通视性分析算法示意图

一条阴影测试光线,沿着太阳光照方向逆向跟踪。若光线在到达光源之前就与其他景物有交,则说明该位置位于光源的阴影区域内。假设 p 的坐标为 (x_p, y_p, z_p),计算方法如下:

在图 4 - 23 中,假设太阳高度角为 α_s,相对月面北向($+Y$ 方向)的方位角为 β_s,则阴影测试光线向量 $\boldsymbol{l}_s$ 为

$$\boldsymbol{l}_s = (\cos\alpha_s \cdot \sin\beta_s, \cos\alpha_s \cdot \cos\beta_s, \sin\alpha_s) \tag{4.18}$$

测试光线在月面上的投影向量 $\boldsymbol{P}_s$ 为

$$\boldsymbol{P}_s = (\sin\beta_s, \cos\beta_s) \tag{4.19}$$

在投影线上按照某种原则寻找一系列测试点 $\boldsymbol{P}_i$,以栅格分辨率 d_s 为步长,则测试点的位置向量 $\boldsymbol{P}_i^s$ 为

$$\boldsymbol{P}_i^s = i \cdot d_s \cdot \boldsymbol{P}_s \tag{4.20}$$

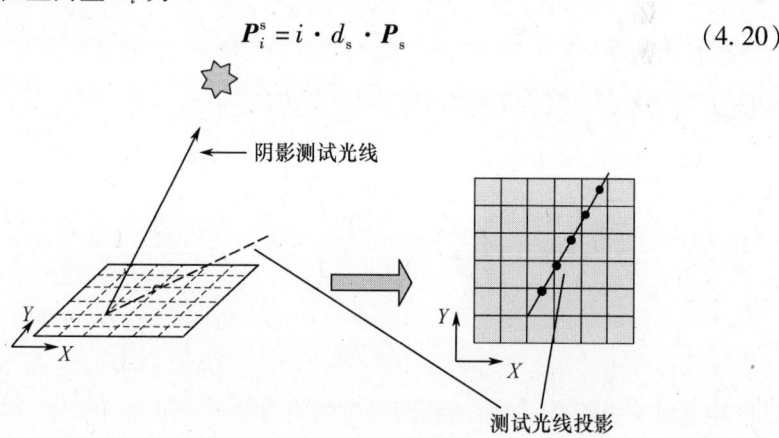

图 4 - 23　阴影计算示意图

根据测试点位置从 DEM 数据中提取测试点周围高程点的高度信息,通过线性插值等方法,计算测试点的地理高度,设为 z_i。

测试点位置上的光线高度 h_i 为

$$h_i = z_p + i \cdot d_s \cdot \tan\alpha_s \tag{4.21}$$

从当前位置出发，依次比较测试点地理高度 z_i 和光线高度 h_i，一旦出现 $z_i > h_i$，则可判定考察位置处在阴影区内；否则，就处在阳照区。

设计一个阴影计算函数，计算点 p 是否处在阴影中。

$$\text{shadow}(p) = \begin{cases} 1 & (\exists z_i > h_i) \\ 0 & (\forall z_i \leqslant h_i) \end{cases} \tag{4.22}$$

对于太阳光照阴影区（或地月通信阴影区），这种时变特征的计算，需要将视点设为太阳（或地球），此时，视线是一组来源于太阳（或地球）的平行光，其入射的高度角、方位角即为太阳（或地球）的高度角 θ、方位角 φ，如式（4.23）所示。

$$\begin{cases} \theta_{视点} = \theta(t) \\ \varphi_{视点} = \varphi(t) \end{cases} \tag{4.23}$$

θ、φ 均为时间 t 的函数。因此，针对一段较长的时间范围 $[T_1, T_2]$，需要计算不同时刻下的 θ、φ 值，如式（4.24）所示，式中，ΔT 为时间步长，取值为 3h。

$$\begin{cases} \theta_{视点} = \theta(T_1 + n \times \Delta T) & n = 0,1,2,\cdots \\ \varphi_{视点} = \varphi(T_1 + n \times \Delta T), & (T_1 + n \times \Delta T) \leqslant T_2 \end{cases} \tag{4.24}$$

在图 4-24 中，L 为测控站到可观测月面边缘的距离，近似等于地月距离，约为 38 万 km，d 为月球直径，约为 3470km。φ 为地球上测控站某时刻观测整个月面的最大视线变化。通过余弦公式：

$$\cos\varphi = \frac{L^2 + L^2 - d^2}{2 \cdot L \cdot L} \tag{4.25}$$

计算得到 $\varphi = 0.5238°$。由此看出，同一时刻下，地面测控站对整个月面的可见性是基本一致的，要么均可见，要么均不可见。

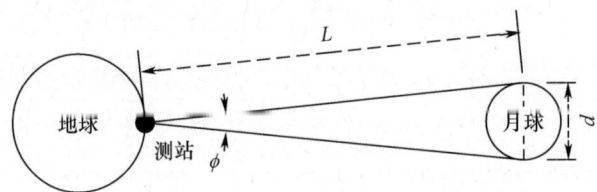

图 4-24 通信可见分析图

根据以上分析，可以认为地面测控站对月面不同位置的观测视线是一族平行线，这与太阳光照的情况类似。但与太阳光照对巡视器影响不同的是，通信条件的好坏与车体姿态的关联并不明显，是由于巡视器一般会配置全向测控天线，实现空间全覆盖；即使波束宽度较窄的定向天线，也会有多自由度的驱动机构实现跟踪控制。因此，考察月面某位置的通信条件不需要考虑当地的局部地形条件。

影响通信条件的主要因素除了地球自转产生的测控站位置变化外,还有月面景物的遮挡。遮挡会严重影响巡视器在月面某些位置上建立对地通信链路,在规划月面路径时要尽量避免经过这些测控盲区位置。为此,可采用前文中计算光照阴影一样的方法,从当前位置引出一条指向地面测控站的测试视线,根据计算,其中地球矢量通过高度角和方位角(α_e,β_e)描述。一旦该测试视线在到达地面测站之前与其他景物有交,则表示该位置处于测控盲区内,否则就处于测控可见区域内。

月面某点 p 的通信可见代价函数可表示为

$$f_{\mathrm{comm}}(p) = \begin{cases} +\infty & (\mathrm{shadow}(p) = 1) \\ 0 & (\mathrm{shadow}(p) = 0) \end{cases} \tag{4.26}$$

4.1.5 导引/排斥代价计算

与人的智能相比,计算机在低维度空间具有很强的寻优能力。然而,限于真实环境难以准确描述,由机器规划出来的最优路径从人的角度看可能并不是最优的。

为了能规划出更接近人类思维的满意路径,可将人的高层决策以导引点和排斥点的形式添加到月面环境模型中,以实现以人为主,人与机器共同协作的智能路径规划。

人工导引点是人为添加到 DEM 图中,期望巡视器通过(实际并不一定通过)的点。人工排斥点是人为添加到 DEM 图中,排斥巡视器通过(实际并不一定不通过)的点。

实现人工导引、排斥的方法描述如下:产生以导引、排斥点为圆心,逐渐向外发散的人工代价图,图中各点的代价值是该点距圆心距离的单调连续函数,将该人工代价按一定权值叠加于代价图中,从而影响路径搜索结果。人工代价可用图 4-25 所示方法实现,将(x,z)平面内的曲线绕 z 轴旋转后形成的曲面平移至导引、排斥点(x_0,y_0),并进一步缩放,以满足工程需要。

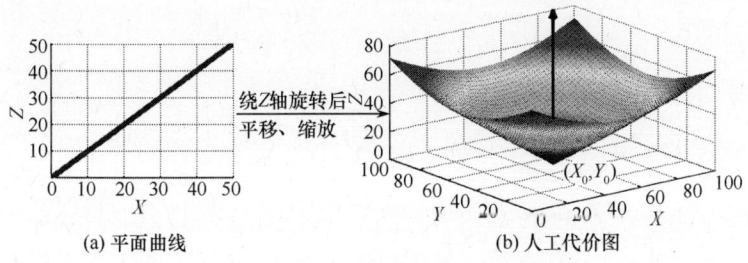

图 4-25 人工代价实现方法示意图

首先,我们分析典型的导引点代价函数,如表4-6所列。

表4-6　典型导引代价函数定义表

平面函数		人工代价函数
线性函数:$Z=X$	旋转平移缩放	线性代价: $Z=\sqrt{(K\times X-X_0)^2+(K\times Y-Y_0)^2}$
指数函数:$Z=X^2$		指数代价: $Z=(K\times X-X_0)^2+(K\times Y-Y_0)^2$
对数函数:$Z=\log_2(X+1)$		对数代价: $Z=\log_2(\sqrt{(K\times X-X_0)^2+(K\times Y-Y_0)^2}+1)$

设导引点为$(0,0)$点,即$X_0=0$、$Y_0=0$,$K=1$,则(x,z)平面内的平面曲线及典型的导引点代价函数如图4-26所示,其中图(a)中的P点为3条曲线的交点。

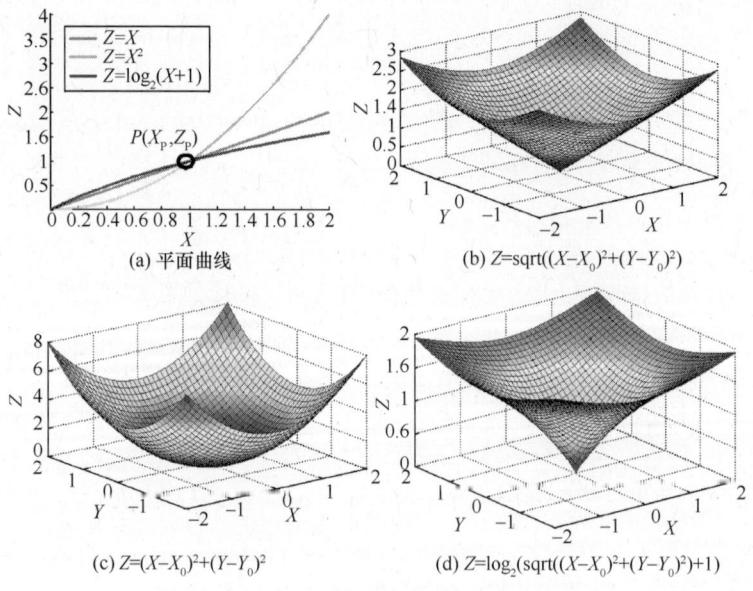

图4-26　平面曲线及典型导引代价图

定义$D=\sqrt{(X-X_0)^2+(Y-Y_0)^2}$为代价图中某点到导引点$(X_0,Y_0)$的距离,则$D_P=\sqrt{(X_P-X_0)^2+(Y_P-Y_0)^2}$。观察图4-26可以看出,随着$D$的增加,线性代价均匀增大;当$D<D_P$时,对数代价大于线性代价,指数代价小于线性代价;当$D>D_P$时,情况相反。

同理,典型的排斥点代价函数,如表4-7所列。

106

表 4 - 7　典型排斥代价函数定义表

平面函数		人工代价函数
高斯函数：$Z = e^{-X^2/c^2}$	旋转平移缩放 →	高斯代价：$Z = e^{-((K \times X - X_0)^2 + (K \times Y - Y_0)^2)/c^2}$
双曲函数：$Z = 1/X$		双曲代价：$Z = 1/\sqrt{(K \times X - X_0)^2 + (K \times Y - Y_0)^2}$

设排斥点为 $(0,0)$ 点，即 $X_0 = 0$，$Y_0 = 0$，$K = 1$，则 (x,z) 平面内的平面曲线及典型的排斥点代价函数如图 4 - 27 所示。

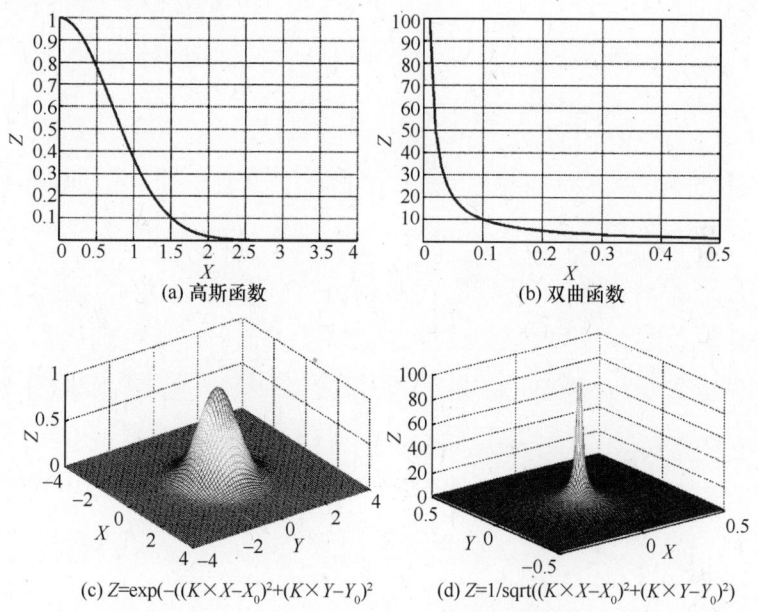

(a) 高斯函数　　　　　(b) 双曲函数

(c) $Z = \exp(-((K \times X - X_0)^2 + (K \times Y - Y_0)^2)$　　(d) $Z = 1/\text{sqrt}((K \times X - X_0)^2 + (K \times Y - Y_0)^2)$

图 4 - 27　平面曲线及典型排斥代价图

观察图 4 - 27 可知，在靠近排斥点 (X_0, Y_0) 时，双曲代价迅速增大，高斯代价增加相对较慢。二者的本质区别在于在排斥点 (X_0, Y_0) 处，前者代价为无穷大，后者为有限值。因此，在实际应用中存在路径通过高斯排斥点的可能性，而绝不可能通过双曲排斥点。

下面以人工导引点为例分析添加人工代价对路径搜索结果的影响。采用直径随机生成方法，产生尺度范围 20m × 20m、分辨力 0.1m 的平坦月海地区月面数字地形，如图 4 - 28 所示。其中，图(a)为三维视角下的仿真 DEM 灰度图，图(b)为俯视的 DEM 彩色图，为方便起见，我们选择图(b)进行后续分析。采用三阶不带权差分的方法计算该 DEM 图坡度，采用代价最小策略生成地形代价，分别在添加和不添加导引点 $R(14,6)$ 的情况下搜索由 A 点移动至 B 点的路径，搜索结果如图 4 - 29 所示。

其中，图 4 - 29(a) 是未添加导引点时，搜索得到的路径；图 4 - 29 (b) 是添

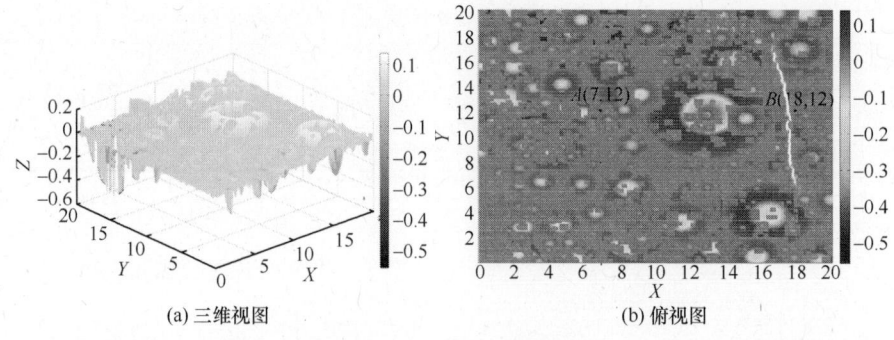

(a) 三维视图　　　　　　(b) 俯视图

图 4-28　仿真 DEM 图

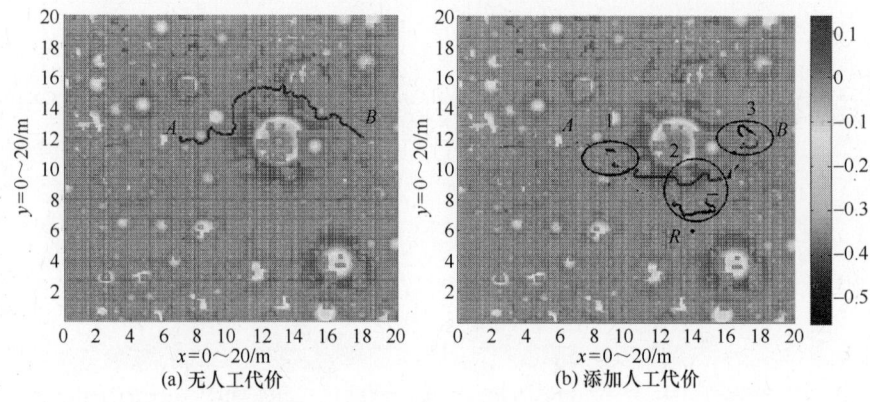

(a) 无人工代价　　　　　　(b) 添加人工代价

图 4-29　路径搜索结果展示图

加导引点后,搜索得到的路径,其中绿色、蓝色和黑色路径分别对应线性、指数和对数人工代价函数,代价函数中的参数 $K=2$。对比两幅子图可以看出,添加导引点 R 后,明显改变了原有路径,导引点 R "吸引"了路径从障碍物下方通过。进一步分析图 4-29(b)中 1、2、3 处可知,当远离导引点时指数代价产生的"吸引力"最强,对数代价最弱;当靠近导引点时,对数代价产生的"吸引力"最强,指数代价最弱;线性代价在整个区域内的"吸引力"居中。这与代价函数的特性相适应。

4.2　路 径 搜 索

路径搜索指的是求解路径函数的方法技术。机器人路径搜索简单地说是指给定机器人及其工作环境,按某种优化指标(如路径最短)在两个指定的机器人位姿——初始位姿和目标位姿之间规划出一条与环境障碍没有碰撞的路径。

常用的适用于路径搜索的算法有启发式搜索方法以及各种智能算法。

（1）启发式搜索。启发式搜索的最初代表是由 Dijkstra 算法发展来的 A*算法。A*算法是目前最有影响的、针对状态空间的启发式图搜索算法。除了基于状态空间的问题求解以外，常用于机器人的路径规划。近年来，众多文献对 A*算法进行改进研究得到了很多其他的启发式搜索方法，例如 FocussedDynamicA*Lite（D*Lite）算法、two-way D*（TWD*）算法、lazy A*search 算法、Limited-Damage A*算法等[2]。

（2）基于智能算法的全局路径搜索。近年来，研究者将各种智能算法应用于移动机器人的全局路径规划研究中，取得了大量的成果。

蚁群算法是在 1991 年由意大利科学家 Marco Dorigo 等第一次提出，用来模拟蚂蚁群体的觅食行为，一般用于求解 TSP 和 QAP 等问题。蚁群算法进行路径规划时，蚂蚁的洞穴是起始点，待寻找食物是终点，则路径搜索过程就转换成蚂蚁查找食物的问题。蚁群算法是目前比较常见的智能算法。蚁群算法不仅保留了种群的全局搜索能力，而且个体间还具有协同作用，正反馈机制和群体的并行搜索能力，而且在即使不知道环境的完整信息时，也能找到较优路径。但是蚂蚁进行路径搜索的过程受信息素影响。同时，在算法初期，算法的收敛速度比较慢，需要花费大量的计算时间；且存在局部最优解，算法容易出现早熟问题。

模糊逻辑算法来源于模糊集合理论，该理论是在 1965 年由 L. A. Zadeh 教授提出的。它通过研究驾驶人员在车上的具体表现发现，驾驶员在行车时躲避障碍物并不是由于准确计算了环境信息而实施躲避操作，主要是根据平常生活中的经验加上比较模糊的环境信息进而得到可行路径的信息。这种算法在解决不确定环境中的路径搜索问题时表现出了它的优越性，也克服了易陷入局部最小值的缺陷。当外界不能提供准确的环境信息时，可以优先考虑选择模糊逻辑算法。

遗传算法是基于基因遗传学和自然选择的随机搜索算法，依据达尔文的"适者生存"理论，对自然界生物的演变过程进行模拟。它是一种基于多点搜索的算法，不容易陷入局部最小问题，而且通常情况下能够找到最优或者次优路径；但是在一些复杂的环境中，该算法进化的速度较慢，需要的规划时间较长，这就使得它适用于参考路径规划，不适于实时规划。另外，对于遗传算法中存在的一些参数，常常需要通过平常的经验来设定，如果设定得不合适，会导致算法出现早熟现象进而无法成功规划路径。一般情况下，遗传算法适合用在全局路径规划中。

神经网络法是一种仿效生物神经系统的信息处理方法，通过不断迭代，进而求得最终的路径。该算法是在大量学习已有实例的基础上先提出一种神经网络，并用这个人工神经网络规划路径。人工神经网络采取并行分布的方式处理问题，所以速度相对较快；可以自主学习；具有自适应性、较好的容错性和优良的非线性逼近能力。神经网络法路径搜索能力较强,一般应用于复杂环境下的路径规划,因此受到众多领域学者的关注。但是神经网络常常需要花费较长的时间进行学习,一般情况下不单独使用,与其他算法配合使用[3]。

粒子群算法的基本思路为:在问题的定义空间内将一定数量的等位微粒做随机分布,然后根据各微粒在解空间中所处地位的相关信息作为微粒的优劣赋值记录,同时对各微粒运动的最优历史信息做好记录,在随后的每次计算循环中,当前微粒的运动模式都由其自身的最优历史记录和群体的最优历史记录决定,直到整个粒子群体找到问题的最优解或者满足其他相关停止条件。相比其他进化算法,粒子群算法保留基于种群的全局搜索策略,避免复杂的个体操作,采用简单的速度调整模型,仅利用特有的记忆使其可以动态地跟踪当前搜索状况,具有较强的鲁棒性和快速地寻优速度,且不需要借助问题的特征信息。因此,粒子群算法作为一种更高效的并行搜索算法,非常适合于对实时性要求较高的复杂优化问题进行求解。粒子群算法虽然具有收敛速度快,算法简单,容易编程实现等特点,但也有一些严重的缺陷:一是容易陷于局部极值点,导致得不到全局最优解,到目前为止,粒子群算法还不能从理论上严格证明收敛于任何类型函数的全局极值点;二是粒子群算法本身的参数设置,当参数选择不当时,会导致寻优过程中粒子的多样性迅速消失,造成算法"早熟收敛"。

在4.1节中建立了月面综合环境图模型,将一个连续的路径搜索问题转换成在包含起始点和目标点的图中进行搜索的离散问题。在本节中,路径搜索的目的在于求解巡视器在月面上每两个停泊位置之间的转移轨迹,每两个停泊位置之间的转移过程耗时较短,对于太阳光照和地球位置的变化都可以忽略不计,因此可以使用全局最优的图搜索策略,使用最为广泛成熟的全局路径搜索策略是A*搜索算法。对于月面巡视器的路径搜索来说,与传统的机器人路径搜索不同之处在于,路径不仅需要保证与环境障碍不发生碰撞,而且还要尽量避免经过太阳光照和对地通信的盲区位置。这也是我们在4.1节中除了对地形定义障碍代价外,也对光照和地球的通视性进行障碍代价定义的原因。

4.2.1 搜索算法

A*算法是一种启发式搜索算法,通过不断搜索逼近目的地的路径来获得最终的规划路径。路径搜索时用代价函数评估节点的优劣,根据计算所得代价值选择要扩展到的节点,通常扩展到有可能到达目标节点并且代价函数最小的节点,然后再从该节点出发进行搜索,直至到达目标点。

移动路径搜索采用A*算法。A*算法是在广度优先搜索的基础上引入了一个代价函数,每次都利用这个代价函数对所有可展点进行评价,从而找出最优的可展点,再从该点进行搜索直至找到目标点。其基本思想是:将到达节点的代价

$g(n)$ 和从该节点到目标节点的代价 $h(n)$ 结合起来对节点进行评价：

$$f(n) = g(n) + h(n) \tag{4.27}$$

要求启发函数 $h(n) \leqslant h^*(n)$，其中：

$f(n)$ 为从起点经过节点 n 到达目标点的全程路径代价预测值；

$g(n)$ 为从起点到达节点 n 的路径代价实际值；

$h(n)$ 为从节点 n 到达目标点的路径代价估计值；

$h^*(n)$ 为从节点 n 到达目标点的路径代价实际值。

因为 $g(n)$ 给出了从起始节点到节点 n 的路径代价，而 $h(n)$ 给出了从节点 n 到目标节点的最低代价路径的估计代价值，因此 $f(n)$ 就是经过节点 n 到目标节点的最低代价解的估计代价。因此，如果想要找到最低代价解，首先尝试找到 $g(n) + h(n)$ 值的最小节点是合理的。倘若启发函数 $h(n)$ 满足一定的条件，则 A*搜索既是完备的又是最优的。

在 A*算法中 f 值最小的可展点视为最优，该算法流程（图 4 - 30）如下：

（1）初始化，生成一个 OPEN 列表、一个 CLOSED 列表。

（2）把起点加入 OPEN 列表。

（3）如果 OPEN 列表为空，则失败退出，否则进行步骤（4）。

（4）遍历 OPEN 列表，查找 f 值最小的点，将其移入 CLOSED 列表，并把它作为当前点。

（5）判断当前点是否为目标点，若是，则规划结束，输出路径；否则将当前点的相邻点投入 OPEN 列表，进行步骤（3）。

（6）保存并输出 CLOSED 列表中的路径节点。

A*算法具有以下一些特性：

（1）A*算法是完全的，即只要搜索问题有解存在，搜索总是能终止于一个解。

（2）A*算法是可纳的，即它能在有限步内终止并找到最优解。对于可解状态空间图（从初始节点到目标节点有路径存在）来说，如果一个搜索算法能在有限步内终止，并且能找到最优解，则称该算法是可纳的。

（3）启发式函数 $h(n)$ 对 A*算法的效率起着重要的影响，它的选取取决于对问题的领域所拥有的信息量。当 $h(n)$ 取值在 0 和 $h^*(n)$ 之间时，越靠近 $h^*(n)$，表明其获取的信息量越大，搜索效率越高。$h(n)$ 是 $h^*(n)$ 的下界，即对所有的 n 均有 $h(n) \leqslant h^*(n)$。

对于 A*算法 $g(n)$ 和 $h(n)$ 的选取与计算，将在 4.2.2 节中给出。

一般情况下，路径搜索的图搜索方法采用八向搜索方式，即获取与当前点相邻的可展点时，计算当前点周围 8 个点的 f 值，如图 4 - 31 所示。

在某些工作状态下，由于对巡视器的航向要求较为苛刻，八向搜索方式只能

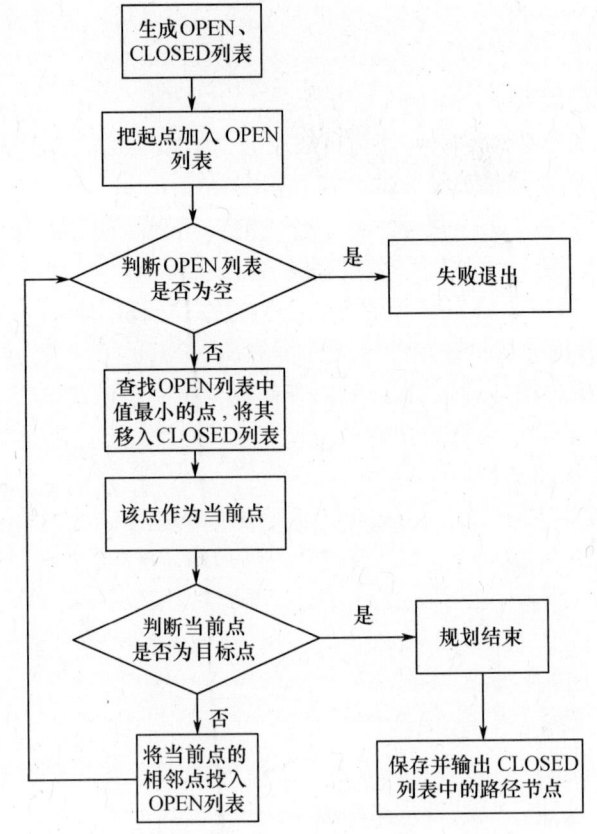

图 4 - 30   A* 算法流程图

从当前点向相邻的 8 个方向行走,会缩小路径搜索的求解空间。因此可以考虑使用 16 向(图 4 -32)或更为密集的搜索方式进行搜索。这会大大增加搜索空间规模,但可以减少环境离散化带来的解的损失。

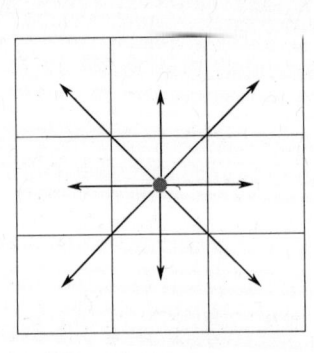

图 4 - 31   八向搜索示意图

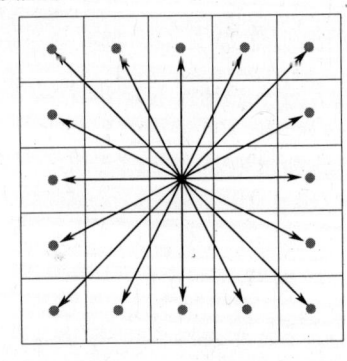

图 4 - 32   十六向搜索示意图

4.2.2 代价计算

路径搜索过程中,需要确定与当前点相邻可展点的可通行性,并计算通行代价。

1. 短距离搜索的代价计算

巡视器在月面的每两个停泊点之间行走时,一般可以在短时间内完成,因此在这个路径规划过程中,各类时变因素均可认为是非时变值。综合代价值在环境图生成时计算,计算结果存储在栅格图中。当某一点可通行时,其通行代价值的取值区间为 $[0,1)$,当不可通行时,通行代价值为 $+\infty$。通行代价值是在考虑坡度坡向、粗糙度、阶梯边缘、通视性及人工设置的导引点和排斥点等环境因素后得到的综合代价,各类因素的影响效果可以通过调整代价权值来实现。

A^* 搜索算法中从起始点到当前点的代价函数设计如下:

$$g(n) = g(n-1) + c(n) + d(n) \tag{4.28}$$

式中:$c(n)$ 为巡视器通过点 n 的综合代价值;$d(n)$ 为巡视器从点 $n-1$ 行驶到点 n 的距离代价。$h(n)$ 是 A^* 算法中的启发函数,采用从点 n 到目标点的欧几里得距离。

2. 远距离搜索的代价计算

巡视器执行一个探测周期花费的时间较长,因此在确定一个探测周期内各导航点的位置时,需要区分考虑光照、通信等因素的时变效果和地形等非时变因素。各类因素的代价值在环境图生成时计算。

非时变代价值存储在一个栅格图中,当某一点可通行时,其通行代价值的取值区间为 $[0,1)$,当不可通行时,通行代价值为 $+\infty$。非时变代价的计算同短距离搜索的代价计算方法。

时变代价值按时间顺序存储在一个栅格图序列中。由于月球没有大气,因此不考虑太阳、地球等在不同角度下光照通信的差异。时变代价值采用二值法描述,0 表示时变代价满足,1 表示时变代价不满足。

4.2.3 优化目标

优化目标的选取决定了路径搜索时的代价选择,从最终搜索出来的路径来看,优化目标是评价搜索结果优劣的标准。本节设计了几种路径优化目标,在式(4.28)中的代价值 $c(n)$ 根据优化目标进行选择。

1. 行驶时间指标 f_1

行驶时间衡量巡视器在满足工作约束的前提下,从起始位置 p_s 移动到指定位置 p_g 的最短时间。时间指标在任务中非常有用,例如科学家通过巡视器相机发现附近有一个感兴趣的探测点,而某些科学探测对时间又有特殊要求,则可能要求巡视器尽快到达目标探测点。整个路径 l_p 上的耗费时间是行驶时间 T_t 和停留时间 T_p 之和。

$$f_1(l_p) = T_t + T_p \qquad (4.29)$$

行驶时间 T_t 为

$$T_t = \sum_{i=1}^{N} \Delta t_i \qquad (4.30)$$

Δt_i 是从栅格 c_i 运动到下一个栅格 c_{i+1} 的时间,它与两栅格间运行距离 d_i、巡视器行驶速度 v_i 都有关。

$$\Delta t_i = d_i / \bar{v}_i \qquad (4.31)$$

d_i 由栅格相对位置及栅格坡度值决定。

$$d_i = \begin{cases} \dfrac{\sqrt{2}}{2}\left(\dfrac{1}{\cos\theta_i} + \dfrac{1}{\cos\theta_{i+1}}\right) (c_i \text{ 和 } c_{i+1} \text{ 为对角栅格}) \\ \dfrac{1}{2}\left(\dfrac{1}{\cos\theta_i} + \dfrac{1}{\cos\theta_{i+1}}\right) (c_i \text{ 和 } c_{i+1} \text{ 为相邻栅格}) \end{cases} \qquad (4.32)$$

$\bar{v}_i$ 是巡视器在两个栅格之间的平均运行速度,它由栅格的可通行性能(4.2节)决定。通常,在地形复杂粗糙的区域,运行速度较慢;平缓均匀区域,运行速度较快。假设两个栅格的粗糙度和可通行性代价分别为 $\overline{D}_i$、f_i^{trav} 和 $\overline{D}_{i+1}$、f_{i+1}^{trav},$f_{\max}^{\text{trav}}$ 为巡视器通过栅格的最大代价值。则 $\bar{v}_i$ 为

$$\bar{v}_i = \begin{cases} \dfrac{v_i + v_{i+1}}{2} = v_{\max}\left(1 - \dfrac{\overline{D}_i + \overline{D}_{i+1}}{2\overline{D}_{\max}}\right) & (f_i^{\text{trav}} < \infty \text{ 且 } f_{i+1}^{\text{trav}} < \infty) \\ 0 & (f_i^{\text{trav}} = \infty \text{ 或 } f_{i+1}^{\text{trav}} = \infty) \end{cases} \qquad (4.33)$$

2. 行驶效率指标 f_2

行驶效率可通过巡视器行驶路径上的平均速度 $\bar{v}$ 表示,它与路径长度和行驶时间都有关系。

$$f_2(l_p) = \bar{v} = \frac{L(l_p)}{f_1(l_p)} \qquad (4.34)$$

式中:$L(l_p)$ 为路径的长度,由路径上所有栅格运行距离叠加得到,即

$$L(l_p) = \sum d_i \qquad (4.35)$$

$f_1(l_p)$ 由式(4.29)求得。

行走是巡视器的主要月面活动。在有限的寿命时间内,行驶效率越高,巡视器行驶路程越长,探测范围越大。巡视器行驶距离通常是衡量任务成功的一个重要指标。

3. 能源最佳指标 f_3

能源最佳的意义,是在不至于引起温度过高的前提下获得尽可能多的能源。摄取的太阳能不仅能提供行驶行为足够的能源,还能为车载蓄电池充电。能源指标 f_3 要通过太阳光照适宜代价以及时长求得。

假设巡视器从路径上栅格 c_i 运动到相邻栅格 c_{i+1} 的耗费时间为 Δt_i,并且该时段内环境未发生变化,计算栅格的太阳能量指数的参考时间为 t_i,则路径寻优过程中最小化的目标函数为

$$\Delta p_i = \frac{f_{\text{solar}}(c_i,t_i) + f_{\text{solar}}(c_{i+1},t_i)}{2}\Delta t_i \tag{4.36}$$

巡视器若在某栅格位置 c_j 停留 Δt_j 时间,假设该段时间内环境未发生变化,参考时间为 t_j,太阳能量指数保持为 r_j,则该段时间的能源指标为

$$\Delta p_j = f_{\text{solar}}(c_j,t_j) \cdot \Delta t_j \tag{4.37}$$

则整个行驶路径 l_p 上的能源最佳指标为

$$f_3(l_p) = \sum_{i=1}^{N} \Delta p_i + \sum_{j=1}^{M} \Delta p_j \tag{4.38}$$

4.3 路 径 优 化

路径搜索的结果通常是锯齿状的折线路径,这样的路径是理论上的最优路径。但在实际月面环境中,巡视器的控制指令通常为按一定半径的圆弧行走或直线行走的模式,无法按照路径搜索出来的节点精确行走,因此需要对路径规划结果进行优化,提取出路径上的关键点作为控制点,将离散点组成的锯齿状路径平滑成圆弧等连续函数可以表示的路径,并最终转化为巡视器的上行控制命令,指导巡视器按照规划的路径行走。

路径优化分为两个步骤进行,首先针对路径搜索出来的路径点序列,按照一定要求提取出路径上的关键点,作为路径控制点;接着以这些关键路径点作为骨架,通过拟合曲线连接关键路径点,形成最终的方便供巡视器跟踪的月面路径。

4.3.1 关键路径点提取

已知路径点序列及其在综合代价图中的坐标,在路径点序列中提取出关键路径点,使其满足:

(1) 相邻关键路径点间直线可达。

(2) 关键路径点应尽量稀疏。

关键路径点提取算法流程如图 4-33 所示。

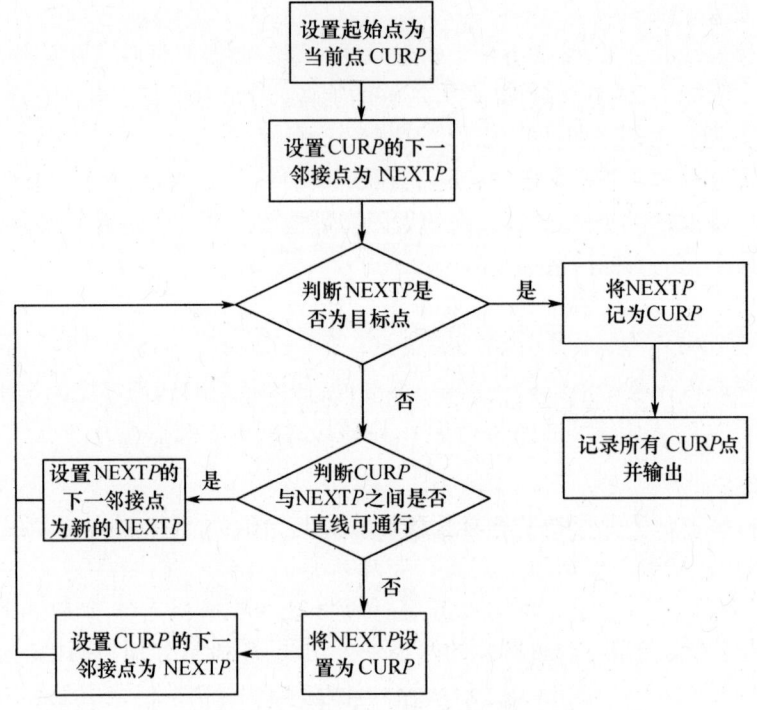

图4-33 关键路径点提取算法流程图

4.3.2 路径点曲线拟合

关键路径点提取完成后得到的是离散化点的序列,需要使用曲线将这些点尽量平滑地连接起来。路径点的拟合计算方案包括相邻路径点的曲线拟合和多路径点的曲线拟合。

1. 相邻路径点的曲线拟合

相邻路径点间曲线拟合的步骤如下:

(1) 根据起始点位置、航向及巡视器转弯能力确定起始段圆弧路径。

(2) 根据目标点位置、航向及巡视器转弯能力确定目标段圆弧路径。

(3) 若两圆相切则计算切点坐标,若不相切则计算两圆的切线作为中间段路径。

(4) 将计算得到的起始段、中间段和目标段路径连接得到从起始点到目标点的平滑路径。

(5) 使用综合代价图评估路径的可通行性。

起始段和目标段圆弧路径的计算方法如图4-34所示。最小圆弧半径为1.6m,最大圆弧半径为24m,半径递增步长0.4m。

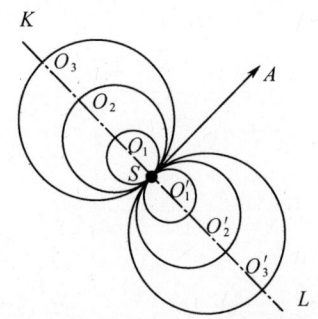

图 4 – 34 圆弧路径计算方法示意图

在允许起止点原地转弯的情况下,可以通过将图 4 – 34 中航向 SA 按一定步长旋转,即可使曲线拟合过程得到更大的计算解空间。

切线的计算方法如下:

图 4 – 35(a)为路径类型选择示意图,S 为起始位置,SA 为巡视器起始航向,C 为初始轨迹圆弧与目标轨迹圆弧切点,CE 为切点时的航向,D 为目标点,DB 为巡视器目标航向。图(b)中,S 为起始位置,SA 为巡视器起始航向,KL 和 MN 为初始轨迹圆弧与目标轨迹圆弧的两条外公切线,E 和 F 分别为初始轨迹圆弧与目标轨迹圆弧的外公切线切点,D 为目标点,DB 为巡视器目标航向。图(c)中,S 为起始位置,SA 为巡视器起始航向,C 为初始轨迹圆弧与目标轨迹圆弧切点,CE 为切点时的航向,D 为目标点,DB 为巡视器目标航向。图(d)中,S 为起始位置,SA 为巡视器起始航向,KL 和 MN 为初始轨迹圆弧与目标轨迹圆弧的两条外公切线,E 和 F 分别为初始轨迹圆弧与目标轨迹圆弧的外公切线切点,D 为目标点,DB 为巡视器目标航向。图(e)中,S 为起始位置,SA 为巡视器起始航向,KL 和 MN 为初始轨迹圆弧与目标轨迹圆弧的两条外公切线,OP 和 RS 为初始轨迹圆弧与目标轨迹圆弧的两条内公切线,E 和 F 分别为初始轨迹圆弧与目标轨迹圆弧的内公切线切点,D 为目标点,DB 为巡视器目标航向。

2. 多路径点的曲线拟合

在进行多路径点的曲线拟合时,与当前路径段前后相邻两段路径的拟合将直接影响当前路径起止点的航向。由于两路径点之间距离越短,对起止点航向的适应调整能力越小,因此为了尽量保证整条路径的平滑性,多路径点的曲线拟合按照路径点间距离由小到大的顺序进行。

多路径点拟合时,相邻两路径点之间的拟合按照相邻路径点曲线拟合方法计算。在得到多条拟合路径后,按照路径综合代价选优。路径综合代价计算方法如下:

路径综合代价 = 行走代价 + 距离代价 + 转向代价 + 控制代价 + 路径单元里程代价

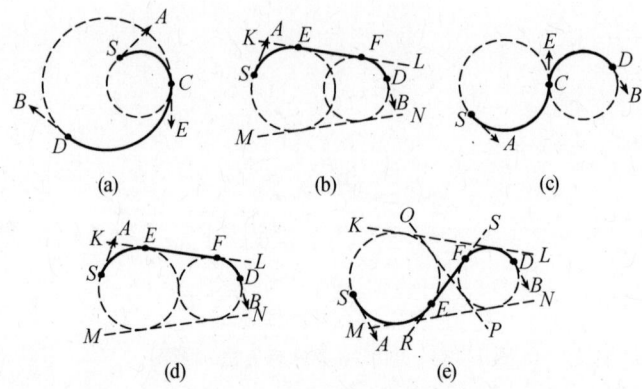

图 4-35　切线计算方法示意图

其中行走代价为路径经过的各栅格的综合代价值的累加；

距离代价 = 路径里程 × 单位路径长度的代价值；

转向代价 = 起点原地转向角度 × 单位角度的原地转向代价；

控制代价 = 路径段数 × 每段路径的地面控制代价。

4.4　小　结

　　路径规划是由巡视器的月面工作过程计算出月面行走路径,巡视器所有的月面工作内容都是沿着路径而安排的。在第 3 章,我们讨论了如何沿着路径安排巡视器工作内容,探讨了移动行为与其他非移动行为之间的交互作用机制。在本章中,主要对如何规划巡视器从一个位置移动到另一个位置的转移路径问题进行了展开描述。

　　巡视器路径规划控制工作主要分为 3 个阶段,即月面环境图生成、移动路径搜索和上行控制参数计算,这 3 个阶段按照逻辑顺序依次展开。当路径搜索结果不令人满意时,可调整若干环境参数,迭代进行月面环境图生成和移动路径搜索,如图 4-36 所示。

　　巡视器所在的环境是实际的月面物理环境,而进行路径规划需要将物理环境抽象成为能被计算机理解和表达的环境模型,就是指根据已知的环境信息,通过提取和分析相关特征,将其转换成可供搜索的连通图。从月面实际物理环境中提炼出以下 6 项特征:坡度坡向、月面粗糙度、月面阶梯、月面通信、太阳光照、地月通信,其中前 4 项为时不变特征,后 2 项为时变特征。本章给出了计算各种环境特征的方法和算法,并基于各环境特征定义了月面障碍表示,建立月球表面的综合环境图,将月面物理环境建模为以栅格为单位的具有多种属性的数据结构。

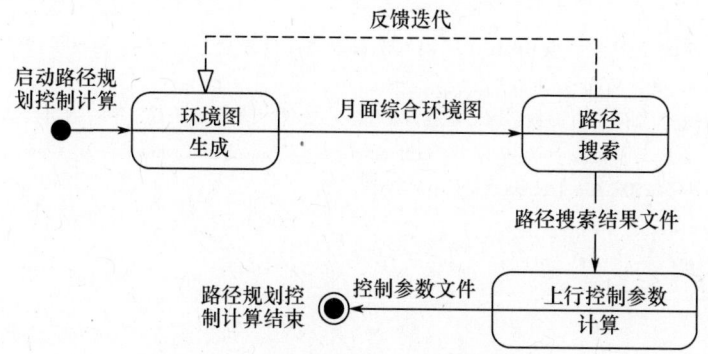

图 4 – 36　路径规划控制流程示意图

路径搜索是依赖事先建立的全局地图,解决巡视器从起点到终点应经过哪些路径的问题。它根据先验的环境模型,在全局地图中找出一条从起始位置到目标位置的与障碍物无碰撞的优化路径。本章介绍了多类路径搜索方法,并对采用的 A* 图搜索算法进行了深入详细的探讨;基于月面综合环境模型对路径搜索中的代价计算方法进行描述;并且,从巡视器月面工作的性能评价出发,提出了行驶时间、行驶效率和能源最佳 3 种指标作为路径搜索的优化目标,根据路径搜索算法的全局最优特性,可保证搜索出的路径满足该指标下的最优。

由于对 DEM 图进行栅格化形成的月面栅格分辨率仍然较高,因此采用图搜索算法得到的路径为锯齿状,不适用于巡视器直接跟踪,因此需要对路径规划结果进行优化,提取出路径上的关键点作为控制点,将离散点组成的锯齿状路径平滑成圆弧等连续函数可以表示的路径,并最终转化为巡视器的上行控制命令,指导巡视器按照规划的路径行走。本章对路径优化方法也进行了描述,按照关键路经典提取和路径点曲线拟合两个步骤来实现,首先设计了关键路径点提取算法,在提取的关键路径点之间,通过不同半径的圆弧以不同方式连接的举例方法,完成路径优化。

经过优化后的路径可以直接转化为上行控制指令,发送给巡视器供其在月面进行跟踪行驶,完成月面巡视勘察工作。

参 考 文 献

[1] 刘杰. 小型无人地面机动平台的路径规划技术研究[D]. 北京:北京理工大学,2014.

[2] 张琦. 移动机器人的路径规划与定位技术研究[D]. 哈尔滨:哈尔滨工业大学,2014.

[3] 乔慧芬. 机器人路径规划算法研究[D]. 太原:中北大学,2015.

[4] 刘维敏. 月面形貌模拟及成像仿真技术研究[D]. 郑州:信息工程大学,2010.

[5] NASA. Lunar surface models. NASA space vehicle design criteria[R]. NASA – SP – 8023,1969.

[6] 陈艳丽,李少梅,刘岱岳. 基于规则格网 DEM 的坡度坡向分析研究[J]. 测绘与空间地理信息,2009,

32(5):36-39.

[7] 陈楠,王钦敏,汤国安. 自 DEM 由不同算法提取坡度的对比分析[J]. 测绘工程,2006,15(1):10-13.

[8] 张伍,党兆龙,贾阳. 月面数字地形构造方法研究[J]. 航天器环境工程,2008,25(4):35-40.

[9] Rekleitis I. Path planning for planetary exploration [C]//Canadian Conference on Computer and Robot Vision. Windsor,Ontario,Canada,2008:613-617.

第5章　机械臂控制

在月球表面进行科学探测时,往往需要通过机械臂等机械设备搭载科学探测仪器进行星球表面物质组成和成分分析等科学探测工作。因此,空间机械臂控制技术是开展星球表面巡视探测任务的一项关键技术。国外各航天机构,如美国航空航天局(National Aeronautics and Space Administration ,NASA)、德国宇航中心(Deutsches Zentrum für Luft – und Raumfahrt,DLR)、加拿大航天局(Canadian Space Agency,CSA)等都开展了很多研究工作,国内很多高校和研究所也都开展了这方面研究,如哈尔滨工业大学机器人研究所、沈阳自动化研究所、东南大学等。空间机械臂的控制基于传统机器人控制方法,又具有很多新的特点,如天地间大时延等。

从我国"嫦娥"三号任务过程来看,为了将科学探测载荷送到指定科学探测点(如月面某块岩石),需借由巡视器前部安装的三自由度机械臂搭载其而实现。通过在地面遥操作中心设计计算机械臂运动路径,转化成各关节转动量的注入数据,实现对机械臂的控制。机械臂控制技术不同于以往航天器控制,是一种时延条件下的精确控制。其需要根据下传图像确定目标点,依据机械臂运动能力范围分析工作区间,设计一条准确到达目标点的安全无碰撞路径。为实现机械臂控制,需进行机械臂运动学建模、逆运动学求解、轨迹规划与生成以及无碰撞路径规划运动等方面的研究。

（1）机械臂运动学建模。机械臂运动学建模,即建立机械臂末端工具位置姿态与关节之间的映射关系。通常通过方程来表示。机械臂运动学模型是安全工作区间分析及巡视器期望位置计算的基础。根据机械臂各关节的运动范围计算机械臂可达的工作区间,除去环境障碍部分,得到可达的安全工作区间。结合环境建模得到的目标点位置,分析目标探测点是否在机械臂安全工作区间,即机械臂是否可以到达探测点。若能到达则进行机械臂运动路径规划,若不可达则将分析结果以一定形式反馈给操作者,为操作者调整巡视器位置和航向提供启发信息。

（2）机械臂逆运动学求解。逆运动学求解,就是给定机械臂末端执行器的位置和姿态,计算所有可到达该位置和姿态的关节角集合。实际探测任务中,科学家根据兴趣选择探测点位置,遥操作系统根据该目标进行逆运动学求解,得到目标关节角以进行关节角控制。

（3）轨迹规划与生成。机械臂控制器接收地面的避障路径规划结果,生成从开始点到目标点的一条连续运动轨迹,提供给底层控制器进行跟踪,这就是机械臂的轨迹规划和生成。虽然机械臂的轨迹规划与生成由机械臂控制器在轨实现,但地面遥操作路径规划系统需要对生成的避障路径进行验证,因此在系统中需要具备根据路径规划结果进行轨迹规划的功能,通过机械臂数字仿真模型执行轨迹规划结果实现对路径规划结果的验证。

（4）无碰撞路径规划。当空间机械臂的运动受到一些设备的阻碍,如实验载荷等,就期望机械臂能够绕过障碍物运动。由于存在环境障碍,即使目标探测点在安全可达工作区间内,其整个路径并不一定都在工作区间内。为此,进行机械臂运动路径规划研究不仅要计算关节角控制量,还需对整个运动轨迹进行评价。若得不到可行的路径解,将分析结果以一定形式反馈给操作者,为操作者调整巡视器位置和航向提供启发信息。

地面遥操作系统进行巡视器机械臂遥操作控制的过程一般如下:首先根据避障相机图像对进行立体图像对处理,获得工作环境信息和目标探测点在工作环境中的位置信息;在环境表示基础上,进行安全工作区间分析,得到对运动路径的全局约束,接着按照某种准则设计运动路径。基于机械臂运动学模型分析机械臂工作区间和求解转动关节控制量是两个相逆的问题。若目标可达,则进行关节控制量求解;若目标不可达,则反馈给操作者对巡视器位置、航向等进行调整。由期望的机械臂末端位置计算各关节角是逆向运动学问题,逆向运动学求解是一个复杂的问题,其解可能不唯一,也可能无解。由于环境障碍的存在,机械臂的安全工作区间并不封闭,也就是说数学上求解出的关节控制量可能在实际中是不可行的,机械臂在按照此控制量运动过程中会碰撞到环境障碍,在这种情况下,可考虑为模型引入约束或设计迭代求解的方式,对每个计算结果进行验证分析,不符合实际情况则将反馈信息引入下一次求解过程,直至找到实际可行的解。

5.1　机械臂运动学

机械臂运动学研究机械臂的运动特性,而不考虑机械臂产生运动时施加的力[1]。由于巡视器的机械臂运动速度较慢,加速度可以忽略,因此在巡视器的机械臂运动学中,只研究静止状态下机械臂连杆的位置和姿态。

为了便于处理机械臂的复杂几何参数,首先在机械臂的每个连杆上分别固接一个连杆坐标系,然后再描述这些连杆坐标系之间的关系。除此之外,机械臂运动学还研究当各个连杆通过关节连接起来后,连杆坐标系之间的相对关系。

本节的重点是给出以机械臂关节变量为自变量,描述机械臂末端执行器的位置和姿态与机械臂基座之间的函数关系。

5.1.1　D－H 参数规则

　　D－H 参数法是 1955 年由 Denavit 和 Hartenberg 提出的一种关节链中的每一个杆件建立坐标系的矩阵方法[2]。

　　从机械臂的固定基座开始为连杆进行编号,可以称固定基座为连杆 0。第一个可动连杆为连杆 1,以此类推,机械臂最末端的连杆为连杆 n。在建立机构运动学方程时,为了确定机械臂两个相邻关节轴的位置关系,可把连杆看成是一个刚体。用空间的直线来表示关节轴。关节轴 i 可用空间的一条直线,即用一个矢量来表示,连杆绕关节轴 i 相对于连杆 $i-1$ 转动。由此可知,在描述连杆的运动时,一个连杆的运动可以用两个参数描述,这两个参数定义了空间两个关节轴之间的相对位置。

　　三维空间中的任意两个轴之间的距离均为一个确定值,两个轴之间的距离即为两轴之间公垂线的长度。两轴之间的公垂线总是存在的,当两轴不平行时,两轴之间的公垂线只有一条。当两关节轴平行时,则存在无数条公垂线。在图 5－1 中,关节轴 $i-1$ 和关节轴 i 之间公垂线的长度为 a_{i-1},a_{i-1} 即为连杆长度。也可以用另一种方法来描述连杆参数 a_{i-1},以关节轴 $i-1$ 为轴线做一个圆柱,并且将该圆柱的半径向外扩大,直到该圆柱与关节轴 i 相交时,这时圆柱的半径即等于 a_{i-1}。

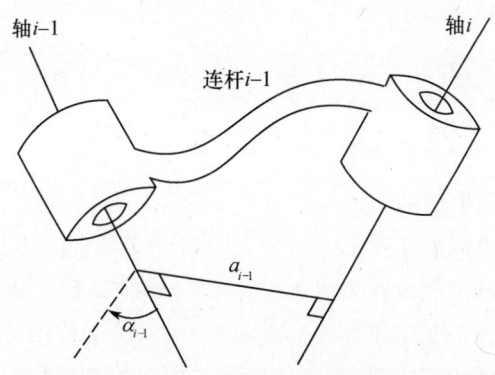

图 5－1　连杆运动参数示意图

　　用来定义两关节轴相对位置的第二个参数为连杆转角。假设做一个平面,并使该平面与两关节轴之间的公垂线垂直,然后把关节轴 $i-1$ 和关节轴 i 投影到该平面上,在平面内轴 $i-1$ 按照右手法则绕 a_{i-1} 转向轴 i,测量两轴线之间的夹角,用 α_{i-1} 定义连杆 $i-1$ 的扭转角。在图 5－1 中,α_{i-1} 表示关节轴 $i-1$ 与关

节轴 i 之间的夹角。当两个关节轴线相交时,两轴线之间的夹角可以在两者所在的平面中测量,但是 α_{i-1} 没有意义。在这种特殊情况下,α_{i-1} 的大小和符号可以任意选取。

相邻两个连杆之间有一个公共的关节轴。沿两个相邻连杆公共轴线方向的距离可以用一个参数描述,该参数称为连杆偏距。在关节轴 i 上的连杆偏距记为 d_i。用另一个参数描述两相邻连杆绕公共轴线旋转的夹角,该参数称为关节角,记为 θ_i。

图 5 - 2 所示为相互连接的连杆 $i-1$ 和连杆 i。根据前面的定义可知 a_{i-1} 表示连杆 $i-1$ 两端关节轴的公垂线长度。同样,a_i 表示连接连杆 i 两端关节轴的公垂线长度。描述相邻两连杆连接关系的第一个参数是从公垂线 a_{i-1} 与关节轴 i 的交点到公垂线 a_i 与关节轴 i 的交点之间的有向距离,即连杆偏距 d_i。连杆偏距 d_i 的表示方法如图所示。当关节 i 为移动关节时,连杆偏距 d_i 是一个变量。描述相邻两连杆连接关系的第二个参数是 a_{i-1} 的延长线和 a_i 之间绕关节轴 i 旋转所形成的夹角,即关节角 θ_i。当关节 i 为转动关节时,关节角 θ_i 是一个变量。

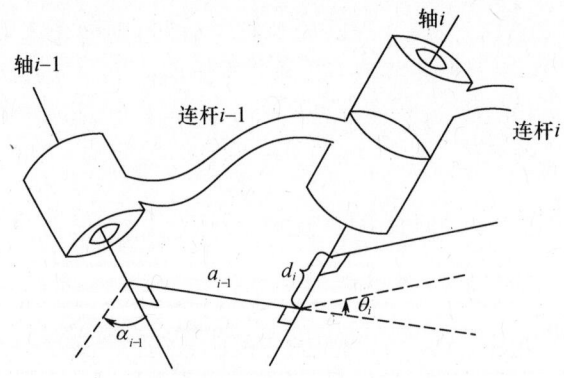

图 5 - 2 描述相邻连杆之间连接关系的两个参数

因此,机器人的每个连杆都可以用 4 个运动学参数描述,其中两个参数用于描述连杆本身,另外两个参数描述连杆之间的连接关系。通常,对于转动关节,θ_i 为关节变量,其他 3 个连杆参数是固定不变的;对于移动关节,d_i 为关节变量,其他 3 个连杆参数是固定不变的。这种用连杆参数描述机构运动关系的规则称为 Denavit – Hartenberg 参数。

5.1.2 坐标系定义

为了描述每个连杆与相邻连杆之间的相对位置关系,需要在每个连杆上定义一个固连坐标系。根据固连坐标系所在连杆的编号对固连坐标系命名,因此,

固连在连杆 i 上的坐标系称为坐标系$\{i\}$。

通常按照下面的方法确定连杆上的固连坐标系:坐标系$\{i\}$的 $\hat{Z}$ 轴称为 $\hat{Z}_i$,并与关节轴重合,坐标系$\{i\}$的原点位于公垂线 a_i 与关节轴 i 的交点处。$\hat{X}_i$ 沿 a_i 方向由关节 i 指向关节 $i+1$。当 $a_i = 0$ 时,$\hat{X}_i$ 垂直于 $\hat{Z}_i$ 和 $\hat{Z}_{i+1}$ 所在的平面。

固连于机器人基座(Link_0)上的坐标系为坐标系$\{0\}$。这个坐标系是一个固定不动的坐标系,因此在研究机械臂运动学问题时,可以把该坐标系作为参考坐标系,在该参考坐标系中描述机械臂所有其他连杆坐标系的位置。为了使问题简化,通常设定 $\hat{Z}_0$ 轴沿关节轴 1 的方向,并且当关节变量 1 为 0 时,设定参考坐标系$\{0\}$和$\{1\}$重合。按照这个规定,总有 $a_0 = 0.0$ 和 $\alpha_0 = 0.0$。

如果按照上述规定将连杆坐标系固连于连杆上时,连杆参数可以定义如下:

a_i = 沿 $\hat{X}_i$ 轴,从 $\hat{Z}_i$ 移动到 $\hat{Z}_{i+1}$ 的距离;

α_i = 绕 $\hat{X}_i$ 轴,从 $\hat{Z}_i$ 旋转到 $\hat{Z}_{i+1}$ 的角度;

d_i = 沿 $\hat{Z}_i$ 轴,从 $\hat{X}_{i-1}$ 移动到 $\hat{X}_i$ 的距离;

θ_i = 绕 $\hat{Z}_i$ 轴,从 $\hat{X}_{i-1}$ 旋转到 $\hat{X}_i$ 的角度。

因为 a_i 对应的是距离,因此通常设定 $a_i > 0$。然而,α_i、d_i、θ_i 的值可以为正,也可以为负。

5.1.3 机械臂运动学方程

1. 一般问题与解法

首先建立坐标系$\{i\}$相对于坐标系$\{i-1\}$的变换。一般这个变换是由 4 个连杆参数构成的函数。对于任意给定的机械臂,这个变换是只有一个变量的函数,另外 3 个参数是由机械系统确定的。经过计算,可以得到坐标系$\{i\}$相对于坐标系$\{i-1\}$的齐次变换矩阵${}_i^{i-1}T$ 的一般表达式,即

$$
{}_i^{i-1}T = \begin{bmatrix} c\theta_i & -s\theta_i & 0 & a_{i-1} \\ s\theta_i\,c\alpha_{i-1} & c\theta_i\,c\alpha_{i-1} & -s\alpha_{i-1} & -s\alpha_{i-1}\,d_i \\ s\theta_i\,s\alpha_{i-1} & c\theta_i\,s\alpha_{i-1} & c\alpha_{i-1} & c\alpha_{i-1}\,d_i \\ 0 & 0 & 0 & 1 \end{bmatrix} \tag{5.1}
$$

其中:$c\theta_i = \cos\theta_i$,$s\theta_i = \sin\theta_i$。

如果已经定义了连杆坐标系和相应的连杆参数,就能直接建立运动学方程。根据各个连杆参数计算各个连杆变换矩阵,把这些连杆变换矩阵连乘就能得到一个坐标系$\{N\}$相对于坐标系$\{0\}$的齐次变换矩阵,即

$$\,_N^0T = \,_1^0T\,_2^1T\,_3^2T\cdots\,_N^{N-1}T \tag{5.2}$$

齐次变换矩阵$\,_N^0T$是关于 n 个关节变量的函数。如果能得到机械臂关节位置传感器的值，机械臂末端连杆在笛卡儿坐标系里的位置和姿态就能通过$\,_N^0T$计算出来，即

$$\begin{bmatrix} \,^0P \\ 1 \end{bmatrix} = \,_N^0T \begin{bmatrix} \,^NP \\ 1 \end{bmatrix} \tag{5.3}$$

式中：$\,^NP$ 为机械臂末端在坐标系$\{N\}$中的位置；$\,^0P$ 为机械臂末端在坐标系$\{0\}$中的位置。

齐次变换矩阵$\,_B^AT$可以看作是用一个简单的矩阵形式表示了一般变换的旋转和位移，即

$$\,_B^AT = \begin{bmatrix} \,_B^AR & \vert\,^AP_{\text{BORG}} \\ 0\ \ 0\ \ 0\vert & 1 \end{bmatrix} \tag{5.4}$$

式中：$\,_B^AR$ 为坐标系$\{A\}$到坐标系$\{B\}$的旋转矩阵；$\,^AP_{\text{BORG}}$ 为$\{B\}$坐标系原点在坐标系$\{A\}$中的位置。

坐标系$\{B\}$中某一点$\,^BP$在坐标系$\{A\}$的位置为

$$\,^AP = \,_B^AR\,^BP + \,^AP_{\text{BORG}} \tag{5.5}$$

坐标系$\{B\}$中某一指向矢量$\,^Bn$在坐标系$\{A\}$中的表示为

$$\,^An = \,_B^AR\,^Bn \tag{5.6}$$

正运动学求解，即给定机械臂各关节角取值，根据齐次变换矩阵计算机械臂末端执行器的位置和姿态。所有机械臂能到达的末端位置集合构成可达空间。

逆运动学求解是一个非线性问题。已知$\,_N^0T$的数值，试图求出 $\theta_1,\theta_2,\cdots,\theta_n$。这些方程为非线性超越方程，很难求解。同任何非线性方程组一样，我们必须考虑解的存在性、多重解性以及求解方法。

(1) 解的存在性[3]。解是否存在完全取决于机械臂的工作区间。简单地说，工作空间是机械臂末端执行器所能到达的范围。若解存在，则被制定的目标点必须在工作空间内。**灵巧工作空间**指机器人的末端执行器能够从各个方向到达的区域。也就是说，机器人末端执行器可以从任意方向到达灵巧工作空间的每一个点。**可达工作空间**是机器人至少从一个方向上有一个方位可以达到的空间。显然，灵巧工作空间是可达工作空间的子集。

(2) 多重解问题。在求解运动学方程时可能遇到的另一个问题就是多重解问题。因为系统最终只能选择一个解，因此机械臂的多重解现象会产生一些问题。解的选择标准是变化的，比较合理的选择是"最短行程"解。

（3）解法。如果关节变量能够通过一种算法确定，则机械臂是可解的。

机械臂的全部求解方法分成两大类：封闭解和数值解法。由于数值解法的迭代性质，因此它一般比相应的封闭解法的求解速度慢得多。封闭解意指基于解析形式的解法，可进而分为两类：代数法和几何法。在设计机械臂时重要的问题是使封闭解存在。

所有包含转动关节和移动关节的串联型六自由度机构均是可解的。

2. 两种典型机械臂的运动学问题

1）三关节串联型机械臂

下面以一个由 3 个转动关节串联形成的机械臂为例，进行 D - H 参数、坐标系定义以及运动学方程的建立说明。

图 5 - 3 和图 5 - 4 分别给出了三关节串联型机械臂收拢和展开时的形态。该机械臂从基座到末端执行器之间串联有 3 个转动关节，可分别定义为肩部方位关节、肩部俯仰关节和腕部俯仰关节。通过各关节不同角度的组合，实现末端执行器投放至指定位置。在星球表面探测任务中，基座一般安装在巡视器本体上，通过在机械臂末端安装科学探测仪器，投放机械臂使得仪器到达工作区间，开展星球表面物质成分等科学探测活动。

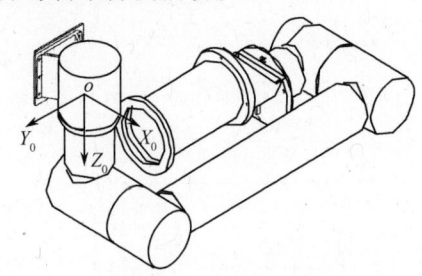

图 5 - 3　三关节串联型机械臂基坐标系定义

图 5 - 4 中定义了三关节串联型机械臂的各坐标系。其中，φ_1、φ_2、φ_3 是各个关节的转动角度。基坐标系 $\{0\}$ 和末端工具坐标系 $\{E\}$ 分别定义如下：

基坐标系 $\{0\}$：坐标原点 O_0 与巡视器本体固联，在巡视器本体坐标系下的位置确定，坐标轴 X_0，Y_0，Z_0 分别与巡视器本体坐标系的坐标轴 X，Y，Z 轴平行。

末端工具坐标系 $\{E\}$：坐标原点 O_E 为机械臂末端执行器指向面的几何中心，坐标轴 Z_E 垂直与探测面向外，坐标轴 Y_E 轴平行于腕部俯仰关节轴且指向远离肩腕部连杆方向，坐标轴 X_E 与 Y_E，Z_E 构成右手系。

三关节串联型机械臂的 D - H 参数列表如表 5 - 1 所列，表中机构参数表示的是各连杆及串联连杆之间的关系。

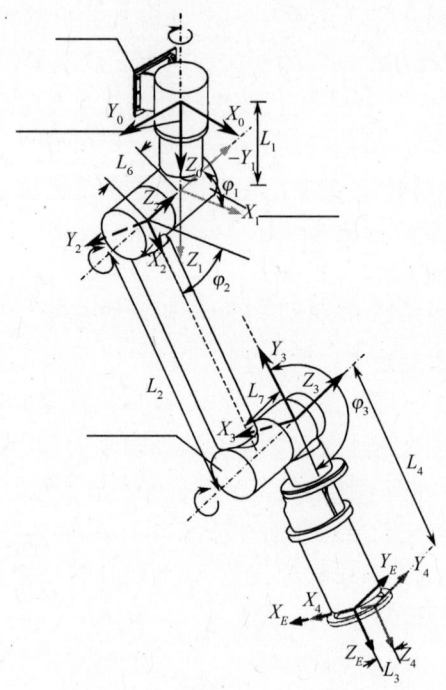

图 5 - 4 三关节串联型机械臂 D - H 参数及坐标系定义

表 5 - 1 D - H 参数列表

i	a_{i-1}	α_{i-1}	d_i	θ_i
1	0	0	L_1	$\varphi_1 + 270°$
2	0	90°	$-L_6$	φ_2
3	L_2	0	L_7	$\varphi_3 - 90°$
4	0	90°	L_4	0
E	L_3	0	0	0

结合坐标系定义和 D - H 参数,依次计算从基坐标系开始,到末端工作坐标系位置的各两个坐标系之间的变换矩阵,结果如下:

$$
{}^0_1\boldsymbol{T} =
\begin{bmatrix}
s\varphi_1 & c\varphi_1 & 0 & 0 \\
-c\varphi_1 & s\varphi_1 & 0 & 0 \\
0 & 0 & 1 & L_1 \\
0 & 0 & 0 & 1
\end{bmatrix}
\tag{5.7}
$$

$$
{}_3^2T = \begin{bmatrix} s\varphi_3 & c\varphi_3 & 0 & L_2 \\ -c\varphi_3 & s\varphi_3 & 0 & 0 \\ 0 & 0 & 1 & L_7 \\ 0 & 0 & 0 & 1 \end{bmatrix}
\tag{5.8}
$$

$$
{}_4^3T = \begin{bmatrix} 1 & 0 & 0 & 0 \\ 0 & 0 & -1 & -L_4 \\ 0 & 1 & 0 & 0 \\ 0 & 0 & 0 & 1 \end{bmatrix}
\tag{5.9}
$$

$$
{}_E^4T = \begin{bmatrix} 1 & 0 & 0 & L_3 \\ 0 & 1 & 0 & 0 \\ 0 & 0 & 1 & 0 \\ 0 & 0 & 0 & 1 \end{bmatrix}
\tag{5.10}
$$

则末端工具坐标系 $\{E\}$ 相对于坐标系 $\{0\}$ 的变换矩阵为

$$
{}_E^0T = \begin{bmatrix} s_1 s_{23} & -c_1 & -s_1 s_{23} & L_2 s_1 c_2 + L_3 s_1 s_{23} - L_4 s_1 c_{23} + L_5 c_1 \\ -c_1 s_{23} & -s_1 & c_1 c_{23} & -L_2 c_1 c_2 - L_3 c_1 s_{23} + L_4 c_1 c_{23} + L_5 s_1 \\ -c_{23} & 0 & -s_{23} & L_1 + L_2 s_2 - L_3 c_{23} - L_4 s_{23} \\ 0 & 0 & 0 & 1 \end{bmatrix}
\tag{5.11}
$$

其中：

$$
c_1 = c\varphi_1 = \cos\varphi_1
$$
$$
s_1 = s\varphi_1 = \sin\varphi_1
$$
$$
c_{23} = \cos(\varphi_2 + \varphi_3)
$$
$$
s_{23} = \sin(\varphi_2 + \varphi_3)
$$

末端工作坐标系原点 O_E 在基座坐标系 $\{0\}$ 中的位置为

$$
{}^0P_{\mathrm{EORG}} = \begin{bmatrix} L_2 s_1 c_2 + L_3 s_1 s_{23} - L_4 s_1 c_{23} + L_5 c_1 \\ -L_2 c_1 c_2 - L_3 c_1 s_{23} + L_4 c_1 c_{23} + L_5 s_1 \\ L_1 + L_2 s_2 - L_3 c_{23} - L_4 s_{23} \end{bmatrix}
\tag{5.12}
$$

末端工作坐标系坐标轴 Z_E 在基座坐标系 $\{0\}$ 中表示为

$$
{}^0\hat{Z}_4 = \begin{bmatrix} -s_1 c_{23} \\ c_1 c_{23} \\ -s_{23} \end{bmatrix}
\tag{5.13}
$$

进行物质组成分析的科学探测活动往往对分析仪器与探测样本之间的距离和相对关系有要求,因此在利用巡视器机械臂搭载载荷进行科学探测活动时,通过调整机械臂关节角来满足对探测位置及姿态的要求,即符合要求的$^0\boldsymbol{P}_{\text{EORG}}$和$^0\hat{\boldsymbol{Z}}_4$的取值。

2）六自由度机械臂

另一种典型机械臂由 6 个转动关节和连接臂杆组成,通过机械臂关节运动将末端机械手送至工作目标位置,之后控制机械手抓握以完成操作任务。图 5 - 5 所示为所有关节角为零位时连杆坐标系的分布情况[4]。

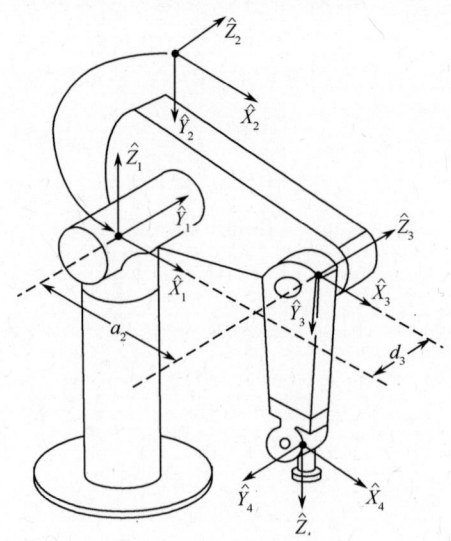

图 5 - 5 PUMA560 操作臂运动参数和坐标系分布

机械臂关节 4、5 和 6 的轴线相交于同一点,并且交点与坐标系{4}、{5}和{6}的原点重合,而且关节轴 4、5 和 6 相互垂直。图 5 - 6 所示为机械臂腕部机构的详细情况。

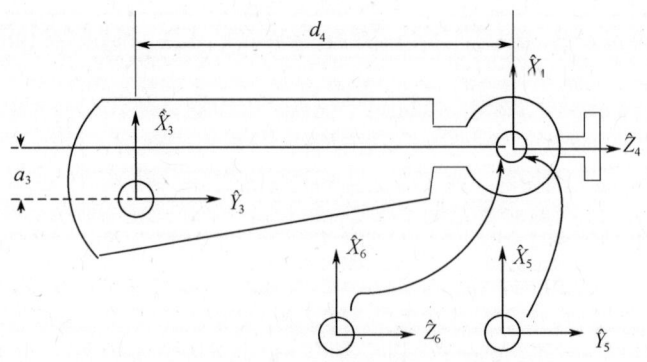

图 5 - 6 PUMA560 前臂的运动参数和坐标系分布

按照 D - H 参数表示方法,建立机械臂各关节坐标系,通过 D - H 参数描述建立 PUMA560 机械臂运动学方程。机械臂连杆坐标系如图 5 - 7 所示，D - H 参数具体见表 5 - 2。

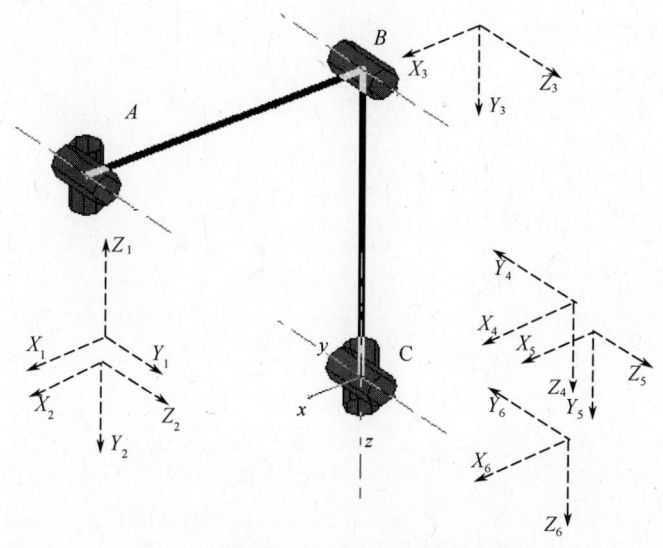

图 5 - 7 PUMA560 机械臂连杆坐标示意图

表 5 - 2 PUMA560 机械臂结构参数与运动变量

杆件编号	连杆转角 $\alpha_{i-1}/(°)$	连杆长度 a_{i-1}/mm	连杆偏距 d_i/mm	关节角 $\theta_i/(°)$	关节角 活动范围/(°)
0 - 1	0	0	0	θ_1	- 180 ~ + 180
1 - 2	- 90	0	0	θ_2	- 90 ~ + 90
2 - 3	0	a_2	d_3	θ_3	- 90 ~ + 90
3 - 4	- 90	a_3	d_4	θ_4	- 180 ~ + 180
4 - 5	90	0	0	θ_5	- 90 ~ + 90
5 - 6	- 90	0	0	θ_6	- 180 ~ + 180

注：角度测量时，顺时针旋转为正，逆时针旋转为负

首先写出各相邻坐标系之间的转换矩阵，通过矩阵相乘建立末端工作坐标系与基座坐标系之间的转换关系。

$$
{}_1^0\boldsymbol{T} = \begin{bmatrix} c\theta_1 & -s\theta_1 & 0 & 0 \\ s\theta_1 & c\theta_1 & 0 & 0 \\ 0 & 0 & 1 & 0 \\ 0 & 0 & 0 & 1 \end{bmatrix} \tag{5.14}
$$

$$\,^{1}_{2}T = \begin{bmatrix} c\theta_2 & -s\theta_2 & 0 & 0 \\ 0 & 0 & 1 & 0 \\ -s\theta_2 & -c\theta_2 & 0 & 0 \\ 0 & 0 & 0 & 1 \end{bmatrix} \qquad (5.15)$$

$$\,^{2}_{3}T = \begin{bmatrix} c\theta_3 & -s\theta_3 & 0 & a_2 \\ s\theta_3 & c\theta_3 & 0 & 0 \\ 0 & 0 & 1 & d_3 \\ 0 & 0 & 0 & 1 \end{bmatrix} \qquad (5.16)$$

$$\,^{3}_{4}T = \begin{bmatrix} c\theta_4 & -s\theta_4 & 0 & a_3 \\ 0 & 0 & 1 & d_4 \\ -s\theta_4 & -c\theta_4 & 0 & 0 \\ 0 & 0 & 0 & 1 \end{bmatrix} \qquad (5.17)$$

$$\,^{4}_{5}T = \begin{bmatrix} c\theta_5 & -s\theta_5 & 0 & 0 \\ 0 & 0 & -1 & 0 \\ s\theta_5 & c\theta_5 & 0 & 0 \\ 0 & 0 & 0 & 1 \end{bmatrix} \qquad (5.18)$$

$$\,^{5}_{6}T = \begin{bmatrix} c\theta_6 & -s\theta_6 & 0 & 0 \\ 0 & 0 & 1 & 0 \\ -s\theta_6 & -c\theta_6 & 0 & 0 \\ 0 & 0 & 0 & 1 \end{bmatrix} \qquad (5.19)$$

从而得到：

$$\,^{0}_{6}T = \begin{bmatrix} r_{11} & r_{12} & r_{13} & p_x \\ r_{21} & r_{22} & r_{23} & p_y \\ r_{31} & r_{32} & r_{33} & p_z \\ 0 & 0 & 0 & 1 \end{bmatrix} \qquad (5.20)$$

其中：

$$r_{11} = c_1[c_{23}(c_4 c_5 c_6 - s_4 s_6) - s_{23} s_5 c_6] + s_1(s_4 c_5 c_6 + c_4 s_6) \qquad (5.21)$$

$$r_{21} = s_1[c_{23}(c_4 c_5 c_6 - s_4 s_6) - s_{23} s_5 c_6] - c_1(s_4 c_5 c_6 + c_4 s_6) \qquad (5.22)$$

$$r_{31} = -s_{23}(c_4 c_5 c_6 - s_4 s_6) - c_{23} s_5 c_6 \qquad (5.23)$$

$$r_{12} = c_1[c_{23}(-c_4 c_5 s_6 - s_4 c_6) + s_{23} s_5 s_6] + s_1(c_4 c_6 - s_4 c_5 s_6) \qquad (5.24)$$

$$r_{22} = s_1[c_{23}(-c_4 c_5 s_6 - s_4 c_6) + s_{23} s_5 s_6] - c_1(c_4 c_6 - s_4 c_5 s_6) \qquad (5.25)$$

$$r_{32} = -s_{23}(-c_4 c_5 s_6 - s_4 c_6) + c_{23} s_5 s_6 \qquad (5.26)$$

$$r_{13} = -c_1(c_{23} c_4 s_5 + s_{23} c_5) - s_1 s_4 s_5 \qquad (5.27)$$

132

$$r_{23} = -s_1(c_{23} c_4 s_5 + s_{23} c_5) + c_1 s_4 s_5 \tag{5.28}$$

$$r_{33} = s_{23} c_4 s_5 - c_{23} c_5 \tag{5.29}$$

$$p_x = c_1[a_2 c_2 + a_3 c_{23} - d_4 s_{23}] - d_3 s_1 \tag{5.30}$$

$$p_y = s_1[a_2 c_2 + a_3 c_{23} + d_4 s_{23}] - d_3 c_1 \tag{5.31}$$

$$p_z = -a_3 s_{23} - a_2 s_2 - d_4 c_{23} \tag{5.32}$$

5.1.4　机械臂运动学的应用

1. 可达区间计算和绘制方法

不同关节变量取值可得到不同的机械臂末端位置,根据关节变量的取值范围,机械臂能到达的末端空间位置集合构成机械臂可达空间。只有处于可达空间内的探测目标,才可能展开机械臂进行探测。因此,地面在展开机械臂探测前,首先要判断探测目标点是否处于机械臂的当前可达空间内。对于在可达空间内的情况,则转入计算机械臂目标关节角以及从零位运动到目标角度的运动路径;对于不在当前可达空间范围内的探测目标点,则需要调整科学探测目标或者通过调整巡视器自身的位置姿态来获得新的可达空间,以使探测目标点落入可达空间内。

计算机械臂可达空间可采用蒙特卡罗法。蒙特卡罗法是一种基于"随机数"的计算方法,属于概率统计方法的一种,同时也具有一般数值方法的优越性。求解机械臂的工作空间时,对关节变量通过均匀分布,赋予一定数量的、符合关节变化要求的随机量,从而得到工作空间由随机点构成的图形,称为"云图",即机械臂的可达工作空间。整个计算过程如图 5-8 所示。

以三关节串联型机械臂为例,根据机械臂的关节尺寸和旋转角度,可计算探头的位置,根据角度范围则可得到机械臂的可达区间。机械臂探头的位置计算公式如式 5.8 所示。

三关节串联型机械臂可绕肩部方位关节形成回转体,因此主要看纵切面的形状。图 5-9 是一个剖面的情况。

其中粗线之间的是一个大圆弧,之上或之下的为图中圆的 1/4 圆弧。由于运动过程中的安全性要求,肩部俯仰关节不能与探测目标发生接触,因此可达区间的内层包络基本是以 L_2(第二段连杆)为半径的圆弧。用上述的方法按照蒙特卡罗方法进行一定间隔采样,可得可达区间的顶点,然后将相邻 4 个顶点连接,绘制四边形,从而得到一个封闭的立体,图 5-10 所示外层包络的三维图像。

2. 巡视器期望位置计算

$_E^0 T$ 的齐次变换矩阵描述的是机械臂末端工具坐标系相对于固定在巡视器本体上的基坐标系的转化关系。反之,一旦工具坐标系确定,则可以写出基坐标系相对于工具坐标系的齐次变换矩阵 $_0^E T$:

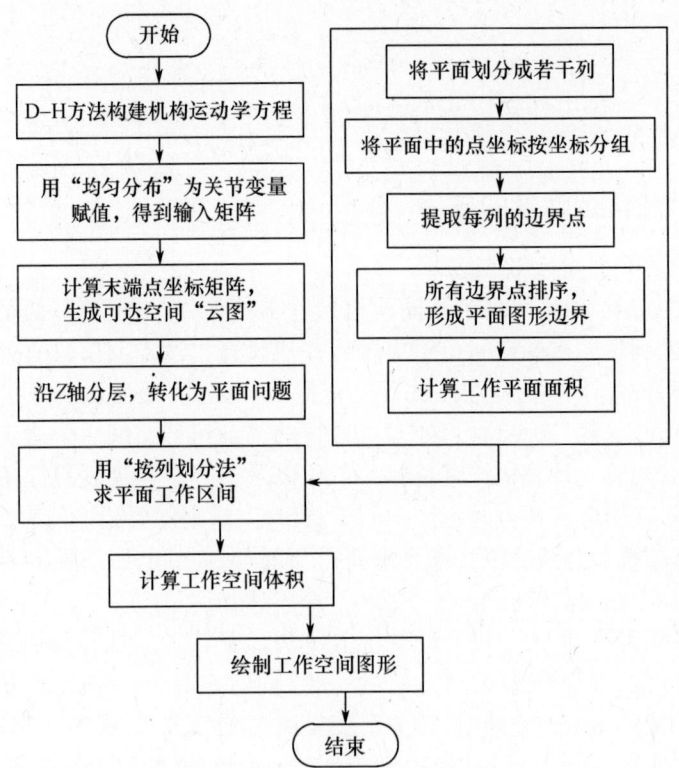

图 5 - 8　机械臂可达空间计算流程

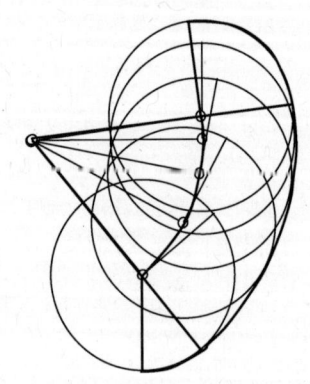

图 5 - 9　三关节串联型机械臂剖面

$$ {}_{0}^{E}\boldsymbol{T} = ({}_{E}^{0}\boldsymbol{T})^{-1} \tag{5.33} $$

　　由于机械臂基坐标系与巡视器本体坐标系之间的相对位置关系固定,进而可得到本体坐标系相对于工具坐标系的齐次变换矩阵。

134

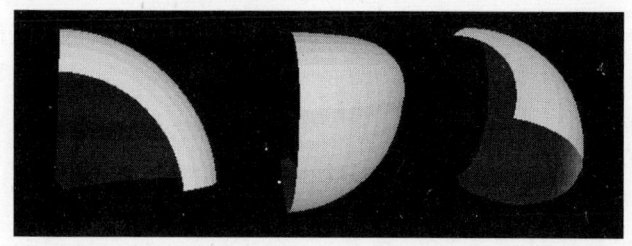

图 5 - 10　三关节串联型机械臂可达空间外层包络

当探测目标不在当前机械臂可达空间内,需要更换科学探测目标或是通过调整巡视器本体位姿来实现该科学探测目标的探测工作。更换科学探测目标的依据是机械臂可达空间,科学家可借由 GUI 在当前机械臂可达空间范围内重新选择科学探测目标;若进行调整巡视器位置姿态继续进行本探测点的科学探测,则首先需根据探测需求(科学探测点位置及探头指向要求等)反算出巡视器本体应处的位置姿态,然后通过移动、原地转向等方式控制巡视器到达指定的位置姿态,继而展开机械臂开展科学探测。由科学探测需求反算巡视器位置姿态的计算过程描述如图 5 - 11 所示。

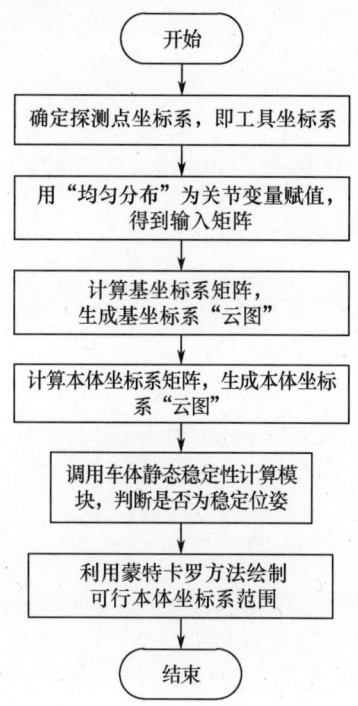

图 5 - 11　车体期望位置计算流程

以上的计算流程对于任意构型的机械臂都适用,其描述的是一个通用计算流程。而对于有具体构型的机械臂,可以利用其构型特点进行一些简化处理,得到更适用于工程应用的计算方法。下面仍以三关节串联型机械臂为例,描述根据科学探测需求反算巡视器本体位置姿态要求的方法。

如果机械臂末端不能到达能对目标进行探测的区域,或者探测角度不合适,并且仍决定对该目标进行探测,则需要调整车位。车体期望位置计算的输入条件是探测目标在车体坐标的位置 $\boldsymbol{P} = [x_t, y_t, z_t]^{\mathrm{T}}$ 和矢量 $\boldsymbol{v} = [v_x, v_y, v_z]^{\mathrm{T}}$。图 5−12所示为调整巡视器车体位置和姿态的计算示意图,其中虚线绘制的车体是车体的期望位置。

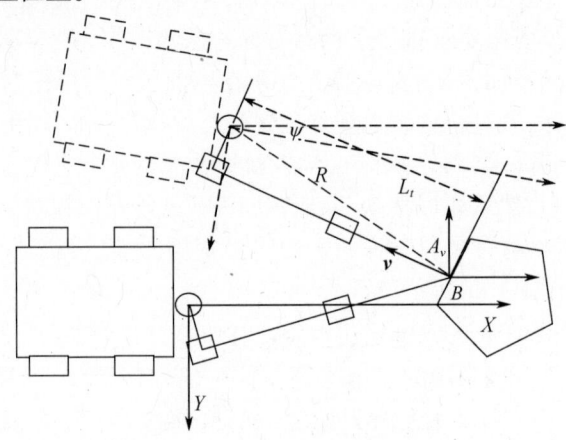

图 5−12　期望位置计算示意图

该计算过程可分步骤描述如下:

(1) 首先根据探测点法线矢量建立探测点坐标系 T,该坐标系的 X 轴为探测点的法线,Y 轴为水平面内垂直于探测点法线的矢量。计算原基座坐标到探测点坐标的旋转矩阵,计算过程为

$$\boldsymbol{x} = \boldsymbol{v} \tag{5.34}$$

$$\boldsymbol{z}_0 = [0 \quad 0 \quad 1]^{\mathrm{T}} \tag{5.35}$$

$$\boldsymbol{y} = \boldsymbol{x} \times \boldsymbol{z}_0 \tag{5.36}$$

$$\boldsymbol{z} = \boldsymbol{x} \times \boldsymbol{y} \tag{5.37}$$

$$\boldsymbol{L}_{bt} = [\boldsymbol{x} \ \boldsymbol{y} \ \boldsymbol{z}] \tag{5.38}$$

这样处理是因为腕部俯仰关节在该坐标系的坐标可直接写出,即 $[L_4, 0, L_3]^{\mathrm{T}}$。

(2) 计算腕部俯仰关节在原基座坐标系中的位置:

$$\boldsymbol{P}_{3t} = [x_3 \ y_3 \ z_3] = \boldsymbol{L}_{bt}[L_4 \ 0 \ L_3]^{\mathrm{T}} + [x_t \ y_t \ z_t]^{\mathrm{T}} \tag{5.39}$$

腕部俯仰关节相对水平面的转角为 $\theta_3' = \arcsin(-v_z)$。肩部俯仰关节的转角用下面的公式计算:

$$\Delta z + L_1 + L_2 \sin\theta_2 = z_3 \tag{5.40}$$

或

$$\theta_2 = \arcsin((z_3 - L_1 - \Delta z)/L_2) \tag{5.41}$$

式中：Δz 为地面高度变化量，根据新车位的 X, Y 坐标计算，需要通过迭代求出，初始值为 0。肩部俯仰关节的转角得到后可得到腕部俯仰关节的转角 θ_3'。

（3）计算探测点与新基座的距离和方位角。由机械臂关节角度计算式(5.42)，得

$$L_t = L_2 \cos A_2 + L_4' \cos(A_3 + \arctan(L_4/L_3)) \tag{5.42}$$

$$R = \sqrt{L_5^2 + L_t^2} \tag{5.43}$$

$$A_v = \arctan(v_y/v_x) + \arctan(L_5/L_t) \tag{5.44}$$

① 计算新基座在原基座中的坐标，即

$$\begin{cases} x_n = x_t + R\cos A_v \\ y_n = y_t + R\sin A_v \\ z_n = \Delta z \end{cases} \tag{5.45}$$

② 计算新车体在原车体坐标系中的位置和姿态。

式(5.45)计算出了新基座原点在原基座中的位置，实际上车体还可绕基座旋转。设新车体相对原车体旋转了角度 ψ，这也是新车体相对原车体的偏航角。已知基座在车体坐标系的位置 $[\begin{matrix} x_0 & y_0 & z_0 \end{matrix}]^T$，则可以用如下公式计算新车体在原车体坐标系中的位置。

$$\boldsymbol{L}_{no} = \boldsymbol{R}_z(\psi) \tag{5.46}$$

$$\begin{bmatrix} x_{n0} \\ y_{n0} \\ z_{n0} \end{bmatrix} = \begin{bmatrix} x_n \\ y_n \\ z_n \end{bmatrix} + L_{n0}^T \begin{bmatrix} -x_0 \\ -y_0 \\ -z_0 \end{bmatrix} + \begin{bmatrix} x_0 \\ y_0 \\ z_0 \end{bmatrix} \tag{5.47}$$

等式右边第二项是新车体原点在新基座中的位置。

5.2　机械臂逆运动学

逆运动学求解，就是给定机械臂末端执行器的位置和姿态，计算所有可到达该位置和姿态的关节角。机械臂逆运动学方程为非线性超越方程，求解较难。求解方法分成两类：封闭解和数值解。由于数值解法的迭代性质，因此它一般比相应的封闭解法的求解速度慢得多。封闭解法指基于解析形式的解法，可进而分为两类：代数法和几何法。在设计操作臂时重要的问题是使封闭解存在。经计算，月面巡视器机械臂封闭解存在，可采用几何法求解。

5.2.1 代数解法

逆运动学求解是已知机械臂末端的位置(或末端位姿),来求出机械臂各关节角 $\theta_1, \theta_2, \cdots, \theta_n$ 的过程,逆运动学求解是一个非线性问题,在机械臂运动分析和轨迹规划等研究方向上占有重要的位置。求解问题通过方程表示如下:

当 ${}_4^0T$ 中的数值已知时,希望通过方程

$$
{}_4^0T = \begin{bmatrix} r_{11} & r_{12} & r_{13} & p_x \\ r_{21} & r_{22} & r_{23} & p_y \\ r_{31} & r_{32} & r_{33} & p_z \\ 0 & 0 & 0 & 1 \end{bmatrix} = {}_1^0T(\theta_1)\,{}_2^1T(\theta_2)\,{}_3^2T(\theta_3)\,{}_4^3T(\theta_4) \quad (5.48)
$$

解出 θ_i。

由于解析解的计算速度快,效率高,便于实时控制,因此在进行反解时,总是力求得到解析解。解析解的求解方法可分为代数法和几何法两类。下面使用代数法求解采样机械臂的逆运动学方程。

$$
\theta_1 = \arctan(r_{23}, -r_{13}) \quad (5.49)
$$

$$
\theta_{234} = \arctan(-r_{32}, -r_{31}) \quad (5.50)
$$

将 p_x 和 p_y 同时平方,然后相加,得

$$
(c_2\,l_2 + c_{23}\,l_4)^2 = p_x^2 + p_y^2 - (l_1 + l_3 + l_5)^2 \quad (5.51)
$$

改写 p_z 等式,得

$$
s_2\,l_2 + s_{23}\,l_4 = l_0 - p_z \quad (5.52)
$$

另外,$k_x = \pm\sqrt{p_x^2 + p_y^2 - (l_1 + l_3 + l_5)^2}$, $k_y = l_0 - p_z$,得

$$
k_x = c_2\,l_2 + c_{23}\,l_4 \quad (5.53)
$$

$$
k_y = s_2\,l_2 + s_{23}\,l_4 \quad (5.54)
$$

将 k_x 和 k_y 同时平方,然后相加,得

$$
k_x^2 + k_y^2 = l_2^2 + l_4^2 + 2l_2\,l_4\,c_3 \quad (5.55)
$$

求解 c_3,得

$$
c_3 = \frac{k_x^2 + k_y^2 - l_2^2 - l_4^2}{2l_2\,l_4} \quad (5.56)
$$

上式有解的条件是右边的值必须在 -1 和 1 之间。这个约束可以用来检查解是否存在。如果约束条件不满足,则机械臂与目标点的距离太远。假设有解,则

$$
s_3 = \pm\sqrt{1 - c_3^2} \quad (5.57)
$$

$$
\theta_3 = \arctan(c_3, s_3) \quad (5.58)
$$

求出了 θ_3,可以根据 k_x 和 k_y 求出 θ_2。将 k_x 和 k_y 写成如下形式:

$$k_x = k_1\, c_2 - k_2\, s_2 \tag{5.59}$$

$$k_y = k_1\, s_2 + k_2\, c_2 \tag{5.60}$$

式中

$$k_1 = l_2 + l_4\, c_3 \tag{5.61}$$

$$k_2 = l_4\, s_3 \tag{5.62}$$

进行变量代换,令

$$r = \sqrt{{k_1}^2 + k_2^2} \tag{5.63}$$

$$\gamma = \arctan(k_2, k_1) \tag{5.64}$$

则

$$k_1 = r\, \cos\gamma \tag{5.65}$$

$$k_2 = r\, \sin\gamma \tag{5.66}$$

k_x 和 k_y 的式子可以写成

$$\frac{k_x}{r} = \cos\gamma\, \cos\theta_2 - \sin\gamma\, \sin\theta_2 \tag{5.67}$$

$$\frac{k_y}{r} = \cos\gamma\, \sin\theta_2 + \sin\gamma\, \cos\theta_2 \tag{5.68}$$

因此,有

$$\cos(\gamma + \theta_2) = \frac{k_x}{r} \tag{5.69}$$

$$\sin(\gamma + \theta_2) = \frac{k_y}{r} \tag{5.70}$$

得

$$\gamma + \theta_2 = \arctan(k_y, k_x) \tag{5.71}$$

从而

$$\theta_2 = \arctan(k_y, k_x) - \arctan(k_2, k_1) \tag{5.72}$$

由于 θ_2、θ_3 已知,从而可以求出 θ_4。

5.2.2　几何解法

1. 关节 1 求解

将位置向量 $\boldsymbol{p}$ 投影到 $x_0 - y_0$ 平面,如图 5 - 13 所示,即

$$\theta_1^{\mathrm{L}} = \varphi - \alpha, \theta_1^{\mathrm{R}} = \varphi + \alpha - \pi \tag{5.73}$$

其中 φ、α 有以下公式,即

$$r = \sqrt{p_x^2 + p_y^2 - L_5^2}, R = \sqrt{p_x^2 + p_y^2} \tag{5.74}$$

$$\sin\varphi = \frac{p_y}{R}, \cos\varphi = \frac{p_x}{R} \tag{5.75}$$

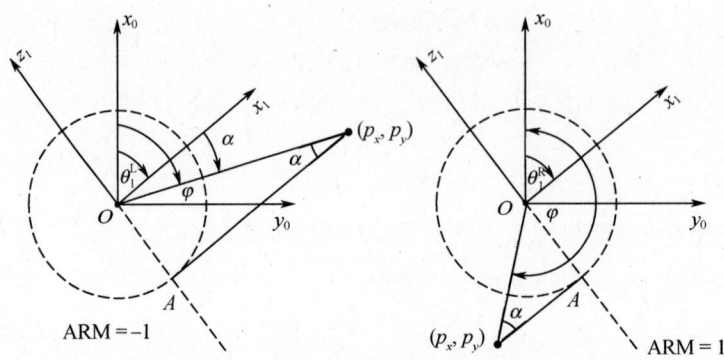

图 5-13　关节 1 求解

$$\sin\alpha = \frac{L_5}{R}, \cos\alpha = \frac{r}{R} \tag{5.76}$$

式中：上标 L/R 为 LEFT/RIGHT 的构型。

根据式(5.57)~式(5.60)可得到关节角 θ_1 的正余弦函数值，即

$$\sin\theta_1^L = \sin(\varphi - \alpha) = \sin\varphi\cos\alpha - \cos\varphi\,\sin\alpha = \frac{p_y r - p_x L_5}{R^2} \tag{5.77}$$

$$\cos\theta_1^L = \cos(\varphi - \alpha) = \cos\varphi\cos\alpha + \sin\varphi\sin\alpha = \frac{p_x r - p_y L_5}{R^2} \tag{5.78}$$

$$\sin\theta_1^R = \sin(\varphi + \alpha - \pi) = \frac{-p_y r - p_x L_5}{R^2} \tag{5.79}$$

$$\cos\theta_1^R = \cos(\varphi + \alpha - \pi) = \frac{-p_x r + p_y L_5}{R^2} \tag{5.80}$$

结合式(5.61)~式(5.64)，可得到第一个关节角 θ_1 的正余弦函数值，即

$$\sin\theta_1 = \frac{-\text{ARM} \cdot p_y \cdot \sqrt{p_x^2 + p_y^2 - L_5^2} - p_x L_5}{p_x^2 + p_y^2} \tag{5.81}$$

$$\cos\theta_1 = \frac{-\text{ARM} \cdot p_x \cdot \sqrt{p_x^2 + p_y^2 - L_5^2} - p_y L_5}{p_x^2 + p_y^2} \tag{5.82}$$

采用四象限二幅角反正切函数计算 θ_1，即

$$\theta_1 = \arctan2\left[\frac{\sin\theta_1}{\cos\theta_1}\right] = \arctan2\left[\frac{-\text{ARM} \cdot p_y \cdot \sqrt{p_x^2 + p_y^2 - L_5^2} - p_x L_5}{-\text{ARM} \cdot p_x \cdot \sqrt{p_x^2 + p_y^2 - L_5^2} - p_y L_5}\right] \tag{5.83}$$

四象限二幅角反正切函数定义为

$$\theta = \arctan2\left[\frac{y}{x}\right] = \begin{cases} 0° \leqslant \theta \leqslant 90° & (x \geqslant 0 \text{ 且 } y \geqslant 0) \\ 90° \leqslant \theta \leqslant 180° & (x \leqslant 0 \text{ 且 } y \geqslant 0) \\ -180° \leqslant \theta \leqslant -90° & (x \leqslant 0 \text{ 且 } y \leqslant 0) \\ -90° \leqslant \theta \leqslant 0° & (x \geqslant 0 \text{ 且 } y \leqslant 0) \end{cases} \qquad (5.84)$$

2. 关节 2 求解

将位置向量 $\boldsymbol{p}$ 投影到 $x_1 - y_1$ 平面,有 4 种构型,如图 5-14 所示。

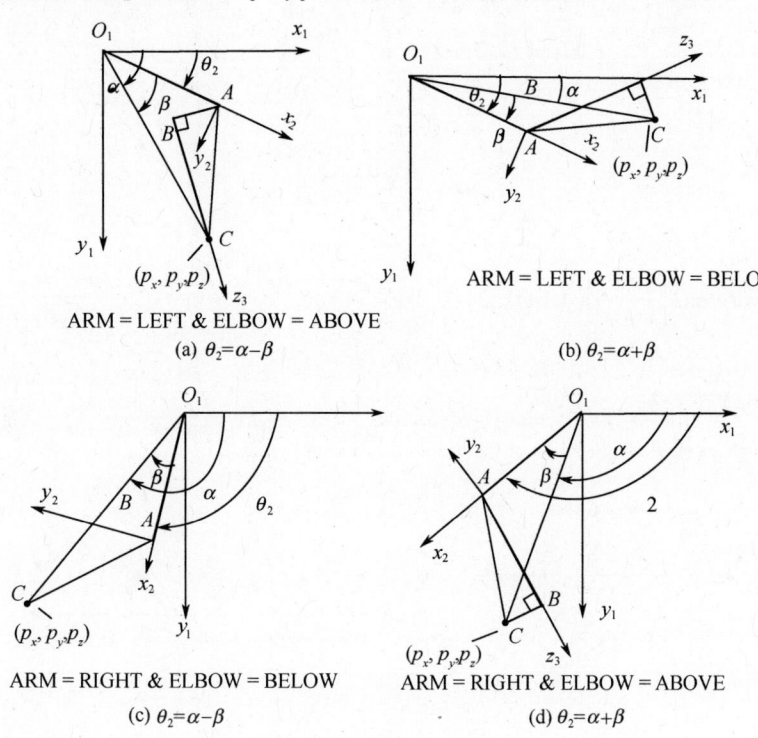

图 5-14　关节 2 求解

每种构型下 θ_2 的求解公式如表 5-3 所列。

表 5-3　关节 2 的四种构型

构型	θ_2	ARM	ELBOW	ARM * ELBOW
左,上	$\alpha - \beta$	-1	+1	-1
左,下	$\alpha + \beta$	-1	-1	+1
右,上	$\alpha + \beta$	+1	+1	+1
右,下	$\alpha - \beta$	+1	-1	-1

综合以上可得到 θ_2 的统一表达式为

$$\theta_2 = \alpha + (\text{ARM} \cdot \text{ELBOW}) \cdot \beta \qquad (5.85)$$

从图中几何关系计算 α、β 的正余弦,即

$$r = \sqrt{p_x^2 + p_y^2 - L_5^2}\,; R = \sqrt{p_x^2 + p_y^2 + p_z^2 - L_5^2} \qquad (5.86)$$

$$\sin\alpha = \frac{p_z}{R} = \frac{p_z}{\sqrt{p_x^2 + p_y^2 + p_z^2 - L_5^2}} \qquad (5.87)$$

$$\cos\alpha = -\frac{\mathrm{ARM} \cdot r}{R} = -\frac{\mathrm{ARM} \cdot \sqrt{p_x^2 + p_y^2 - L_5^2}}{\sqrt{p_x^2 + p_y^2 + p_z^2 - L_5^2}} \qquad (5.88)$$

图中 $|O_1 A| = L_2$,$|AB| = L_3$,$|BC| = L_4$,有

$$\cos\beta = \frac{L_2^2 + R^2 - (L_3^2 + L_4^2)}{2L_2 \cdot R} = \frac{L_2^2 + p_x^2 + p_y^2 + p_z^2 - L_5^2 - (L_3^2 + L_4^2)}{2L_2 \cdot \sqrt{p_x^2 + p_y^2 + p_z^2 - L_5^2}} \qquad (5.89)$$

$$\sin\beta = \sqrt{1 - \cos^2\beta} \qquad (5.90)$$

则 θ_2 的计算式为

$$\theta_2 = \arctan2\left[\frac{\sin\theta_2}{\cos\theta_2}\right] = \arctan2\left[\frac{\sin\alpha \cos\beta + (\mathrm{ARM} \cdot \mathrm{ELBOW}) \cos\alpha \sin\beta}{\cos\alpha \sin\beta - (\mathrm{ARM} \cdot \mathrm{ELBOW}) \sin\alpha\sin\beta}\right]$$
$$(-10° \leqslant \theta_2 \leqslant 90°) \qquad (5.91)$$

3. 关节 3 求解

将位置向量 $\boldsymbol{p}$ 投影到 $x_2 - y_2$ 平面,如图 5 - 15 所示。

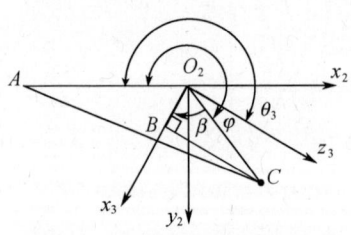
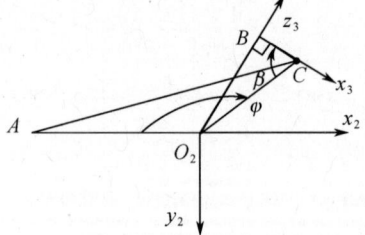

ARM = LEFT & ELBOW = ABOVE   ARM = LEFT & ELBOW = BELOW
ARM = RIGHT & ELBOW = BELOW   ARM = RIGHT & ELBOW = ABOVE

(a) $\theta_3 = \varphi + \beta - \dfrac{\pi}{2}$ (b) $\theta_3 = \varphi + \beta - \dfrac{\pi}{2}$

图 5 - 15　关节 3 求解

根据图中的几何关系,得到关节角 3 的表达式为

$$\theta_3 = \varphi + \beta - \frac{\pi}{2} \qquad (5.92)$$

φ、β 的正余弦为

$$\cos\varphi = \frac{L_2^2 + (L_3^2 + L_4^2) - (p_x^2 + p_y^2 + p_z^2 - L_5^2)}{2L_2 \cdot \sqrt{L_3^2 + L_4^2}} \qquad (5.93)$$

$$\sin\varphi = \mathrm{ARM} \cdot \mathrm{ELBOW} \sqrt{1 - \cos^2\varphi} \qquad (5.94)$$

$$\cos\beta = \frac{L_3}{\sqrt{L_3^2 + L_4^2}} \qquad (5.95)$$

$$\sin\beta = \frac{L_4}{\sqrt{L_3^2 + L_4^2}} \qquad (5.96)$$

因而有

$$\sin\theta_3 = \sin\varphi\sin\beta - \cos\varphi\cos\beta \qquad (5.97)$$
$$\cos\theta_3 = \sin\varphi\cos\beta + \cos\varphi \sin\beta \qquad (5.98)$$

利用四象限二幅角反正切公式求出关节角 3,即

$$\theta_3 = \arctan2(\sin\theta_3, \cos\theta_3) \qquad (5.99)$$

至此,给定探测目标在巡视器本体坐标系中的笛卡儿坐标,可求解出满足末端位置在此指定位置的机械臂构型集合。

5.3　轨迹规划与生成

轨迹指的是机械臂每个自由度的位置、速度和加速度随时间变化的过程。机械臂路径规划和轨迹规划最大的区别是路径规划时不关心时间,而轨迹规划和时间紧密相关。

空间作业的机械臂控制采用三层规划结构,其中,避障路径规划由地面系统完成,轨迹规划由机械臂的控制器完成,机械臂控制器接收地面的避障路径规划结果,生成从开始点到目标点的一条连续运动轨迹,提供给底层控制器进行跟踪,这就是机械臂的轨迹规划和生成。底层控制器对轨迹进行跟踪,最终实现机械臂满足任务需求的运动过程。

虽然机械臂的轨迹规划与生成由机械臂控制器在轨实现,但地面遥操作路径规划系统需要对生成的避障路径进行验证,因此在系统中需要具备根据路径规划结果进行轨迹规划的功能,通过机械臂数字仿真模型执行轨迹规划结果实现对路径规划结果的验证。

轨迹规划既可在关节空间对所有关节角变量进行规划,也可在笛卡儿空间对末端执行器的位姿进行规划[5,6]。关节空间规划需要描述每个关节变量与时间的关系,并规划其二阶导数,计算量小,便于实时规划,不会发生机构奇异问题;笛卡儿空间进行轨迹规划是将末端执行器位姿、速度和加速度信息表示成与时间有关的函数,通过逆运动学获得关节位移信息,逆雅可比矩阵获得速度信息等,优点是控制效果更直观,但由于要频繁进行关节空间和任务空间的信息转换,计算量巨大,特别是冗余自由度机械臂的运动学存在多解时,规划复杂度增加。

空间机械臂的地面注入数据内容既可以是关节空间表示的起始点和目标点,也可以是笛卡儿空间的起始点和目标点,对应地,机械臂控制器也能够在两

种空间中进行轨迹规划与生成。由 Richard Paul 在 1979 年提出的轨迹规划方法,称为 Paul 规划方法,能设计出一条位置、速度和加速度的运动轨迹,且可以应用在两种空间的轨迹规划上,是当前应用最广泛的轨迹规划方法之一。空间飞行器搭载的机械臂的轨迹规划即采用了此种方法。

5.3.1 关节空间规划

虽然地面路径规划结果确定了机械臂运动的路径点,但没有说明机械臂是如何从一个位置移动到另一个位置的。有很多种将机械臂从一个位置移动到下一个位置的方法,但是每种方法都必须保证位置和速度的连续性。为了防止振动和跃动,要求在机械臂运动的任何时刻都保证其加速度的连续性。

在任意两点 i 和 $i+1$ 之间的运动是从 T_i 到 T_{i+1} 的运动。基于从一个位置移动到另一个位置的时间 T_i,可将线坐标、角坐标或关节坐标作为时间函数而绘制出来。所绘制的一个典型坐标如图 5-16(a),显示了机械臂在各中间点上进行停留。当不需要在每一个中间点停留时,可以用图 5-16(b)所示的分段直线近似法来代替这一轨迹。但是在控制时不能使用这样的轨迹,这是因为在所有路径给定点上,速度和加速度两者都是不连续的。

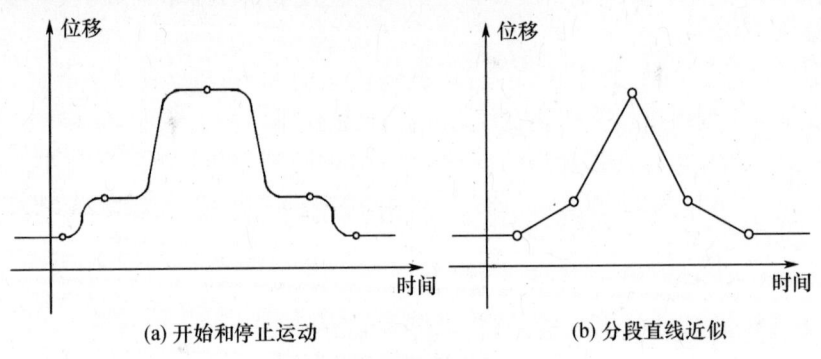

(a) 开始和停止运动   (b) 分段直线近似

图 5-16　轨迹示意图

为了保证从当前轨迹转入下一轨迹段时位置、速度和加速度的连续性,需要对图 5-16 中的折线进行过渡处理,可以通过多项式产生过渡轨迹,实现各直线段之间速度和加速度的连续。定义过渡轨迹的位置为时间的函数 $f(t)$。

如果选择 $f(t)$ 为多项式,因为有 6 个边界条件(过渡区段两端点的位置、速度和加速度),所以 $f(t)$ 应为一个 5 阶多项式,为了保证加速度的连续性,过渡区分为加速和减速段,具有对称性,因此一个 4 阶多项式就能满足要求,即

$$q = a_4 t^4 + a_3 t^3 + a_2 t^2 + a_1 t + a_0 \tag{5.100}$$

式中:q 为广义的位置或关节的角度位移。

$f(t)$ 为时间函数,其时间域为 $-t_{acc} < t < t_{acc}$,t_{acc} 为过渡区段为保证加速度连

续进行加速或减速所需要的时间。

　　为了估计通过轨迹线段的时间,允许在 t_{acc} 内将机械臂从静止加速到地面指定的最大速度,因此在两段路径间的过渡区段中,有 $2t_{acc}$ 过渡时间,允许从负的最大速度加速至正的最大速度。

　　如图 5 – 17 所示,机械臂通过 A 点运动至 B 点,时间为 t_{acc},正好是过渡开始通往 C 点的新路径线段的开始。通过求导并使用边界条件,得到下列确定过渡区域的位置 q,速度 $\dot{q}$ 和加速度 $\ddot{q}$ 的函数:

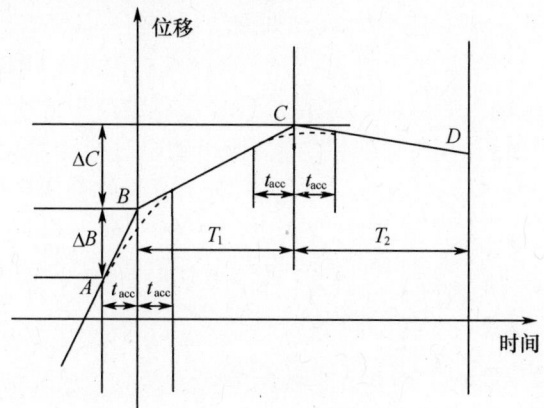

图 5 – 17　轨迹过渡示意图

$$q = \left[\left(\Delta C \frac{t_{acc}}{T_1} + \Delta B \right)(2 - h)h^2 - 2\Delta B \right] h + B + \Delta B \tag{5.101}$$

$$\dot{q} = \left[\left(\Delta C \frac{t_{acc}}{T_1} + \Delta B \right)(1.5 - h)2h^2 - \Delta B \right] \frac{1}{t_{acc}} \tag{5.102}$$

$$\ddot{q} = \left(\Delta C \frac{t_{acc}}{T_1} + \Delta B \right)(1 - h)\frac{3h}{t_{acc}^2} \tag{5.103}$$

式中

$$\Delta C = C - B \tag{5.104}$$

$$\Delta B = A - B \tag{5.105}$$

$$h = \frac{t + t_{acc}}{2t_{acc}} \tag{5.106}$$

　　在 $t = t_{acc}$ 完成过渡以后,各点的参数如下:

$$q = \Delta C h + B \tag{5.107}$$

$$\dot{q} = \frac{\Delta C}{T_1} \tag{5.108}$$

$$\ddot{q} = 0 \tag{5.109}$$

$$h = \frac{t}{T_1} \tag{5.110}$$

基于一个固定的加速时间 t_{acc}，可以求得一条对于整个机械臂能够执行的协调轨迹。它不需要一次规划整个运动，而仅需要留意前面一个位置。一旦过渡开始（点 A）就可以开始去计算点 C 至点 D 的运动。

空间机械臂地面避障路径规划结果有两种形式：第一种是判断两点间安全无障碍情况下，直接给出起始点和目标点，要求机械臂从起始点由静止开始运动到目标点停止；第二种是进行避障路径规划后，输出包含起始点，为避开障碍物产生的一些中间点，以及目标点的集合。

下面分析两种输入情况下，Paul 规划方法是如何生成轨迹。

第一种情况规划的轨迹如图 5-18 所示。在起始点 S 开始运动时，轨迹首先进入一个过渡区域，速度由 0 逐渐增加到 v（根据地面指定的运动时间 T 和 t_{acc} 计算，或者直接由地面指定）；之后保持匀速运动至目标点 G 之前的某一位置；最后进入一个过渡区域，速度由 v 逐渐减小到 0，并最终到达目标点。

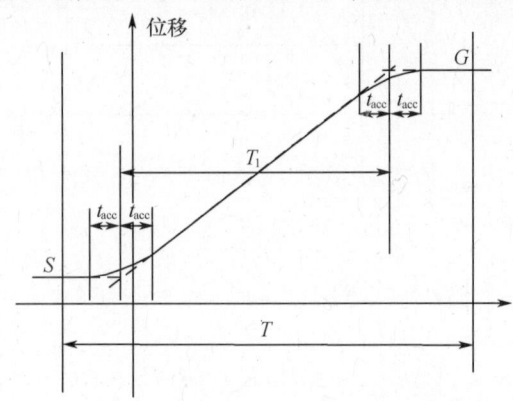

图 5-18　轨迹过渡示意图——情况 1

第二种情况下规划的轨迹如图 5-19 所示，又可以分为 3 种情况讨论：

（1）要求中间点 M 速度为 0：可将 M 当作新的目标点，轨迹规划分为从 S 点到 M 点和从 M 点到 G 点两段，每段都可以按照第一种情况处理。

（2）指定通过中间点 M 的时刻 t_M：在 S 点开始的过渡区域内加速至保证 t_M 时能到达 M 所需的速度 v_M，匀速的运动至 M，并持续一段时间，之后经由过渡区域调整速度，最后到达目标点 G。

（3）对中间点 M 无约束：与情况 2 类似，不同的是在第一次过渡区域内将速度由 0 加速到允许的最大速度 v_{max}，以求最短时间内到达 M，并缩短整个轨迹的时间。

在以上描述的第（2）、（3）种情况中，如果要求机械臂必须确切通过 M 点，则在 M 点后还需滑行一段距离后才转入向目标点 G 运动的轨迹中。由于从 S 点经由 M 点到达 G 点的路径是在地面经过碰撞检测的，因此出于安全性的考

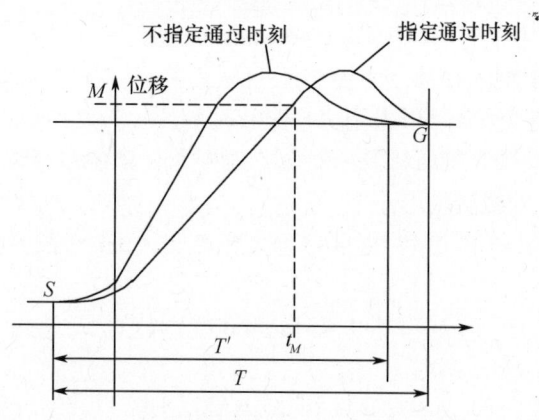

图 5 – 19　轨迹过渡示意图——情况 2

虑,可选择从 S 点运动到 M 点附近后直接转向 G 点运动的轨迹,这类轨迹不会精确经过 M 点,而只在 M 点附近。在工程使用上,这样的轨迹更为安全实用。

5.3.2　笛卡儿空间规划

如果地面上行注入的路径参数以关节角度表示,则机械臂控制器可以直接按照上面的公式生成满足条件的轨迹。

在关节空间计算出的路径,机械臂在执行时末端路径不是直线。而且,其路径的复杂程度取决于机械臂特定的动力学特性。采用笛卡儿位姿关于时间的函数描述路径和轨迹可以确定路径点之间空间轨迹形状。最常见的轨迹形状是直线。像在关节坐标中运动一样,轨迹区段是在用齐次变换表达式描述的两个位姿之间定义的。笛卡儿坐标运动和关节坐标运动两者之间不同的是,前者的运动对笛卡儿坐标(直线)来说是自然的,而后者的运动在关节坐标中是线性的。与关节运动相比较,笛卡儿运动的优点在于轨迹区段端点之间的运动能够妥善地确定,因此特别适用于最初和最终的轨迹区段。

笛卡儿运动也有许多缺点:一是对机械臂一组轨迹点必须连续计算转换为关节坐标。对于关节坐标中的运动,它仅需要在两个区段端点的关节坐标间进行插值。关节运动为笛卡儿运动所需计算量的 1% 。二是每当机械臂退化时笛卡儿运动会出现故障。关节速率在笛卡儿运动中是不受控制的,在机械臂运动出现退化时,关节速率变成无限大。此外,在笛卡儿运动中,一段轨迹在执行之前,是不可能预计是否将含有过大的关节速率。这是因为笛卡儿速度和加速度与极限关节速度和加速度之间有着取决于机械臂位形的复杂关系,所以运动时间和加速度是难以估计的。

1. 两个位姿之间的运动

借助于空间的一个直线移动和一个绕固定轴的转动能够产生一个使线速度

和角速度受控的运动,可以很简单地实现两个位姿之间的变换,直线移动产生位置的变化,绕固定轴的转动产生姿态的变化。由于机械臂运动通常都以转动关节终结,为了描述问题,可以采用由一个移动和两个转动组成的系统来描述轨迹运动:第一个转动用来使机械臂末端工具对准所要求的最终方向;第二个转动用来控制工具绕其轴线转动。

从点 P_1 到点 P_2 的运动,可以用一个传动变换 $D(r)$ 表示,$D(r)$ 是相对运动 r 的函数。

$$D(r) = T(r)\mathrm{Ra}(r)\mathrm{Ro}(r) \tag{5.111}$$

式中

$$T(r) = \begin{bmatrix} 1 & 0 & 0 & rx \\ 0 & 1 & 0 & ry \\ 0 & 0 & 1 & rz \\ 0 & 0 & 0 & 1 \end{bmatrix} \tag{5.112}$$

式中:x, y, z 为由 P_1 点至 P_2 点的移动分量。

$\mathrm{Ra}(r)$ 为从 P_1 点的工具指向绕向量 $\boldsymbol{k}$ 转动 θ 角转向 P_2 点的工具指向的运动,向量 $\boldsymbol{k}$ 通过将 P_1 的 y 轴绕 z 轴转过 φ 角得到。

$$\mathrm{Ra}(r) = \begin{bmatrix} s\varphi^2(1-cr\theta)+cr\theta & -s\varphi c\varphi(1-cr\theta) & c\varphi sr\theta & 0 \\ -s\varphi c\varphi(1-cr\theta) & c\varphi^2(1-cr\theta)+cr\theta & s\varphi sr\theta & 0 \\ -c\varphi sr\theta & -s\varphi sr\theta & cr\theta & 0 \\ 0 & 0 & 0 & 1 \end{bmatrix} \tag{5.113}$$

$\mathrm{Ro}(r)$ 表示绕工具指向转动 ψ 角。

$$\mathrm{Ro}(r) = \begin{bmatrix} cr\psi & -sr\psi & 0 & 0 \\ sr\psi & cr\psi & 0 & 0 \\ 0 & 0 & 1 & 0 \\ 0 & 0 & 0 & 1 \end{bmatrix} \tag{5.114}$$

在运动开始时 $r=0$,运动结束时 $r=1$,则

$$D(0) = \boldsymbol{I} \tag{5.115}$$

$$D(1) = T(1)\mathrm{Ra}(1)\mathrm{Ro}(1) \tag{5.116}$$

笛卡儿空间下的移动变换 T 的 x、y、z 很容易得到,因此可以通过下面的公式求解 θ、φ、ψ 的值。

$$D(1)\mathrm{Ra}^{-1}(1)\mathrm{Ro}^{-1}(1) = T(1) \tag{5.117}$$

2. 路径区段之间的过渡

笛卡尔空间轨迹区段之间的过渡,所采用的方法与在关节空间下的轨迹过渡所采用的方法相似。

如图 5-20 所示,从点 A 通过点 B 至点 C 的运动,两组传动量可以通过同

一个坐标系{B}来表示,假设两组传动变换中用 θ 描述的第一个转动都是绕相同的轴,即 φ 相同,这时候广义坐标系下的 q 可以变为 rx、ry、rz、$r\theta$ 和 $r\psi$。ΔC 用 x_C、y_C、z_C、θ_C 和 ψ_C 直接给出,ΔB 则用 x_A、y_A、z_A、θ_A 和 ψ_A 给出,运动通过零点,B 等于零。传动变换的 rx 坐标可确定为

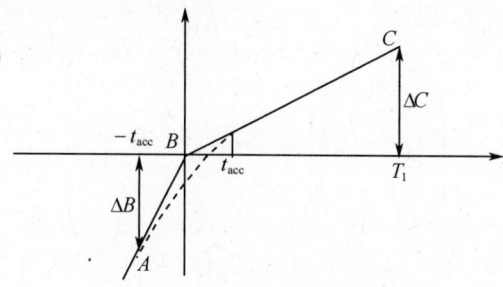

图 5 – 20　笛卡儿轨迹过渡示意图

$$rx = \left[\left(\Delta C \frac{t_{\text{acc}}}{T_1} + \Delta B \right)(2-h)h^2 - 2\Delta B \right]h + \Delta B \tag{5.118}$$

$$r\dot{x} = \left[\left(\Delta C \frac{t_{\text{acc}}}{T_1} + \Delta B \right)(1.5-h)2h^2 - \Delta B \right]\frac{1}{t_{\text{acc}}} \tag{5.119}$$

$$r\ddot{x} = \left(\Delta C \frac{t_{\text{acc}}}{T_1} + \Delta B \right)(1-h)\frac{3h}{t_{\text{acc}}^2} \tag{5.120}$$

式中

$$h = \frac{t + t_{\text{acc}}}{2t_{\text{acc}}} \tag{5.121}$$

过渡时间在 $t = t_{\text{acc}}$ 后设定点如下:

$$rx = \Delta Ch \tag{5.122}$$

$$r\dot{x} = \frac{\Delta C}{T_1} \tag{5.123}$$

$$r\ddot{x} = 0 \tag{5.124}$$

$$h = \frac{t}{T_1} \tag{5.125}$$

前面假设了 φ 是相同的,如果 φ 不同,在过渡期就必须将 φ 从 φ_A 变换到 φ_B,可以认为其变化是线性的,即

$$\varphi = (\varphi_C - \varphi_A)h + \varphi_A \tag{5.126}$$

$$h = \frac{t + t_{\text{acc}}}{2t_{\text{acc}}} \tag{5.127}$$

从本章介绍的机械臂轨迹规划算法来看,对地面进行避障路径规划的输出结果有如下的要求:

（1）地面的避障路径规划，可以在关节空间（构型空间）和笛卡儿空间两种空间内进行，并可以上行注入两种空间表示下的路径点。

（2）除路径起始点和结束点外的中间点，允许指定通过时间或通过时速度等约束条件，也可以不指定。

（3）以笛卡儿坐标表示时，可以仅注入点的三维坐标位置，姿态由机械臂控制器根据一定规则产生。

5.4 无碰撞路径规划

在巡视器不进行科学探测时，通常将机械臂收拢在巡视器本体附近，这个位置一般为机械臂工作的零位状态。这样可以减少巡视器在月面移动过程中与周围环境发生干涉的可能性，提高巡视器月面移动的安全性。当需要进行科学探测时，不但需按照 5.3 节的方法计算各关节角度的期望值，还要对机械臂从零位状态运动到各关节角目标值的运动轨迹进行规划，其目的在于避免机械臂在运动过程中发生与巡视器自身和周围物体发生碰撞，从而损坏科学载荷造成损失。

当空间机械臂在自由空间，调用轨迹规划算法就可以沿着规划的笛卡儿空间路径运动。而当空间机械臂的运动受到一些设备的阻碍，如试验载荷等，就期望机械臂能够绕过障碍物运动。

一般情况，空间机械臂自由度较多，导致问题求解的构型空间维数相当高，传统的路径规划算法（如 A^* 算法）面临"指数爆炸"问题，很难在规定的规划时间内返回一个无碰撞的解。而基于采样的规划方法能够有效解决上述问题，同时保证概率完备性。空间机械臂在轨运行过程中，周围环境信息变化很少，因此本章节只介绍机械臂避障路径规划是环境信息已知的离线规划。

5.4.1 问题描述

机械臂的一个基本问题是将机械臂从初始位置移动到某个最终期望位置——也就是将工具坐标系从当前值 $\{T\_initial\}$ 移动到最终期望值 $\{T\_final\}$。在大多数情况下，将机械臂的运动看作是工具坐标系 $\{T\}$ 相对于工作台坐标系 $\{S\}$ 的运动。一般而言，运动包括工具相对于工作台的姿态变化和位置变化。

需要指定运动的更多细节而不只是简单地指定最终的期望位形。一种方法是在路径描述中给出一系列的期望中间点（位于初始位置到最终期望位置之间的过渡点）。因此，为了完成这个运动，工具坐标系必须经过中间点所描述的一系列过渡位置和姿态。每个中间点实际上都是确定工具相对于工作台的位置与姿态的坐标系。路径点这个术语包括了所有的中间点以及初始点和最终点。

可以使用很多方法来指定和规划路径。任何通过中间点的光滑函数都可以用来指定精确的路径。每个路径点通常是用工具坐标系 $\{T\}$ 相对于工作台坐标系 $\{S\}$ 的期望位姿来确定的。应用逆运动学理论，将中间点转换成一组期望的关节角。这样，就得到了经过各中间点并终止于目标点的 n 个关节的光滑函数。对于每个关节而言，由于各路径段所需要的时间是相同的，因此所有关节将同时到达各中间点，从而得到 $\{T\}$ 在每个中间点上期望的笛卡儿位置。尽管对每个关节指定了相同的时间间隔，但对于某个特定的关节而言，其期望的关节角函数与其他关节函数无关。

如果能简单地把机械臂的期望目标点告诉机器人系统，让系统自行决定所需中间点的位置和数量，以使机械臂到达目标且不碰到任何障碍，这将是非常方便的。然而，由于目前发展水平的限制，这部分工作仍旧无法由机器人系统实现，是月面巡视器遥操作的一个重要内容。解决这个问题，需要有机械臂的模型、工作区域以及在区域内所有潜在的障碍。地面通过巡视器上相机采集并下传的月面图像恢复地形，依据巡视器机械臂模型计算期望目标点，并使用碰撞检测算法设计无碰撞路径。

无碰撞路径规划系统研究形成了两个主要的相互竞争的技术以及若干变形和综合技术。第一种解决问题的方法是做出一个描述无碰撞空间的连接图，然后在该图中搜索无碰撞路径。然而，这些技术的复杂性随着机械臂的关节数量增加而按指数幅度增加。第二种方法是在障碍的周围设置人工势场，使机械臂向目标点处的人工引力场运动时避免碰上障碍。然而，这些方法通常只考虑了局部环境，因而会在人工势场区域的某个局部极小区域"卡"住。

对于具有特定结构的机械臂，可以利用关节结构特性设计一些预制的自主避障算法，虽然算法无法保证完备性，但其简单易用的特点仍旧可以在工程上得到很好的应用。下面给出了三关节串联型机械臂的自主避障算法。

5.4.2　基于随机采样的路径规划

传统的避障规划方法依赖于障碍物在构形空间的精确建模。随着机械臂自由度的增加和环境复杂度的增强，计算量大大增加，规划效率低。实际应用中，由传统路径规划方法设计的规划器，最多只能应用于五自由度的机器人。因此，传统的避障规划方法难以应用于空间机械臂的避障路径规划[7,8]。

基于采样的避障路径规划方法，通过碰撞检测模块提供采样点的可行性信息，连接一系列从自由空间采样的点，构建一张可行轨迹的图，从这张图中搜索起始点到目标点的可行路径。基于采样的避障规划方法不需要在构形空间中对障碍物进行精确建模,因而大大减小了计算量。快速扩展随机树(RRT)及其改进方法是基于采样的避障规划方法中广泛使用的方法。

基本版本的 RRT 算法的伪代码如图 5-21 所示。Extend 函数有 3 个返回值,"Advanced"表示扩展成功,但未到达目标构形;"Trapped"表示发生碰撞,没有扩展成功;"Reached"表示扩展成功,到达目标构形。首先用初始构形 x_{init} 初始化图 G 的节点集 V,边的集 E 为空集。RRT Planner 每次循环中,在自由空间中随机采样一个点 x_{rand},然后执行 Extend 函数:寻找 x_{rand} 的最近节点 $x_{nearest}$,并连接 $x_{nearest}$ 和 x_{rand} 得到点 x_{new}。如果 $x_{nearest}$ 和 x_{new} 连线的任意点与障碍物没有碰撞,则将新产生的点 x_{new} 和边 $(x_{nearest}, x_{new})$ 添加到图 $G(V,E)$ 中,并判断点 x_{new} 是否落在目标区域中,如果 x_{new} 落在目标区域中,则说明到达目标构形 x_{goal},停止循环,返回图 $G(V,E)$;如果没有落在目标区域,则继续循环,直到 x_{new} 落在目标区域或达到循环次数的上限。

Extend($G(V,E), x_{rand}$)

1 $x_{neavest} \leftarrow$ Nearest $(G(V,E), x_{rand})$;

2 $x_{nters} \leftarrow$ Steer$(x_{neavest}, x_{rand})$

3 **if** ObstacleFree$(x_{neavest}, x_{rand})$**then**

4 $\quad V \leftarrow V \cup \{x_{new}\}; E \leftarrow E \cup \{(x_{neavest}, x_{rand})\};$**return** Advanced;

5 $\quad$**if** $\|x_{new} - x_{goal}\| < r$ **then return** Reached;

6 **else return** Trapped;

RRT Planner

1 $V \leftarrow \{x_{init}\}; E \leftarrow \varnothing; x_{goal}; r \in R_{>0}$

2 **for** $i=1, \cdots, N$ **do**

3 $\quad x_{rand} \leftarrow$ SampleFree$_i$;

4 $\quad$**if** Extend$(G(V,E), x_{rand})=$Reached **then** break;

5 **return** $G=(V,E)$

图 5-21　基本的 RRT 算法

RRT 算法具有一些很好的性质:①RRT 在扩展过程中,倾向于扩展(探索)未知的空间;②该算法具有概率完备性,即随着迭代次数的增加,越来越多的未知空间被探索,当迭代次数趋于无穷大,所有的空间都能被探索,也就能保证目标构形一定能到达;③节点的分布与采样点的分布状况一致;④由于不用对障碍物进行精确建模,只用获得是否碰撞的信息,RRT 算法的避障规划效率高。RRT 算法具有的这些优点,得到了学者们的广泛关注。在对它的研究过程中,陆续发现了它的缺点,并不断进行改进,演变出了很多改进的 RRT 算法。

5.4.3　碰撞检测

基于随机采样的避障规划方法,不需要对环境模型在构形空间建模,因此可以减小计算量和建模难度。但是基于随机采样的避障规划算法,依赖于碰撞检测模块反馈机械臂与障碍物的碰撞信息。从基于 RRT 的算法也可以看出,每向树中添加一个新的节点,至少需要执行一次碰撞检测。碰撞检测模块的完整性和时效性决定着基于随机采样的避障算法的可行性和效率。

碰撞检测算法可以分为两类:静态干涉检测算法和动态碰撞检测算法[9-11]。静态干涉检测算法用于检测处于静止状态的物体之间是否发生干涉。这类算法对实时性要求不高,但要求有较高检测精度。动态碰撞检测算法用于检测物体相对位置随时间变化的物体之间是否碰撞。动态碰撞检测算法分为离散碰撞检测算法和连续碰撞检测算法。离散碰撞检测算法检测离散时间点上物体之间是否发生碰撞,它注重算法效率,因而算法实时性好,在实际中得到广泛应用。连续碰撞检测算法的研究涉及四维时空或结构空间精确建模问题,这类算法通常计算速度慢。基于随机采样的避障规划算法,需要给定状态下的碰撞信息,因此需要离散碰撞检测算法。

1. 基于 AABB 层次包围盒树的碰撞检测

基于 AABB 的层次包围盒树算法是离散碰撞检测算法最常用的一种,因其构造难度低、存储量小、相交测试简单、物体旋转时包围盒更新计算量较小等优点,得到深入研究和广泛应用。

图 5-22 所示为基于 AABB 的层次包围盒树碰撞检测算法的流程。构建 AABB 包围盒,是根据物体的几何特征将其用一个或多个 AABB 包围盒包围起来。轴对齐包围盒(AABB),在三维空间中是一个 6 面盒状长方体(在二维空间中是包含四条边的矩形),且其面法线皆平行于给定的坐标轴。

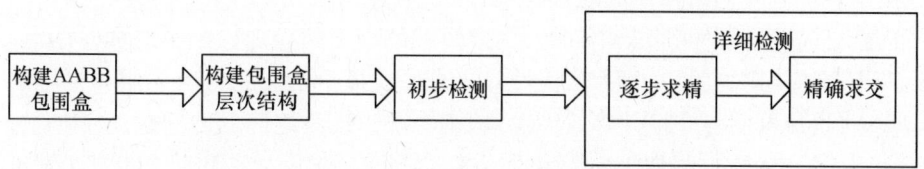

图 5-22　基于 AABB 的层次包围盒树碰撞检测算法

通过将包围盒整合到树结构中,即层次包围盒技术(BVH),可减小碰撞检测的时间。其中,原包围盒集合将对应层次树中的多个叶节点,于是叶节点可形成多个小集合,并可采用一个较大的包围体加以限定。这一过程可以递归方式执行,最终将构造出一颗层次树结构,并在根节点处呈现出一个独立包围盒。

图 5-23 显示了基于 5 个对象的 AABB 层次树结构。采用层次结构时,在碰撞测试过程中,如果父节点不存在相交,则无须对子节点进行检测,从而提高了碰撞检测的速率。

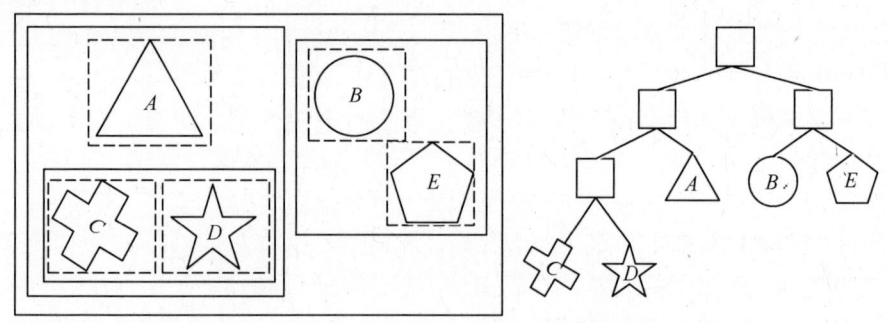

图 5-23　5 个对象的 AABB 层次树结构

　　构建包围盒和包围盒的层次树结构完成后,就可以开始碰撞检测。首先排除明显不相交的物体,这个过程称为初步检测。然后对可能相交的物体进一步检测,称为详细检测。详细检测阶段,采用包围盒间的碰撞检测方法,递归检测层次树节点之间是否碰撞(称为逐步求精阶段),直到树的叶节点为止,进一步检测叶节点中的物体(包围盒包围的物体)之间是否碰撞(称为精确求交阶段)。

　　2. 机械臂自身的碰撞检测

　　机械臂是由若干个杆件通过关节(常用的是旋转关节或平移关节)连接而成,在运动过程中各个杆件之间可能发生干涉,即机械臂自身发生碰撞。因此,机械臂运动过程中的碰撞检测,不仅要检测机械臂与障碍物是否发生碰撞,还要检测机械臂自身是否发生碰撞。机械臂与障碍物的碰撞检测可以通过上面提到的基于 AABB 的层次包围盒树算法实现。多数机械臂的杆件是圆柱体或者可以用圆柱体包络,对于这样的机械臂,其自身的碰撞检测可以用圆柱体之间的碰撞检测来实现。两个圆柱体的碰撞检测,可以演变为求空间中两条线段(圆柱的端面圆心的连线)的最短距离问题,当最短距离小于两个圆柱半径的和时,就认为两个圆柱体发生碰撞。最终,机械臂自身的碰撞检测问题可以采用如下方法解决:将机械臂的各个杆件等效为线段,实时求解线段之间的最短距离,当最短距离小于设定的安全距离时,认为机械臂自身发生碰撞。采用这样的方法做机械臂自身的碰撞检测较其他方法有更高的效率,因为求空间中线段最小距离的算法耗时少而且稳定。

　　机械臂的各个杆件之间只有部分会发生碰撞,而一些杆件之间不可能发生碰撞。因此,根据机械臂的构型、杆长等情况,分析其杆件之间发生碰撞的可能性,忽略不可能发生碰撞的杆件,只对可能发生碰撞的杆件进行碰撞检测,从而进一步提高碰撞检测的效率。表 5－4 所列为对一个七自由度机械臂的各杆件之间发生碰撞可能性的统计。表中，i 表示杆件号，杆件 i 由关节 i 和连杆 i 组成。杆件 0 表示与基座相连的末端执行器。"×"表示两个杆件之间不可能发生碰撞，"√"表示两个杆件之间可能发生碰撞。从表中可知，只有 7 对杆件之间可能发生碰撞，机械臂自身的碰撞检测只用在这 7 对杆件之间进行即可，从而避免了不必要的碰撞检测，提高了碰撞检测的效率。

表 5－4　七自由度机械臂各杆碰撞分析

i	0	1	2	3	4	5	6	7
0	×	×	×	√	√	√	√	√
1		×	×	×	×	×	×	×
2			×	×	×	×	×	×
3				×	×	×	×	√
4					×	×	×	√
5						×	×	×
6							×	×
7								×

5.4.4　路径平滑

基于随机采样的避障规划方法，规划的路径都是分段的线性路径。由于这样的路径存在锯齿状，不光滑，为了直接执行这样的路径，机械臂必须在每个路径节点停止运动，为此，机械臂的运行速度会很慢，且运动过程看起来不自然。因此，基于随机采样的避障规划方法规划的路径，需要经过路径平滑处理，才能控制机械臂运动。可以采用基于平滑样条的路径平滑方法[12]。

5.5　小　结

机械臂在月面巡视探测任务中发挥着重要的作用，通过在机械臂末端搭载科学探测仪器，随着巡视器的月面移动采集不同地点的科学探测数据，为分析月面物质组成研究月球起源问题等科学课题的研究提供第一手的数据资料。因此，机械臂控制是月面巡视器遥操作的重要内容。其工作内容为根据巡视器机械臂的机械设计，建立其运动学模型，在运动学模型基础上分析机械臂可达空间范围，根据科学探测对象的位置计算到达探测对象时机械臂构型，同时还要规划机械臂从收拢位置运动到探测构型过程中的轨迹，以避免与巡视器自身和周围环境发生碰撞。

本章首先介绍了以 Denavit – Hartenberg 参数及相关的坐标系定义为基础的理论体系,给出了建立运动学方程的方法,并且以三关节串联型机械臂为例建立了其运动学方程。接着求解正向运动学方程,采用蒙特卡罗方法计算机械臂可达区间,绘制了三关节串联型机械臂的可达空间形状。对于逆运动学求解问题,即根据科学探测位置计算机械臂期望目标构型的问题,设计了两种几何求解方法:一种是通用的求解方法,求解过程较复杂,但适用于大多数机械臂;一种是根据三关节串联型机械臂机械特点设计的简便求解方法,求解过程相对简单,适合工程应用。

机械臂运动轨迹规划解决机械臂从收拢位置运动到目标位置过程中的安全问题。对于具有特定结构的机械臂,可以利用关节结构特性设计一些预制的自主避障算法,虽然算法无法保证完备性,但其简单易用的特点仍旧可以在工程上得到很好的应用。碰撞检测算法是机械臂运动轨迹规划中的核心算法,本章首先用算法实现了机械臂网格化和地形数据插值处理,接着采用相交视线的方法判断机械臂是否与周围障碍发生碰撞。

参 考 文 献

[1] John J Craig. 机器人学导论[M]. 负超,等译. 北京:机械工业出版社,2006.

[2] Denavit J,Hartenberg R S. A kinematic Notation for Lower – Pair Mechanisms Based on Matrices[J]. Journal of Applied Mechanics,1955,7:215 – 221.

[3] Baker D,Wampler C. On the Inverse Kinematics of Redundant Manipulators[J]. International Journal of Robotics Research,1988,7:21 – 30.

[4] Colson J, Perreira N D. Kinematic Arrangements Used in Industrial Robots[C]. 13th Industrial Robots Conference Proceedings,1983.

[5] 理查德 P 保罗. 机器人操作手:数学编程与控制[M]. 郑时雄,谢存禧,译. 北京:机械工业出版社,1986.

[6] 郭闯强. 空间大型机械臂关节控制系统及轨迹规划研究[D]. 哈尔滨:哈尔滨工业大学,2012.

[7] 戴光明. 避障路径规划的算法研究[D]. 武汉:华中科技大学,2004.

[8] 斯图尔特·罗素. 人工智能:一种现代方法[M]. 姜哲,金奕江,张敏,等译. 北京:人民邮电出版社,2010.

[9] Rdon S,Kheddar A,Coquilllart S. Contact:arbitrary in – between motions for continuous collision detection[C]. Proceedings of the IEEE International Workshop,2001;106 – 111.

[10] 邹益胜. 虚拟样机环境下实时碰撞检测算法研究[D]. 成都:西南交通大学,2008.

[11] 尹斌. 冗余机械臂运动学及避障路径规划研究[D]. 哈尔滨:哈尔滨工业大学,2014.

[12] Wang Yuedong. Smoothing Spline:Methods and Application[M]. London:Chapman and Hall/CRC,2011:20 – 32.

第6章　视觉导航定位

在月面着陆巡视探测任务中,航天器的导航定位主要可以分为无线电定位、惯性导航定位和视觉定位3种方式。其中,视觉定位是月面巡视探测中着陆器着陆点定位和表面巡视考察中巡视器精确定位的重要方式,也是巡视器遥操作的重要组成部分。视觉定位主要通过获取图像,采用计算机视觉的相关原理来实现位置确定、巡视器在月面行进中导航点精确定位以及机械臂探测目标点的定位。

6.1　理　论　基　础

6.1.1　动态序列图像定位

动态序列图像定位在月面遥操作中主要指,依靠着陆器所带的降落相机所拍摄的降落相机图像实现着陆器着陆点的定位。动态序列图像定位的内容主要包括:首先,相邻序列图像间的特征点建立序列图像间映射关系;其次,由之前任务卫星不同高度的轨道拍摄的着陆区图像进行图像的融合,生成一副高分辨率的着陆区图像;最后,将着陆器着陆后降落相机拍摄的最后一帧图像中确定的着陆点,由建立的序列图像映射关系,转换到距离地面较高位置所拍摄图像中对应的位置,然后根据该位置图像与生成高分辨率已知着陆区卫星图像进行匹配建立的映射关系,可计算得到着陆点在卫星图像上的位置,从而实现定位。在上述过程中之所以没有将降落相机的最后一帧图像与之前卫星图像直接进行匹配实施落点定位,主要是因为降落相机最后一帧图像所拍摄的图像换算到卫星图像上只有几个像素,无法实现图像匹配。上述的过程中主要涉及的理论基础为动态序列图像的匹配和图像的合成,下面详细介绍这一过程。

1. 动态序列图像匹配技术

图像传感器在获取图像过程中,由于拍摄的时间、角度和环境可能不相同,从而使得多幅图像的重叠区域在各自图像中表现出有差异,必须通过某种方法确定重叠区域中哪些像素是对应的,待融合图像需要先进行图像配准。图像配准是对取自不同时间、不同传感器或不同视角的同一场景的两幅或多幅图像进行匹配的过程,其目标就是要找到一幅图像中的点映射到另一幅图像中的对应

157

的点上的最佳变换。图像配准是图像融合的前提,也是提高图像融合精度和有效性的瓶颈。研究一种通用、快速、全自动和高精度的图像配准方法一直是人们追求的目标。

1)图像配准的数学模型

两幅具有偏移关系(如平移、旋转、缩放、视点变化等)的图像分别称为参考图像和偏移图像,这里用两个二维数组 $f_1(x,y)$ 和 $f_2(x,y)$ 表示图像相应位置处某像素点的灰度值,则两幅图像在数学上有如下变换关系:

$$f_2(x,y) = g[f_1(h(x,y))] \tag{6.1}$$

式中:h 为二维空间坐标变换;g 为灰度和辐射变换,表述因传感器型号不同或辐射条件不同所引入的变换。图像配准的目的就是找出最佳坐标变换参数和灰度变换参数。通常意义的配准只关心位置坐标的变换,而将灰度或辐射变换归为图像预处理的内容,这里则把它直接放到图像变换中去考虑。因此,下面所提到的图像配准主要是指空间位置上的对准过程。

2)图像配准的基本框架

图像配准的基本框架主要是指在图像配准过程中应该在哪些方面做工作,研究表明,图像配准主要工作通常包含四部分,即特征空间、搜索空间、搜索策略和相似性测度。

(1)特征空间。是指从图像中提取用于图像匹配的特征集合,配准中常用的图像特征主要包括灰度特征(如像素的灰度值)、视觉特征(如曲率不连续点、交叉线等)、几何特征(如图像的边缘、线条、区域等)、统计特征(如直方图、不变矩、符号化语言等)。一个优良的图像特征不但可以消除畸变噪声等干扰,降低图像匹配的计算量,而且能够充分表达图像内容之间的结构关系,即要求特征集合应该具有良好的不变性,当图像间发生平移、旋转、尺度、亮度、视点等变化时,特征集合变化非常小。

(2)搜索空间。是指在多幅待匹配图像中提取的特征点之间建立对应关系的所有变换的集合。两幅图像之间的几何变换(依据成像模型或成像位置的不同产生的变化)决定了搜索空间的组成。例如,两幅待匹配图像之间只存在平移变换的话,搜索空间是二维的;如果待匹配图像之间存在仿射变换、透视变换等更复杂的变换,则搜索空间是更高维的。搜索空间在各个维度的取值范围,取决于两幅图像之间变换关系的复杂程度。

(3)搜索策略。用于提高搜索效率的策略,在搜索空间大、精度要求高时,最佳匹配方案往往非常耗时,为了提高匹配效率,需要根据实际情况采用适当的搜索策略。性能优良的搜索策略可在保持良好的匹配精度的同时,有效地减少图像匹配的计算量。搜索空间越复杂,提取到的图像特征的数量越多,科学合理地选择搜索策略就越重要。常用的搜索策略有穷举法、多尺度搜索、启发式搜索、松弛算法、广义 Hough 变换、动态规划和线性规划等。

（4）相似性测度。为了在搜索空间里求得最佳解，配准算法需要用某种方法来搜索空间里得到的不同点的对齐匹配程度，通常用相似性测度来描述。相似性测度通常与提取的图像特征密切相关，其评价结果往往决定了如何选择配准变换。它和特征提取方法共同决定了匹配算法的抗干扰能力。

图形配准框架描述了图像配准的基本过程。当输入参考图像和待配准图像后，首先要确定提取哪种图像特征用于配准，并在两幅图像中提取出足够多的特征点，构成特征空间；然后建立参考图像与偏移图像之间的变换关系，通常是取参考图像的坐标系作为参考坐标系，待匹配的偏移图像的坐标系作为待变换坐标系，再根据先验知识或某种限制确定特征对的搜索空间，如在两幅图像的核线附近搜索，或在相同极性的特征集合中搜索等；在特征搜索过程中，需要使用相似性测度，以判断参考图像中的某个图像特征与待匹配图像（搜索空间）中的哪个特征是相对应的，即用相似性度量函数来判定图像是否被正确匹配；最后在得到初步的匹配对集合后，要使用一系列的方法来消除伪匹配，优化变换模型的参数。

3）图像匹配方法分类

对图像配准方法如何进行合理的分类还没有一个统一的标准，目前一般都是面向特定的任务进行分类，每种分类方法都具有各自的特点。总结起来，国内外在图像配准方面主要有如下 5 种分类方法。

（1）依据配准过程所在的区域，分成基于空域和基于变换域的方法。

基于空域的方法是指在图像的二维空间进行配准，通常是取第一幅图像处于重叠部分的一个子区域作为标准模板，在第二幅图像中寻找与之相关性最大、最相似的图像子区域，从而确定对应关系。如基于块、基于比值和基于网络等配准方法都属于这种类型，但这类配准方法的配准精度并不是很高。

基于变换域的方法是指先把图像变换到其他频率域中，然后再根据该频率域的特点进行配准。例如，先对图像进行傅里叶变换，图像的旋转、平移、比例变化都在傅里叶变换频域中反映出来。使用频域方法的好处之一是对噪声干扰有一定的抵抗能力，但该方法对尺度缩放比例有较高的要求，当缩放系数大到一定值时，就很难得到正确的匹配关系。使用频域方法的另一个好处是可以把复杂的变换转变为相对简单的变换，使配准工作更直观。

（2）依据配准过程使用的信息类型，分为基于灰度和基于特征的方法。

基于灰度的方法直接使用灰度信息，从参考图像和待配准图像中取相同大小的窗口作为配准模板，用诸如相关系数、灰度绝对差等相似性测度进行比较运算，取相似性最大的对应窗口的中心点作为一对匹配点。这类方法对尺度、旋转、对比度和亮度的变化较为敏感，但不太适合用于尺度、旋转变化比较大和辐射失真较大的图像进行匹配。

基于特征的方法则分别从两幅图像中提取一些在灰度或几何上具有比较突出特征的点、线、面作为特征配准基元(如角点、边缘、形状、灰度梯度极值等)进行匹配。这类方法能克服基于灰度的方法存在的缺点,目前已成为图像配准的重要研究方向。但由于特征点的提取与图像质量和内容紧密相关,特征的不变性和稳定性还不能对所有图像适用,致使基于特征的方法在实际使用中也受到了一定的限制。

(3) 依据配准过程中利用信息量的多少,分为局部和全局的方法。

局部的方法是通过参考图像和待配准图像中匹配到的少量局部匹配对来估计全局变换模型参数,其做法通常是:首先,在两幅图像中提取具有不变性的特征点;然后,使用适当的相似性测度函数求取同名点;接着,用同名点的像素坐标求解两幅图像间的变换模型参数;最后,对待配准图像进行几何变换和重采用,在空间上对准两幅图像。由于它只用到了图像中的局部信息,故将它称为局部的方法,目前在遥感图像处理中对这类方法研究较多。

全局的方法是指在图像匹配过程中加入全局信息,将图像配准问题转化为全局最优化问题,通过全局优化算法求取变换模型参数的最优解,然后对待配准图像进行几何变换和重采用,在空间上对准两幅图像。

(4) 依据配准过程中自动化的程度,分为人工、半自动和自动的方法。

人工方法是指图像配准时,主体工作由人工来完成,包括人工选取特征点,对应性求解和结算变换模型参数。

半自动的方法是通过人工和计算机相结合来完成匹配,首先由人工在两幅图像中选择有特征的点作为控制点,并完成特征点的对应性求解,然后由计算机解算变换模型参数,完成配准。为了获得准确的配准结果,需要在两幅图像中选择大量的控制点,这使工作效率低下,尤其在配准大幅遥感图像时更是如此。

自动的方法是指整个配准过程由计算机自动完成,包括特征提取、匹配,变换模型参数求解、图像重采用,以及在这些过程中所用到的诸多阈值的确定。这是目前图像配准研究的热点之一,但由于各类任务中获取的图像在质量和内容上差异可能很大,使得这类方法不容易获得良好的稳健性和适应性,这将是当前和今后要着力解决的问题,也是本书描述的重点。

(5) 依据成像模式,分为单模和多模的方法。

单模法是指参考图像和待配准图像是由同类图像传感器在不同的时间或不同视角下获取的。如将某一区域不同航路的遥感图像配准后,融合成包含信息更多、反映本质更全面的图像,使后面的图像处理更为准确。由于图像来自同类传感器,完成这类图像配准工作相对要简单一些。

多模法是指图像和待配准图像是由不同的图像传感器获得的,由于成像原理不同,它们对图像基本单元——像素的描述也就不同,这样,它们在配准过程中就很难使用同样的基元,一般要通过适当的处理,找到具有相似性的描述特征后,才能进行配准,因此,完成这类配准任务相对较为复杂。

2. 图像合成技术

图像合成技术是将多个经过预处理和配准后的图像,在其相应位置按照一定规则或某种算法对像素的取值进行重新计算,把多幅图像的信息综合到一副图像之中。图像融合的基本原理就是采用类似人脑综合处理信息的方式,充分利用多个图像的信息资源,通过对各种信息的合理支配与使用,将多个图像在空间上的互补与冗余信息根据某种优化准则组合起来,产生效果更好的图像。图像合成是整个图像融合的最后一个步骤,图像合成的质量也在很大程度上决定着图像融合的效果。图像合成在理论上也分为基于像素级、特征级和决策级的算法,但通常只是在像素级和特征级这两个层次进行图像合成工作,其中,像素级的图像合成是用得最多的。

目前,基于像素级的图像合成方法主要包括简单图像合成、基于金字塔分解的图像合成、基于小波变换的图像合成、基于概率统计的图像合成、基于主成分分析的图像合成、基于 HIS 色彩模型的彩色图像合成等,本书主要介绍前 3 种比较有代表性的方法。

1) 简单图像合成

这种合成方法不对待合成的各个源图像进行任何图像分解或变换,而是直接对各个图像中对应像素点进行选择、平均或加权平均等简单处理,最终把多幅图像中重叠的部分合成为一副新的图像。

设 $f^n(x,y)$,$n=1,2,\cdots,N$ 为多幅原始图像,$w^n(x,y)$,$n=1,2,\cdots,N$ 为各图像的权值,$f(x,y)$ 为合成后的图像,则像素灰度值的加权平均法计算公式为

$$f(x,y) = \sum_{n=1}^{N} w^n(x,y)f^n(x,y) / \sum_{n=1}^{N} w^n(x,y) \tag{6.2}$$

当其条件为

$$w^1(x,y) = w^2(x,y) = \cdots = w^N(x,y) = \frac{1}{N} \tag{6.3}$$

时,对应的方法是像素灰度值的平均法,这是像素灰度值加权平均法的特例。

像素灰度值选大法和选小法分别表示为

$$\begin{cases} f(x,y) = \max\{f_1(x,y),\cdots,f_N(x,y)\} \\ f(x,y) = \min\{f_1(x,y),\cdots,f_N(x,y)\} \end{cases} \tag{6.4}$$

这种方法只是简单地选择了待合成的源图像中灰度值大或小的像素作为合成后的像素,合成后的图像只是综合了各个源图像的某种特征,而有可能掩盖了其他特征,各个源图像的综合性能并没有得到最大发挥,因此适用场合非常

有限。

简单图像合成方法具有直观、速度快等优点，在某些特定场合可能会获得较好的融合效果。但它会使合成后图像信噪比降低，当待合成图像灰度差异很大时，会出现明显的合成痕迹，不利于后续处理。

2）基于金字塔分解的图像合成

这种图像合成算法是在不同尺度、不同空间分辨率和不同分解层上分别进行的，是一种多尺度、多分辨率的方法，与简单图像合成算法相比，它能够获得更好的效果，因而能够在更广泛的场合使用。常用的图像金字塔分解技术有拉普拉斯金字塔、低通比率金字塔、梯度金字塔等。这里以基于拉普拉斯金字塔的图像合成为例进行说明，主要步骤如下：

（1）对图像进行高斯金字塔分解。设原始图像 G_0 为高斯金字塔的底层（第 l 层），则高斯金字塔的第 l 层图像 G_l 为

$$G_l = \sum_{m=-2}^{2}\sum_{n=-2}^{2} w(m,n) G_{l-1}(2i+m,2j+n),$$
$$0 < l < N, 0 \le i \le C_l, 0 \le j \le R_l \tag{6.5}$$

式中：N 为高斯金字塔顶层的层号；C_l 为高斯金字塔第 l 层图像的列数；R_l 为高斯金字塔第 l 层图像的行数；G_{l-1} 为第 $l-1$ 层的图像；$w(m,n)$ 为一个具有低通特性的 5×5 的窗口函数，表示式为

$$w = \frac{1}{256}\begin{bmatrix} 1 & 4 & 6 & 4 & 1 \\ 4 & 16 & 24 & 16 & 4 \\ 6 & 24 & 36 & 24 & 6 \\ 4 & 16 & 24 & 16 & 4 \\ 1 & 4 & 6 & 4 & 1 \end{bmatrix} \tag{6.6}$$

这种运算首先是用 5×5 的窗口函数与图像中 5×5 个像素分别相乘，把所有相乘结果相加，并除以 256 作为新的像素灰度值，图像中每一个像素都进行这种运算后，就得到了一幅图像，这幅新图像就是经过高斯滤波后的图像。然后，对这幅滤波后的图像进行隔行、隔列采样，得到一幅只有原来 1/4 大小的图像。由于 $w(m,n)$ 具有低通性，图像的滤波就相当于低通滤波，有些高频信息就被滤除了，使得图像变模糊。

（2）由高斯金字塔建立图像的拉普拉斯金字塔。将 G_l 内插放大，得到放大的图像 G_l^*，使 G_l^* 的尺寸与 G_{l-1} 的尺寸相同，表示为

$$G_l^*(i,j) = 4\sum_{m=-2}^{2}\sum_{n=-2}^{2} w(m,n) G_l\left(\frac{i+m}{2},\frac{j+n}{2}\right),$$
$$0 < l < N, 0 \le i \le C_l, 0 \le j \le R_l \tag{6.7}$$

式中

162

$$G_l\left(\frac{i+m}{2},\frac{j+n}{2}\right)=\begin{cases}G_l\left(\dfrac{i+m}{2},\dfrac{j+n}{2}\right) & \left(\left(\dfrac{i+m}{2},\dfrac{j+n}{2}\right)\text{为整数}\right)\\0 & \text{（其他）}\end{cases} \tag{6.8}$$

G_l^* 的尺寸与 G_{l-1} 的尺寸相同,但 G_l^* 与 G_{l-1} 并不相等。

先在小图像某个像素周边补"0",然后与高斯滤波函数的对应元素相乘,并把结果相加再乘以"4",作为新图像对应像素的灰度值。

令

$$\begin{cases}LP_l=G_l-G_{l+1}^* & (0\leqslant l<N)\\LP_N=G_N & (l=N)\end{cases} \tag{6.9}$$

式中:N 为拉普拉斯金字塔顶层的层号;LP_l 为拉普拉斯金字塔分解的第 l 层图像。

这种运算的实质是指用高斯金字塔本层图像与其高一层图像经过内插放大后的图像进行相减,相当于进行了一次带通滤波运算,使得拉普拉斯金字塔除了最顶层保留了基本的低频信息外,其他层则都是不同程度的高频信息。

（3）基于拉普拉斯金字塔分解的图像合成。对图像金字塔的各分解层分别进行合成处理,由于拉普拉斯金字塔图像的每一层所保留的图像信息在不同频段,因此,对拉普拉斯金字塔图像进行处理时,不同的分解层就可以采用不同的合成算子进行合成处理。如在拉普拉斯金字塔图像的最顶层,需要采用能够保低频信息的算子进行合成运算,通常可以进行各种形式的加权平均合成算法对它进行处理;而在拉普拉斯金字塔图像的最底层,则可采用能够保高频信息的算子进行合成运算,如选用对比度取大法等;在其他分解层,就可以采用高、低频相对均衡的一些算法来处理,如区域像素加权平均法等。这样,就能使合成后的图像得到最多的信息。经过一系列的运算后,最终得到合成后的拉普拉斯金字塔图像。

由拉普拉斯金字塔重建原图像。由式(6.9),得

$$\begin{cases}G_N=LP_N, & l=N\\LP_l+G_{l+1}^*=G_l, & 0\leqslant l<N\end{cases} \tag{6.10}$$

式(6.10)说明,从拉普拉斯金字塔的顶层开始逐层由上向下进行递推,可以恢复其对应的高斯金字塔,并最终得到原图像 G_0。也就是说,经过拉普拉斯金字塔变换以后的图像,使用适当的算法是可以完全复原的,不会丢失图像信息。

基于拉普拉斯金字塔分解的图像融合方法如图 6-1 所示。这里以两幅图像的融合为例,多幅图像的融合方法以此类推。首先进行图像配准,接着把配准后的图像进行拉普拉斯金字塔分解,得到不同的分解层,然后在不同的分解层使用不同的融合算子对各子图像进行合成,得到合成后的子图像,最后对图像进行

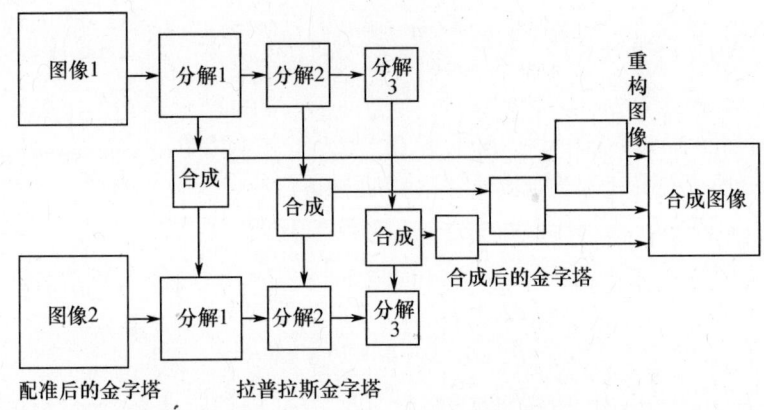

图 6-1　基于拉普拉斯金字塔分解的图像融合方法

重构,得到融合图像。

　　基于金字塔分解的图像合成算法可以取得良好的效果。但是,上述金字塔分解是一种冗余分解,也就是说,分解后各层数据之间具有相关性。因此,图像在进行拉普拉斯金字塔分解后的数据总量均比原始图像的数据总量增加约33%。同时,图像的拉普拉斯金字塔分解方法无方向性。

6.1.2　静态立体图像定位

　　静态立体图像定位是指在巡视器月面巡视过程中,利用所带的导航相机构成的立体视觉,通过行进前后的两个停留的位置拍摄的图像,来实现巡视器在月面的精确位置。上述过程的主要流程为:首先,对前后两个相邻的停留位置间的重叠图像进行匹配;然后,基于上述匹配结果在同一停留位置进行左右立体图像间的匹配;最后根据匹配结果构建光束法定位的模型。

　　1. 前、后两站左图像 Affine - SIFT 匹配算法

　　Affine - SIFT 方法是一种具备完全仿射不变特征的特征提取与匹配算法。该算法是在 SIFT 算法的基础上改进而来的。由于 SIFT 算法中对于特征的缩放、旋转与平移具有完全的不变性,不能很好处理对倾斜图像的匹配,因而 Affine - SIFT 中通过模拟摄像机的光轴旋转对图像进行预处理,模拟图像的倾斜变化,实现完全意义上的仿射,大大提高了匹配的成功率与正确性。

　　1) 图像预处理

　　u 为影像,θ 和 φ 分别表示摄像机纬度和经度;ψ 为相机绕光轴的旋转角。因而,由于相机变换造成图像坐标偏移可以通过式(6.11)计算:

$$u(x,y) \rightarrow u(ax + by + e, cx + dy + f) \tag{6.11}$$

式中:$A = \begin{bmatrix} a & b \\ c & d \end{bmatrix}$,可分解为

$$A = \lambda \begin{bmatrix} \cos\psi & -\sin\psi \\ \sin\psi & \cos\psi \end{bmatrix} \begin{bmatrix} t & 0 \\ 0 & 1 \end{bmatrix} \begin{bmatrix} \cos\varphi & -\sin\varphi \\ \sin\varphi & \cos\varphi \end{bmatrix} \tag{6.12}$$

其中：$A = \lambda R(\psi) T_t R(\varphi)$；当 $\lambda > 0$ 时，λt 为矩阵 A 的特征值；$\varphi \in [0, 180°)$；$R(\psi)$ 为平面旋转 ψ 角度的旋转矩阵；T_t 为倾斜角；θ, φ 为相机的视点角度；λ 为相机向前或向后移动造成的焦距变化；$t\cos\theta = 1$。

2）图像二次采样

通过改变摄像机的 θ 和 φ 进行图像采样，模拟图像倾斜状况下的图像扭曲。对于纬度 θ 的采用以等比数列进行，为 $t = 1, a, a^2, \cdots, a^n$。一般确定 $a = \sqrt{2}$，n 取到 5 以上，故 $\varphi = \arccos(1/t)$。

对于经度 φ 则可以取 $0, b/t, 2b/t, \cdots, kb/t$，其中，$b$ 根据经验取 72°，且 $kb/t < 180°$。

3）SIFT 特征矢量提取

首先在尺度空间进行特征检测，确定关键点的位置和关键点所处的尺度，然后使用关键点邻域梯度的主方向作为该点的方向特性，实现算子对尺度和方向的无关性。以特征点为中心取 16×16 的邻域作为采样窗口，将采样点与特征点的相对方向通过高斯加权后归入包含 8 个 bin 的方向直方图，最后获得 $4 \times 4 \times 8$ 的 128 维特征描述子。

4）SIFT 匹配

设 N_1、N_2 分别为两幅图像用 SIFT 方法提取的特征点集合，对 N_1 中的任一特征点 n_{1i}，其特征矢量表示为 x_{1i}，N_2 中与 n_{1i} 的欧几里得距离最小的两个特征点分别为 n_{2j}、n'_{2j}，对应特征矢量分别为 x_{2j} 与 x'_{2j}，则对应距离分别为 d_{ij} 和 d'_{ij}，即

$$d_{ij} = (x_{1i} - x_{2j})^\mathrm{T}(x_{1i} - x_{2j})$$
$$d'_{ij} = (x_{1i} - x'_{2j})^\mathrm{T}(x_{1i} - x'_{2j}) \tag{6.13}$$

如果满足 $d_{ij} \leqslant a'd'_{ij}$，则认为 n_{1i} 与 n_{2j} 为对应的匹配对。遍历左影像中的特征点，找出最终匹配点。

2. 同站左、右图像立体匹配算法

1）相关系数匹配

算法参见 2.3.3 节。

2）最小二乘匹配

算法参见 2.3.3 节。

3. 前、后两站匹配点结果检查——前方交会算法

算法参见 2.4.3 节。

4. 导航点当前位置计算——光束法平差算法

光束法平差以每张像片为单元，以共线方程为依据，建立全区域的统一误差

方程式和法方程式,用已知的少数控制点以及待求的地面对,整体求解区域内每张像片的 6 个外方位元素以及所有待求点的地面坐标。

平差单元是以单张像片,像点坐标 (x_i, y_i) 为平差观测值。光束法平差模型是基于共线方程的基础上建立的。平差控制点的内业计算坐标与外业测量坐标相符合,加密点同名光线相交的地面点坐标相等。

$$x_p = -f \frac{m_{11}(X_P - X_0) + m_{12}(Y_P - Y_0) + m_{13}(Z_P - Z_0)}{m_{31}(X_P - X_0) + m_{32}(Y_P - Y_0) + m_{33}(Z_P - Z_0)}$$

$$y_p = -f \frac{m_{21}(X_P - X_0) + m_{22}(Y_P - Y_0) + m_{23}(Z_P - Z_0)}{m_{31}(X_P - X_0) + m_{32}(Y_P - Y_0) + m_{33}(Z_P - Z_0)}$$
$$(6.14)$$

式中:(X_P, Y_P, Z_P) 为地面坐标;(x_P, y_P) 为像点坐标;(X_0, Y_0, Z_0) 为像主点的地面坐标;f 为相机的焦距;m_{ij} 为根据 3 个角度 (ω, φ, k) 得到的旋转矩阵;$(X_0, Y_0, Z_0, \omega, \varphi, k)$ 为外方位元素。

使用精确匹配的特征点的像点坐标为观测值建立误差方程并线性化,则

$$v_x = a_{11}\Delta X_0 + a_{12}\Delta Y_0 + a_{13}\Delta Z_0 + a_{14}\Delta\omega + a_{15}\Delta\varphi +$$
$$a_{16}\Delta k - a_{11}\Delta X - a_{12}\Delta Y - a_{13}\Delta Z - l_x$$
$$v_y = a_{21}\Delta X_0 + a_{22}\Delta Y_0 + a_{23}\Delta Z_0 + a_{24}\Delta\omega + a_{25}\Delta\varphi +$$
$$a_{26}\Delta k - a_{21}\Delta X - a_{22}\Delta Y - a_{23}\Delta Z - l_y$$
$$(6.15)$$

式中:v_x, v_y 为像点误差;$a_{11}, a_{12}, \cdots, a_{26}$ 为误差方程系数;$\Delta\omega, \Delta\varphi, \Delta k$ 及 $\Delta X_0, \Delta Y_0, \Delta Z_0$ 分别为外方位角元素和线元素改正值;$\Delta X, \Delta Y, \Delta Z$ 为特征点对应物方点三维坐标的改正值;l_x, l_y 为相应误差方程式的常数项。

$$v = \begin{bmatrix} a_{11} & a_{12} & a_{13} & a_{14} & a_{15} & a_{16} \\ a_{21} & a_{22} & a_{23} & a_{24} & a_{25} & a_{26} \end{bmatrix} \begin{bmatrix} \Delta X_0 \\ \Delta Y_0 \\ \Delta Z_0 \\ \Delta\omega \\ \Delta\varphi \\ \Delta k \end{bmatrix} +$$

$$\begin{bmatrix} -a_{11} & -a_{12} & -a_{13} \\ -a_{21} & -a_{22} & -a_{23} \end{bmatrix} \begin{bmatrix} \Delta X_0 \\ \Delta Y_0 \\ \Delta Z_0 \end{bmatrix} - \begin{bmatrix} l_x \\ l_y \end{bmatrix}_{ij}$$
$$(6.16)$$

将式(6.16)简化,可得式(6.17),其中 i 为点的序号,j 为像片序号:

$$A_{ij}\Delta_j + B_{ij}\Delta_i - l_{ij} = v_{ij}$$
$$(6.17)$$

通过整体平差解算,计算每张像片外方位元素和加密点的地面坐标。

(1) 给定每张像片的外方位元素的近似值和所有加密点地面坐标的近似值。

166

（2）列出所有加密点的原始误差方程。

（3）列出所有控制点的原始误差方程。

（4）在最小二乘条件下，法化、整体解答，确定出每张像片的外方位元素近似值。

（5）计算每个加密点的地面坐标近似值的改正数。

（6）用改正数修正每张像片的外方位元素和加密点的地面坐标。

（7）重复（2）~（5），迭代计算，最后求出各像片的外方位元素以及加密点的地面坐标。

6.1.3　鱼眼立体图像定位

机械臂探测目标点定位利用所带广角镜头的鱼眼相机，为了便于对图像的观察和对匹配结果检查，先将鱼眼图像进行投影变换，将其图像转换成透视投影的图像，并通过双线性插值生成核线图像，然后基于核线图像实现探测点的匹配和计算。

1. 图像核线影像生成算法

1）生成核线影像上的坐标

算法参见2.3.1节。此方法的实质是一个数字纠正，将倾斜像片上的核线投影（纠正）到"水平"像片对上，求得"水平"像片对上的同名核线。

2）影像双线性插值

数字影像是个规则排列的灰度格网序列，为了获取核线的灰度序列，必须对原始影像进行灰度重采样。根据核线影像反算的坐标值不一定位于原始影像上的采样点需要进行内插，即重采样。双线性插值的卷积核是一个三角形函数，有

$$W(x) = 1 - (x) \quad (0 \leqslant |x| \leqslant 1) \tag{6.18}$$

需要利用待内插点邻近的4个原始像素参加计算，如图6-2所示。

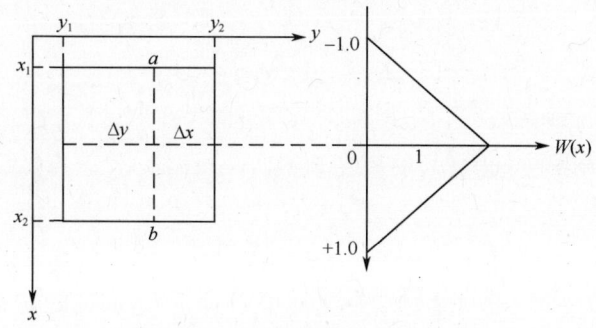

图6-2　双线型差值原理示意图

167

计算可沿 x 方向和 y 方向分别进行。先沿 y 方向分别对点 a、b 的灰度值重采样。再利用该二点沿 x 方向对 P 点进行重采样。在任一方向做重采样计算时,可将卷积核的零点与 P 点对齐,以读取其各原始像元素处的相应数值。实际上,可以把两个方向的计算合为一个,即按上述运算过程,经整理归纳以后直接计算出 4 个原始点对点 P 所做贡献的权值,以构成一个 2×2 的二维卷积核 $\boldsymbol{W}$(权矩阵),把它与 4 个原始像元灰度值构成的 2×2 点阵 $\boldsymbol{I}$ 作哈达玛积运算得出一个新的矩阵。然后把这些新的矩阵元素相累加,即可得到重采样点的灰度值 $\boldsymbol{I}(P)$,即

$$I(P) = \sum_{i=1}^{2} \sum_{j=1}^{2} I(i,j) * W(i,j) \tag{6.19}$$

其中

$$\boldsymbol{I} = \begin{bmatrix} I_{11} & I_{12} \\ I_{21} & I_{22} \end{bmatrix} \qquad \boldsymbol{W} = \begin{bmatrix} W_{11} & W_{12} \\ W_{21} & W_{22} \end{bmatrix}$$

$$W_{11} = W(x_1) W(y_1) \quad W_{12} = W(x_1) W(y_2)$$

$$W_{21} = W(x_2) W(y_1) \quad W_{22} = W(x_2) W(y_2)$$

根据图 6-2,有

$$W(x_1) = 1 - \Delta x, W(x_2) = \Delta x, \ W(y_1) = 1 - \Delta y, \ W(y_2) = \Delta y \tag{6.20}$$

式中

$$\Delta x = x - \mathrm{INT}(x)$$

$$\Delta y = y - \mathrm{INT}(y)$$

利用待内插点邻近的 4 个原始像素参加计算,则灰度重采样值为

$$I(P) = W_{11} I_{11} + W_{12} I_{12} + W_{21} I_{21} + W_{22} I_{22}$$

$$= (1 - \Delta x)(1 - \Delta y) I_{11} + (1 - \Delta x) \Delta y I_{12} +$$

$$\Delta x (1 - \Delta y) I_{21} + \Delta x \Delta y I_{22} \tag{6.21}$$

3) 影像灰度赋值

将像点的灰度经重采样后的灰度 $g(x_1, y_1)$,$g(x_2, y_2)$…直接赋给"水平"像片上相应的像点,即

$$g_0(k\Delta, c) = g(x_1, y_1)$$

$$g_0((k+1)\Delta, c) = g(x_2, y_2) \tag{6.22}$$

$$\vdots$$

最终获得核线影像。

6.2　模式分工

6.2.1　着陆点定位

1. 着陆点定位约束条件

匹配定位能否成功,受到四方面约束条件的制约:

(1) 来自匹配算法约束;

(2) 来自无线电引导信息约束;

(3) 来自测量数据约束;

(4) 来自着陆区特性约束。

1) 匹配算法约束

两种定位模式的底层匹配算法均采用 SIFT 匹配算法。SIFT 匹配算法的基本原理是利用两图像同名 SIFT 特征点仿射变换的一致性进行匹配对应,因此它对平移、旋转和尺度变换均具有一定的适应性,该算法的应用前提是观测图和参考图具有足够多的 SIFT 同名点。因此,一方面需要图像有足够的尺寸,这样才可能有足够的信息量;另一方面,为避免参与匹配的两图反映的图像特征差异太大,观测图和参考图分辨率不能相差过大。

根据测试经验,一般观测图需要达到 200×200 以上像素,才可能提取出足够有效的 SIFT 同名点,同分辨率差异需要约束在 6 倍之内。

2) 无线电引导信息约束

在海量参考图中无法直接搜索匹配位置,必须依靠其他手段给出大致引导信息,而目前的手段只有通过无线电测量值作为引导,因此着陆点定位必须考虑来自无线电的约束。

无线电的约束包括两个方面:一是无线电测量时机约束,即必须先有无线电落点定位结果,才能在此基础上进行视觉定位。无线电定位值通常是在着陆器落月后数分钟后给出,因此视觉定位操作是在此之后进行。二是无线电测量定位误差约束,它决定了参考图的截取范围。

3) 测量数据约束

完备的图像数据是进行视觉落点定位的基本前提,数据包括降落相机图像,DOM 正射影像,制备好的卫星参考底图。从落月时刻开始,对于降落相机图像与卫星底图的匹配定位,降落相机图像回传时间约为数十分钟;对于 DOM 图像与卫星底图的匹配定位,全景相机图像回传与 DOM 制备的时间为数小时量级。

特别是对于卫星底图,指定尺寸和中心坐标点的卫星底图需要根据需求快速定制,尤其是在两幅拍摄区之间的位置,使用前需要对底图进行拼接。

4）着陆区特性约束

从匹配的角度讲，基于图像匹配需要足够信息量的要求，着陆区观测图和参考图需要有尽量丰富的纹理信息；但从安全着陆的角度讲，着陆区需要尽量平坦，没有复杂的地形特征，这两方面需求构成了一对矛盾。实际任务中，安全降落的优先级远高于落点定位的优先级，因此给成功匹配增加了不确定性。

2. 着陆点定位

基于 SIFT 特征点提取与匹配方法对降落相机图像之间及其与月面遥感图像进行匹配，降落图像在月面遥感图像中镶嵌的过程如图 6 - 3 所示，其中选用了 7 幅降落图像，对应成像高度分别为 785.5m、548.4m、370.5m、233.9m、139.5m、119.7m 和 91.9m，并给出了镶嵌后对应在月面 1.5m 分辨力正射影像图中的位置，图中星形标注点标识了着陆器降落点的图上位置。

图 6 - 3　降落图像在月面遥感图像中镶嵌的过程

在完成嵌入过程追踪后，通过撞击坑的提取与匹配实现降落过程图像与已有遥感图像的配准，从而实现降落位置的精确定位，撞击坑的配准过程如图 6 - 4 所示。在图 6 - 4(a_1)、(b_1) 分别为月面遥感卫星图像与降落相机预处理后图像；图 6 - 4(a_2)、(b_2) 为对图像进行 Mean - shift 分割以后的结果；图 6 - 4(a_3)、(b_3) 为对分割结果进行撞击坑区域提取的结果，图中白色和黑色区域为提取出的撞击坑明亮与灰暗的区域，经过对两类区域的自动选取与合并，提取出了撞击坑区域；图 6 - 4(c) 为利用 RANSAC 方法检测出的撞击坑匹配结果。

通过上述过程中确定的降落相机图像同月面遥感 DOM 影像间几何关系，可得到低分辨率降落序列图像上的着陆点位置在月面遥感 DOM 影像上的定位结果。然而，由于降落序列图像内的定位存在误差累积，撞击坑区域提取的精度也受光照条件影响较大，上述方法得到的定位结果精度不高。因而，将已得到的着陆点位置作为初始定位结果，在高分辨率降落图像及已有 DOM 影像上着陆点附近区域内加入同名特征点对，建立两张图像精确的几何关系，从而在初始定

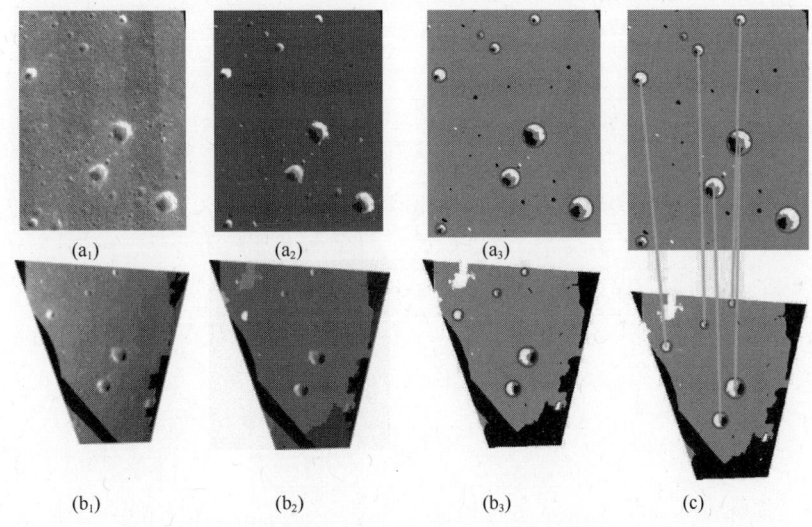

图 6-4　卫星图像和降落图像中的撞击坑提取与匹配

位的基础上实现着陆点的高精度定位。利用降落相机同着陆器的安置参数修正定位结果后,最终将着陆器中心定位于月面遥感 DOM 上,结果如图 6-5 所示,定位出的着陆点位置为北纬 44.1189°,西经 19.5125°。

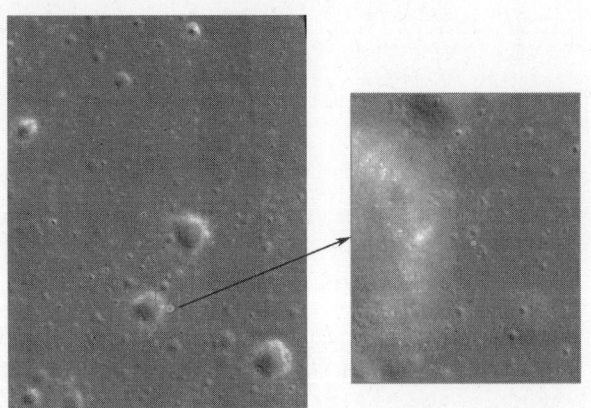

图 6-5　着陆器中心定位于月面遥感图像 DOM 上

6.2.2　导航点定位算法

导航点定位利用导航相机(或全景相机)图像完成站点间定位,其主要原理是通过搜索前后站图像的重叠区域,确定影像的同名点,依据同名点和前一站巡视器的位置及姿态,计算巡视器在当前站点的位置,以实现巡视器连续站点的定位。按照拍摄上一站点图像与拍摄当前站点图像时巡视器的航向,可以大致分为同方向和对望两种模式,图6-6所示为导航点定位的主要算法处理流程。

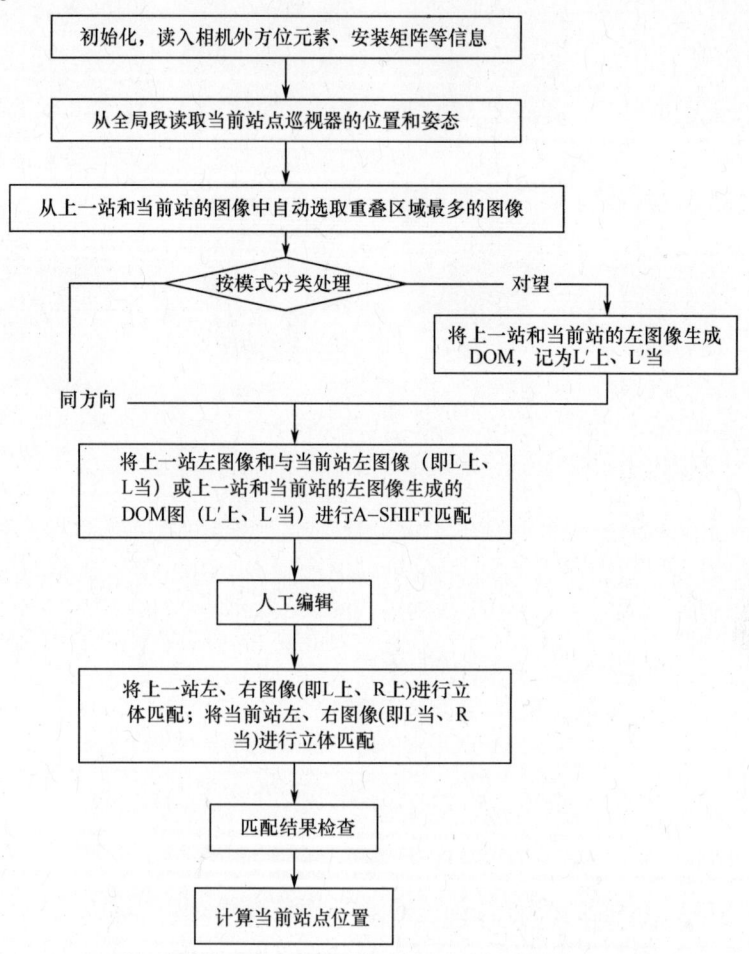

图6-6 导航点定位的主要算法处理流程

　　利用视觉定位方法对"玉兔"号巡视器进行了着陆点和分离后第一个导航点位置的定位。以"玉兔"号巡视器在着陆器上所建立的北东地车体坐标系作为全局坐标系,来确定巡视器驶离着陆器后第一个导航点位置。"玉兔"号巡视器在着陆器顶部为前一站点,"玉兔"号巡视器驶离着陆器后的第一个导航点为当前站,以惯导定位的结果作为视觉定位的初始参考值,通过图像特征提取与匹配、粗差剔除和光束平差法解算等步骤完成两器分离后的第一个月面位置的定位。一共在该点进行4次视觉定位,各次结果的一致性及其与惯导定位结果的比较情况如表6-1所列;视觉定位过程中第1次视觉定位前后站图像的 ASIFT 特征提取与匹配的特征点如图6-7所示;粗差剔除后得到的前后站左右图像匹配特征点如图 6-8 所示。

表 6-1　视觉定位结果与惯导定位比较结果

定位结果		视觉定位结果/m			定位误差/%
		X	Y	Z	
视觉定位结果	第一次	6.2732	0.0996	1.9858	0.56
	第二次	6.3329	0.1056	2.0055	1.03
	第三次	6.2752	0.1993	2.0201	1.05
	第四次	6.2039	0.1304	1.9847	1.05
	平均值	6.2713	0.13337	1.9990	0
惯导定位结果		7.0207	0.15489	1.7159	12.17

图 6-7　"玉兔"号巡视器前后站左相机图像的匹配特征点

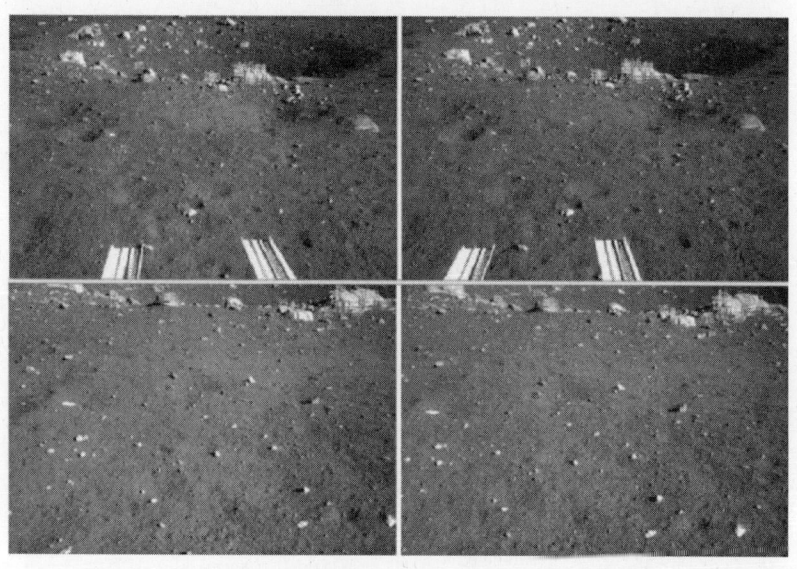

图 6-8　"玉兔"号巡视器前后站左右相机图像的匹配特征点

表6-1中第1次到第3次定位结果是通过自动匹配特征点的方式实现的定位,第4次定位结果是通过人工选择匹配特征点的方式实现的定位。由表中结果可以看出,前3次定位与第4次定位的结果具有较好的一致性。如果以4次的平均值作为定位的真值,则视觉定位相对精度优于1.1%;而惯导系统的定位精度为12.17%。惯导系统定位误差较大的原因是因为巡视器行走时长计算不够精准以及行进时轮系存在下陷情况,视觉定位则不存在上述影响,定位结果具有很好的一致性。

6.2.3 机械臂探测目标点定位算法

机械臂探测目标点定位利用相机图像完成机械臂探测目标点定位,其主要原理是通过分别提取左、右立体像对的特征点,进行特征点匹配,之后在给定区域进行密集匹配,从右图像中找出对应的匹配点,最后计算其位置及法线。图6-9为机械臂探测目标点定位主要算法处理流程。

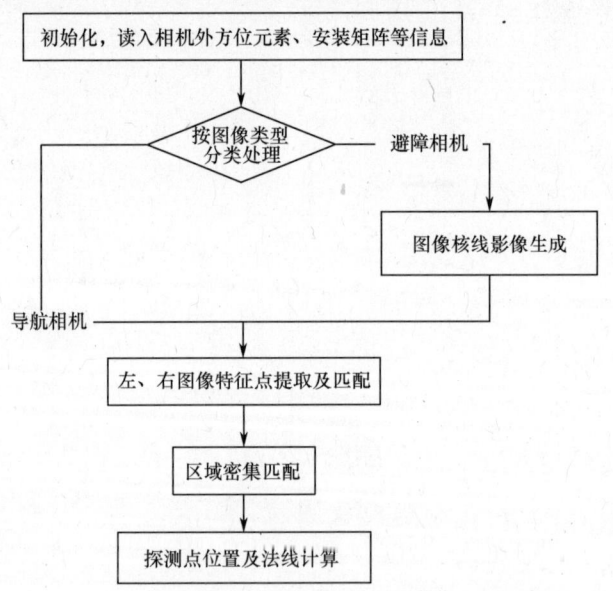

图6-9 机械臂探测目标点定位主要算法处理流程

1. 探测点定位

图6-10为实际拍摄的原始影像,图6-11为经核线纠正后的图像。经过测试,将实际拍摄的左右目影像进行核线纠正的处理时间约为10s。

2. 理论精度分析

立体相机测图可看作正直摄影,即像片的摄影光轴水平,相互平行且都垂直于摄影基线方向。如图6-12所示,在固定基线地面立体测图中,点 P 的物方空

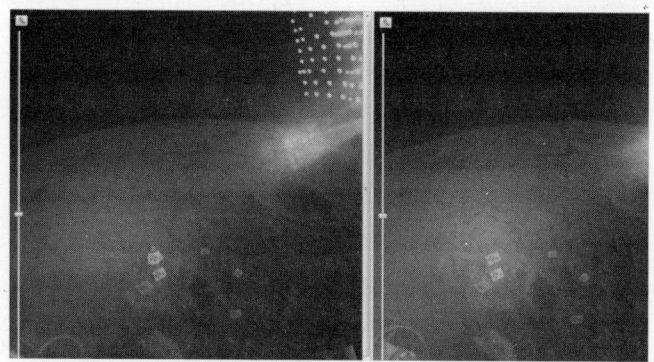

图 6-10　避障相机拍摄的原始影像

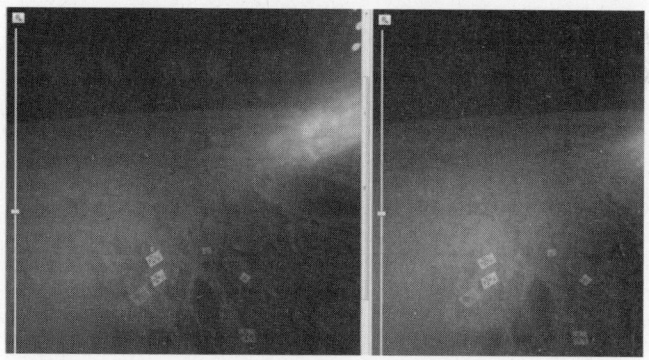

图 6-11　经核线纠正后的图像

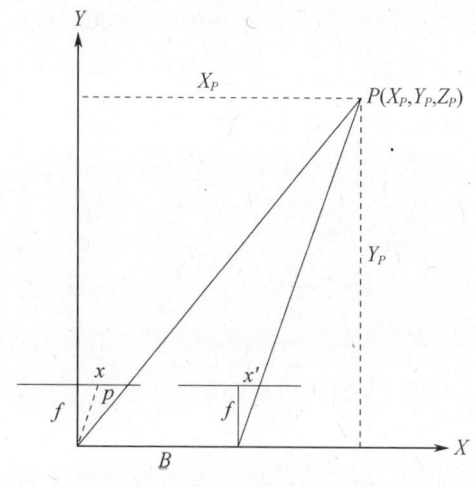

图 6-12　正直摄影示意图

间坐标的物方坐标可以通过视差公式(6.23)计算:

$$X_P = \frac{B}{P}x = \frac{Y_P}{f}x$$

$$Y_P = \frac{B}{P}f \qquad (6.23)$$

$$Z_P = \frac{B}{P}z = \frac{Y_P}{f}z$$

式中:X_P, Y_P, Z_P 为 P 点的物方坐标;x, y 为像点坐标;B 为基线长;f 为主距;P 为视差。

对式(6.23)微分,得

$$\mathrm{d}X = \frac{x}{f}\mathrm{d}Y + \frac{Y}{f}\mathrm{d}x = -\frac{Y}{B}\frac{Y}{f}\frac{x}{f}\mathrm{d}p + \frac{Y}{f}\mathrm{d}x$$

$$\mathrm{d}Y = -\frac{Bf}{P^2}\mathrm{d}p = -\frac{Y^2}{Bf}\mathrm{d}p \qquad (6.24)$$

$$\mathrm{d}Z = \frac{z}{f}\mathrm{d}Y + \frac{Y}{f}\mathrm{d}z = -\frac{Y}{B}\frac{Y}{f}\frac{z}{f}\mathrm{d}p + \frac{Y}{f}\mathrm{d}z$$

转为中误差关系,并代入 $k_1 = \frac{Y}{B}, k_2 = \frac{Y}{f}$,则得式(6.25),其中 m_p 为视差的中误差:

$$m_X = \pm\sqrt{k_1^2 k_2^2 \left(\frac{x}{f}\right)^2 m_p^2 + k_2^2 m_x^2}$$

$$m_Y = \pm k_1 k_2 m_p \qquad (6.25)$$

$$m_Z = \pm\sqrt{k_1^2 k_2^2 \left(\frac{z}{f}\right)^2 m_p^2 + k_2^2 m_z^2}$$

为了便于精度估计,用被测物体中心点的精度来代替整个系统的精度。式(6.25)中,视差 P 可简化为 $p = x - x'$,作为左右像点横坐标的差值。因此,根据误差传播定律有 $m_p = \sqrt{2}m_x$,因此取像片中心点即 $x = 0, z = 0$ 时,这样在等效正直摄影的条件下,物方点坐标精度可用式(6.26)描述:

$$m_X = \frac{Y}{f}m_x$$

$$m_Y = \frac{Y}{f}m_y \qquad (6.26)$$

$$m_Z = \frac{Y^2}{Bf}\sqrt{2}m_x = \frac{Y^2}{Bf}\sqrt{2}m_y$$

由于发布的探测目标点的定位结果是基于巡视器本体坐标系的,而相机的位置和姿态相对于巡视器本体是固定不变的,因此当选用避障相机时,此时的误差主要为视觉定位的模型误差。根据相机参数,像元尺寸为 $15\mu m$,焦距 7.26mm,目标的中心定位精度 $m_x = 0.5$ 像素$(7.5\mu m)$,探测点距离相机约 600mm,摄影基线 B 设计为 100mm,此时模型误差为

$$m_x = 0.62\text{mm}$$

$$m_z = 0.62\text{mm}$$

$$m_y = 5.26\text{mm}$$

故总模型误差为

$$m = \sqrt{m_x^2 + m_y^2 + m_z^2} = 5.33\text{mm}$$

6.3 小　结

本章首先介绍了在月面着陆巡视探测任务中,通过航天器自带的相机获取的图像数据来实现落月后的着陆点定位、行进停泊点的定位和机械臂探测点定位的理论基础,然后根据模式分工的不同依次介绍了着陆点定位、行进停泊点的定位和机械臂探测点定位的流程,理论分析了探测点定位的精度,并结合"嫦娥"三号任务应用,给出了对应的定位结果,确保了巡视器在月面的精确定位,有力地支持了巡视器的巡视探测任务。

参 考 文 献

[1] 李济生. 人造卫星精密轨道确定[M]. 北京:解放军出版社,1995.

[2] Pitas I, Venetsanopulos A N. Nonlinear Digital Filters: Principles and Applications, Kluwer, Boston, 1990.

[3] Rosenfeld A, Kak A C. Digital Picture Processing Vol. I and II, Academic Press, Orlando, FL, 1982.

[4] 朱勇松,国澄明. 基于相关系数的相关匹配算法的研究. 信号处理,2003,19(6):531-534.

[5] Bmmea D I, Silverman H F. A class of algorithm for fast digital image registration, IEEETransactions on Computers, 1972, C-21(2):176-186.

[6] 吴培景,陈光梦. 一种改进的 SSDA 图像匹配算法[J]. 计算机工程与应用,2005,41(33):76-78.

[7] Shekafforoush H, Berthod M, Zembia J. Subpixel image registrationby estimating the polyphase decomposition of CreSS power spectrum[R]. TR2707, France, INRIA Technical Report, 1995.

[8] Huge W S. Subspace identification extension to the phase correlationmethod[J]. IEEE Transactions on Medical Imaging, 2003, 22(2):277-280. 30

[9] Hoge W S, Mitsoums D, Rybieki F J, et al. Registration of multi-dimensional image data via sub-pixel resolution phase correlation[A]. Proceedings of IEEE Intarnational Conference on ImageProcessing[C], Barcelona, Spain, 2003:14-17.

[10] Zitova B, Flusser J. Image registrationmethods: a survey[J]. ImageVision Computing, 2003, 21(11):977-1000.

[11] Tian Q, Huhns M N. Algorithm for subpixel registration[J]. CVGIP:Graphical Model and Image Processing,

1986,35(2):220—223.

[12] Frischhok R W. Spinnler K P. Class of algorithm for reahimesubpixel registration[A]. Proceedings of SPIE. EuroptoConference[C], Munich, Germany, 1993:1989:50 – 59.

[13] Milan Sonka, Vaclav Hlavac, Roger Boyle. 图像处理、分析与机器视觉[M]. 艾海舟, 苏延超, 等译. 北京:清华大学出版社, 2011.

[14] 岳富占, 崔平远, 崔祜涛. 月球巡视探测器定位技术研究[J]. 机器人, 2006, 28(2): 235 – 240. B

[15] 杜治全, 郑顺义. 光束法平差的一种快速算法[J]. 地理空间信息, 2007, 5(1): 78 – 80.

[16] 吴伟仁, 周建亮, 王保丰, 等. "嫦娥" 三号"玉兔" 号巡视器遥操作中的关键技术, 中国科学信息科学, 2014, 44(4): 425 – 440.

[17] 王保丰, 周建亮, 唐歌实, 等. "嫦娥" 三号巡视器视觉定位方法研究. 中国科学信息科学, 2014, 44(4): 452 – 460.

[18] Wang Baofeng, Liu Chuankai, Wang Jia. A Positioning Technology of Lunar Rover Teleoperation Based on Vision, the 64th International Astronautical Congress, 2013:188 – 193.

[19] 刘传凯, 王保丰, 王镓, 等. "嫦娥" 三号巡视器的惯导与视觉组合定姿定位方法. 飞行器测控学报, 2014, 33(3): 250 – 257.

[20] Yu M, Cui H, Tian Y. A new approach based on crater detection and matching for visual navigation in planetary landing[J]. Advances in Space Research, 2014, 53(12): 1810 – 1821.

[21] Yu Q F, Shang Y, Liu X C, et al. Full – parameter vision navigation based on scene matching for aircrafts [J]. Science China Information Sciences, 2014, 57: 1 – 10.

[22] Liu J J, Yan W, Li C L, et al. Reconstructing the landing trajectory of the CE – 3 lunar probe by using images from the landing camera[J]. Research in Astronomy and Astrophysics, 2014, 14(12): 1530.

[23] Yu Z, Lincheng S, Dianle Z, et al. Camera Calibration of Thermal – Infrared Stereo Vision System[C]// Intelligent Systems Design and Engineering Applications, 2013 Fourth International Conference on. IEEE, 2013: 197 – 201.

[24] Zhao Y J, Pei H L. Improved Vision – Based Algorithm for Unmanned Aerial Vehicles Autonomous Landing [J]. Applied Mechanics and Materials, 2013, 273: 560 – 565.

[25] Zhao Y, Pei H. An improved vision – based algorithm for unmanned aerial vehicles autonomous landing [J]. Physics Procedia, 2012, 33: 935 – 941.

[26] Wang C, Wang T, Liang J, et al. A fuzzy – based threshold method applied in SIFT for visual navigation of small UAVs[C]//Industrial Electronics and Applications(ICIEA), 2012 7th IEEE Conference on. IEEE, 2012: 807 – 812.

[27] 吴伟仁, 王大轶, 李骥, 等. 月球软着陆避障段定点着陆导航方法研究[J]. 中国科学: 信息科学, 2011, 41(9): 1054 – 1063.

[28] 田阳, 崔平远, 崔祜涛. 基于图像的着陆点评估及探测器运动估计方法[J]. 宇航学报, 2010, 31(1): 98 – 103.

[29] 蔡胜利, 张会清. 基于序列图像块匹配的室内定位算法研究[J]. 计算机测量与控制, 2010(7): 1641 – 1644.

[30] 王先敏, 曾庆化, 熊智, 等. 视觉导航技术的发展及其研究分析[J]. 信息与控制, 2010, 39(5): 607 – 613.

[31] Brady T, Paschall S. The challenge of safe lunar landing[C]//Aerospace Conference, IEEE, 2010: 1 – 14.

[32] Izzo D, Weiss N, Seidl T. Constant – optic – flow lunar landing: Optimality and guidance[J]. Journal of Guidance, Control, and Dynamics, 2011, 34(5): 1383 –1395.

[33] Valette F, Ruffier F, Viollet S, et al. Biomimetic optic flow sensing applied to a lunar landing scenario [C]//ICRA. 2010: 2253 –2260.

[34] 刘斌,邸凯昌,王保丰,等. 基于 LRO NAC 影像的"嫦娥"三号着陆点高精度定位与精度验证[J]. 科学通报,2015,60(28 –29):2750 –2757.

第7章 无线电定位与导航

到目前为止,国内外深空导航任务均主要采用地基无线电测量手段,用以实现深空探测器的高精度跟踪测量,月面勘探与导航同样属于深空探测的一部分,采用无线电测距、测速、干涉测量方式获取月面探测器的飞行距离、速度与角度,为月面探测器的高精度导航与定位提供基础的观测量支持,是决定月面探测成功实施的关键因素之一。

在月面上着陆或移动的探测器均需要与地面使用无线电联系,如果从地面测控站发射无线电信号,通过月面的探测器(包括着陆器和巡视器)转发并回传到地面测控站,就可以得到应答式的测量数据,如果从月面探测器直接发射无线电信号至地面测控站,就可以得到非应答式的测量数据。本章主要介绍无线电测距、测速与干涉测量基本原理,分析影响无线电测量的误差因素与误差修正方法,并建立月面探测器的无线电定位估值理论。

由于探测器附着于月面,如果不考虑潮汐影响,其在月球固连坐标系下的坐标是固定值。因此,月面探测器的运动方程建立只涉及月球固连坐标系与质心天球参考系的转换。通过建立地球和月球之间的相对运动模型,利用地面测站与月面探测器的无线电测量数据就能够实现对巡视器的精确定位,如图 7 – 1 所示。

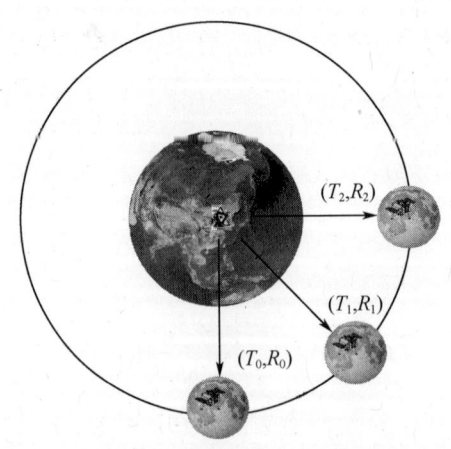

图 7 – 1 利用无线电测量对月面目标定位示意图

7.1 时空参考框架

天体在空间的位置和运动通常在天球参考系中描述。参考系的建立包括两个方面的内容:一是理论上确定参考系的定义和模式;二是建立符合这一定义的参考架。因此,参考系包括参考系建立和维持的一组模型和常数、一套理论和数据处理方法、一个参考架[1]。其中参考架是参考系具体化的形式,具体参考框架的实现都是一种近似,需要不断地改进完善。

7.1.1 时间系统的定义

月面探测器定位计算所涉及的时间系统包括:恒星时(ST)、世界时(UT)、原子时(TAI)、地球动力学时(TT)、质心动力学时(TDB)和协调世界时(UTC)。下面分别叙述这些时间的定义、用途和换算关系。

1. 恒星时(ST)

春分点连续两次过中天的时间间隔称为“恒星日”[2,3];恒星时就是春分点时角,它的数值 S 等于上中天恒星的赤经 α。

$$S = \alpha \tag{7.1}$$

恒星时是由地球自转时角所确定的时间。因此,地球自转的不均匀性可通过它与均匀时间的差别来确定。

格林尼治恒星时

$$S_0 = S - \lambda \tag{7.2}$$

式中:λ 为恒星观测所在地经度。

格林尼治恒星时,又有真恒星时和平恒星时之分。真恒星时的计算为平恒星时加赤经章动 $\Delta\psi\cos\varepsilon$,后面具体介绍。

2. 世界时(UT)

格林尼治平太阳时称为世界时(Universal Time),在天文学领域里有着广泛的应用。由于平太阳无法观测,所以世界时是通过对恒星的观测来实现的。通过观测恒星得到的世界时为 UT0,考虑极移影响修正得到的世界时即为通常使用的世界时 UT1。可见,世界时与恒星时不是相互独立的时间尺度,Aoki(1982)给出了格林尼治平恒星时的表达式:

$$S_G = 18^h \cdot 6973746 + 879000^h \cdot 0513367t + 0^s \cdot 093104t^2 - 6^s \cdot 2 \times 10^{-6}t^3 \tag{7.3}$$

式中:时间引数 t 定义如下,后文中用到的引数采用相同定义。

$$t = \frac{MJD(UT) - 51544.5}{36525} \tag{7.4}$$

2000 年 8 月在曼彻斯特国际天文年会上,IAU 重新给出了 UT1 的定义,即:UT1 是地球自转角(Earth Rotation Angle)的线性函数。地球自转角定义为瞬时真赤道平面上,天球中间原点(Celestial Intermediate Origin)和地球中间原点(Terrestrial Intermediate Origin)的地心夹角。

3. 原子时(TAI)

原子时是以铯 Cs133 基态的两能级间跃迁辐射的 9192631770 周为一秒长。1958 年 1 月 1 日 UT2 零时起算,另 TAI = UT2。但它们之间仍有起始差,可以表示为

$$(TAI - UT2)_{1958.0} = -0^s.0039 \qquad (7.5)$$

4. 地球动力学时(TT)

从 1984 年起,历书时正式被力学时取代。引入的地球动力学时(TT)与原子时(TAI)的关系为

$$TT = TAI + 32.184(s) \qquad (7.6)$$

TT 是地心时空标架的坐标时,对于地月时空中的探测器,它就是一种均匀时间尺度,相应的运动方程用它作为自变量。

5. 质心动力学时(TDB)

质心动力学时是太阳系质心时空标架的坐标时,太阳、月球和行星的历表都是以 TDB 为独立变量的。太阳系天体的运动通常在太阳系质心框架下描述,其坐标时为太阳系质心坐标时 TCB。而实际描述太阳系天体的历表通常用 TDB 时间尺度。国际天文联合会(IAU)关于 TDB 的最初定义为"与 TT 只有周期变化,1 年内的最大变化为 1.6ms",Standish(1998a)指出这个条件在实际过程中并不能严格实现,TDB 相对 TCB 的变化不是常数,TDB 不是严格意义上基于 SI 秒长的时间尺度,需要通过尺度因子才能转换为 SI 秒长。

6. 协调世界时(UTC)

用 UTC 表示的协调世界时是协调时间系统 TAI 和 UT1 后得到的一种时间。UTC 采用原子时秒长。

所谓协调,使 UTC 与 UT1 之差不超过 0.9s。规定只在 1 月 1 日或 7 月 1 日,将原子钟拨慢 1s,即所谓闰秒。它的根据是来自国际地球自转服务局(IERS)分析提供的报告。

必须注意,观测资料的 UTC 时间引数,将通过 TAI - UTC 和 TDB - TAI 转换,对跳秒做到自行延长。此时,原 UTC 时刻观测资料对应于 TDB 时刻而被处理。

协调世界时,即是用原子钟控制时刻发布得到的稳定时间。民用时都以协调世界时为主,加上时差就是地方时。北京时是时差为 +8 小时的地方时。

7. 贝塞尔(Bessel)年和儒略(Julian)年

常用的贝塞尔历元,指太阳平黄经等于 280° 的时刻,它的年首记作 1950.0, 并不是 1950 年 1 月 1 日 0 时,而是相应的儒略日为 2433282.4234,即年首为: 1950.0 = 1949,12,31,22^{h}09^{m}42^s(世界时)。

贝塞尔年,又称假年。长度为平回归年的长度,即 365.2421988 平太阳日。另外一种是儒略年,其长度为 365.25 平太阳日。其年首表示为:1950.0 = 1950, 1,1,0h = 1949,12,31,24h(世界时)。

简略儒略日(MJD)表示为:

$$MJD = JD - 2400000.5 \tag{7.7}$$

两种年的长度对应的回归世纪均为 100 年,分别称作回归世纪和儒略世纪,其长度分别为 36524.22 平太阳日和 36525 平太阳日。

7.1.2　时间系统的转换

1. UTC 至 TAI

TAI − UTC 可以查表,并从 IERS 公报给出的跳秒时间自行延伸。

2. TT 和 TDB

太阳系质心动力学时与地球动力学时之间转换的表达式可以表示为

$$TDB - TT = \frac{2}{c^2}(\dot{r}_B^S \cdot r_B^S) + \frac{1}{c^2}(\dot{r}_B^C \cdot r_E^B) + \frac{1}{c^2}(\dot{r}_E^C \cdot r_A^E) +$$

$$\frac{\mu_J}{c^2(\mu_S + \mu_J)}(\dot{r}_J^S \cdot r_J^S) + \frac{\mu_{Sa}}{c^2(\mu_S + \mu_{Sa})}(\dot{r}_{Sa}^S \cdot r_{Sa}^S) + \frac{1}{c^2}(\dot{r}_S^C \cdot r_B^S) \tag{7.8}$$

式(7.8)中,$r_i^j, \dot{r}_i^j$ 为天体 i 在空固参考系中相对于天体 j 的位置和速度矢量,单位采用 km 和 km/s,上下标 S 表示太阳,C 表示太阳系质心,B 表示地月系质心,Sa 表示土星。

在时间精度要求不是很高的条件下,式(7.8)可以通过分析解给出。

$$TDB - TT = 0.001657 \sin E + 0.000014 \sin 2E \tag{7.9}$$

式(7.9)忽略了高阶项,E 为地月系质心轨道运动的平近点角。

3. UTC 至 UT1

给定 UTC,通过 IERS Bulletin A/B 可以获得(UT1 − UTC),则 UT1 可由下式求得。

$$UT1 = UTC + (UT1 - UTC) \tag{7.10}$$

4. 格林尼治恒星时的计算

前文已经给出了格林尼治恒星时的定义,下面进一步给出其转换关系。根据地球自转角定义,地球自转角 θ 与 UT1 的关系为

$$\theta = 0.7790572732640 + 0.00273781191135448 D_U + \mathrm{frac}(JD(UT1))$$
$$(7.11)$$

式中：D_U 为自 2000 年 1 月 1 日正午起算的 UT1，即 $D_U = JD(UT1) - 2451545.0$；$\mathrm{frac}(JD(UT1))$ 是 UT1 的小数部分，即当日的世界时。

基于地球自转角的格林尼治平恒星时的表达式可写为

$$GMST = 86400.\,\theta + (0.014506 + 4612.156534T + 1.3915817T^2 -$$
$$0.00000044T^3 - 0.000029956T^4 - 0.0000000368T^5)/15 \quad (7.12)$$

相应的真恒星时表示为

$$GST = GMST + \Delta\psi\cos\varepsilon \qquad (7.13)$$

$$\varepsilon = \varepsilon_0 + \Delta\varepsilon \qquad (7.14)$$

$$\varepsilon_0 = 23°26'21''.448 - 46''.8150T_u - 0''.00059T_u^2 - 0''.001813T_u^3 \quad (7.15)$$

式中：T 为太阳质心动力学时表示的儒略世纪数；$\Delta\psi$，$\Delta\varepsilon$ 为黄经章动和交角章动，可以从 JPL 星历表中插值获取。

5. 各种时间尺度转换关系

各种时间尺度转换关系如图 7-2 所示。

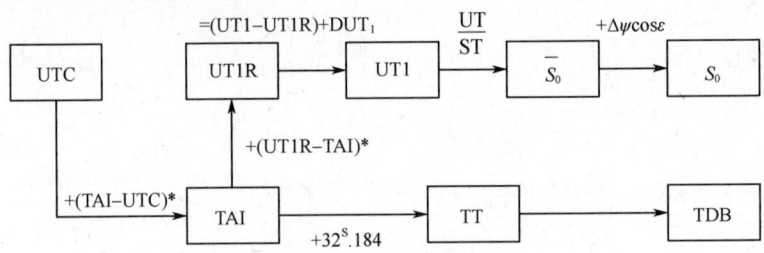

图 7-2　各种时间系统之间的转换

* 表示可以查 IERS 报告获得。从图 7-2 中可以看出，TAI 所在方框是一个交叉点，往下通向 TT 是一条描述探测器运动的时间主线；向上直至 S_0，这是空间定位主线。通过地球自转测定了 S_0，反过来 S_0 的值规定了地球在惯性空间的定位。

6. 时间系统的转换过程

时间系统的转换过程如图 7-3 所示。

（1）已知北京时间，经时区转换计算协调世界时（UTC）；

（2）从协调世界时经跳秒计算相应的原子时（TAI）；

（3）由协调世界时查 IERS 公报，线性内插计算（UT1R - TAI），得 UT1R；

（4）由 TAI 计算地球动力学时 TT；

（5）根据地球动力学时 TT 计算质心动力学时 TDB，计算 UT1 的短周期项（DUT1）；

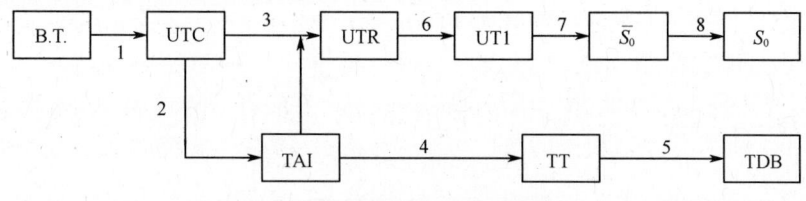

图 7-3　时间系统的转换过程图

（6）计算 UT1（UT1 = TAI +（UT1R − TAI）+ DUT1）；

（7）由 UT1 计算平恒星时；

（8）由 TDB 计算章动量，从而得出真恒星时。

7. 影响时间转换精度因素

从上述时间转换过程可以看出，能够影响时间转换精度的过程有：①查 IERS 公报，线性内插获得当前时刻（UT1R − TAI）值；②由 TT 计算太阳质心动力学时 TDB；③计算 UT1 的短周期项；④真恒星时中，章动参数的计算。

7.1.3　坐标系统的定义

对于基于无线电测量的月面探测器定位计算，所涉及的坐标系包括地心坐标系、站心坐标系及月心坐标系，它们的坐标原点分别为地心、测控站和月心。

下面根据确定一个空间坐标系包含的 3 个要素（坐标原点、参考平面和参考平面上的主方向）来定义诸坐标系：

（1）J2000.0 地心惯性系：地心为原点，历元平赤道平春分点为参考基准的坐标系；

（2）瞬时平赤道地心坐标系：地心为原点，瞬时平赤道和瞬时平春分点为基准的坐标系；

（3）瞬时真赤道地心系：地心为原点，瞬时真赤道和瞬时真春分点为参考基准的坐标系；

（4）准地固坐标系：地心为原点，瞬时真赤道和格林尼治子午面为参考基准的坐标系；

（5）地固坐标系：地心为原点，国际惯用原点 CIO 为极点，赤道面与格林尼治零子午面的交线为基本方向的坐标系；

（6）大地坐标系：用地球参考椭球面为基准面的坐标。地面上点的位置以大地经度、大地纬度和大地高为坐标值确定。

（7）站心地平坐标系：站心为原点，过测控站的观测点与地球参考椭球体相切平面和平面内北向为参考基准的坐标系；

（8）月心天球坐标系：原点在月球质心，基本平面平行于 J2000 平赤道，X 轴指向 J2000 平春分点，Z 轴指北，右手系。月心天球坐标系又称月心惯性系；

(9) 月固系(主轴):参见 2.1.1 节;

(10) 月固系(平轴):Z 轴方向是月球的平均自转轴方向(指向月球北天极),基本平面为过月心并与平均自转轴方向垂直的月球赤道面,X 轴指向经度零点方向,即月球赤道面内指向平均地球方向,Y 轴垂直于 X、Z 轴所在平面,右手系。

7.1.4 坐标系统转换

月面探测器的运动方程是在月固系(主轴)GCRS 下描述的,而与星历表相关的地月位置、月球天平动、与观测量计算有关的测站坐标,以及观测量自身均在不同的坐标系下描述。因此,月面定位计算时,涉及多种坐标的转换[4-6]。

定义旋转矩阵 $\boldsymbol{R}_i(\theta)$ 为绕 i 轴($i=x,y,z$)逆时针方向为正,旋转 θ 角,可以用以下旋转矩阵表示:

$$\boldsymbol{R}_x(\theta) = \begin{bmatrix} 1 & 0 & 0 \\ 0 & \cos\theta & \sin\theta \\ 0 & -\sin\theta & \cos\theta \end{bmatrix} \tag{7.16}$$

$$\boldsymbol{R}_y(\theta) = \begin{bmatrix} \cos\theta & 0 & -\sin\theta \\ 0 & 1 & 0 \\ \sin\theta & 0 & \cos\theta \end{bmatrix} \tag{7.17}$$

$$\boldsymbol{R}_z(\theta) = \begin{bmatrix} \cos\theta & \sin\theta & 0 \\ -\sin\theta & \cos\theta & 0 \\ 0 & 0 & 1 \end{bmatrix} \tag{7.18}$$

1. J2000.0 地心惯性系 r 至瞬时平赤道地心系 r_M

$$r_M = (\mathrm{PR})r, \dot{r}_M = (\mathrm{PR})r \tag{7.19}$$

岁差矩阵表示为

$$(\mathrm{PR}) = R_3(-Z_A)R_2(\theta_A)R_3(-\xi_A) \tag{7.20}$$

式中

$$\xi_A = 2306.2181T_u + 0.30188T_u^2 + 0.017998T_u^3 \tag{7.21}$$

$$Z_A = 2306.2181T_u + 1.09468T_u^2 + 0.018203T_u^3 \tag{7.22}$$

$$\theta_A = 2004.3109T_u - 0.42665T_u^2 - 0.041833T_u^3 \tag{7.23}$$

其中:T_u 为儒略世纪数。

2. 瞬时平赤道坐标系 r_M 至瞬时真赤道坐标系 r_T

$$r_T = (\mathrm{NR})r_M, \dot{r}_T = (\mathrm{NR})r_M \tag{7.24}$$

章动矩阵表示为

$$(\mathrm{NR}) = R_1(-\varepsilon)R_3(-\Delta\psi)R_1(\varepsilon_0) \tag{7.25}$$

3. 瞬时真赤道坐标系 r_T 至准地固系 r'_b

$$r'_b = (B_1)r_T, \dot{r}'_b = (B_1)\dot{r}_T + (\dot{B}_1)r_T \qquad (7.26)$$

地球自转矩阵表示为

$$(B_1) = R_3(S_0) \qquad (7.27)$$

式中：S_0 为格林尼治真恒星时。

而

$$(\dot{B}_1) = \begin{bmatrix} -\sin S_0 & \cos S_0 & 0 \\ -\cos S_0 & -\sin S_0 & 0 \\ 0 & 0 & 0 \end{bmatrix} \dot{S} \qquad (7.28)$$

$$\dot{S} = \left(1 + \frac{8640184.812866}{86400 \times 36525} + \frac{2 \times 0.093104}{86400 \times 36525}T_u - \right.$$
$$\left. \frac{3 \times 6.2 \times 10^{-6}}{86400 \times 36525}T_u^2\right)\frac{2\pi}{86400}\frac{\mathrm{dJD(ET)}}{\mathrm{d}t} \qquad (7.29)$$

$$\frac{\mathrm{dJD(ET)}}{\mathrm{d}t} = 1 + \frac{\mathrm{d(UT1R-TAI)}}{\mathrm{d}t} + \frac{\mathrm{dDUT1}}{\mathrm{d}t} \qquad (7.30)$$

上式右边第 2 项查 IERS 报告中列表 UT1R – TAI，求得差商替代；第 3 项对应短周期变化部分。

4. 准地固坐标系 r'_b 至地固坐标系 r_b

$$r_b = (B_2)r'_b, \dot{r}_b = (B_2)\dot{r}'_b \qquad (7.31)$$

极移矩阵：

$$\boldsymbol{B}_2 = R_2(-x_p)R_1(-y_p) = \begin{bmatrix} 1 & 0 & x_p \\ 0 & 1 & -y_p \\ -x_p & y_p & 1 \end{bmatrix} \qquad (7.32)$$

式中：x_p, y_p 为极移量，由 IERS 报告提供。

5. 大地坐标系至地固坐标系

地面测控站一般通过空间大地测量给出其大地坐标 (φ, λ, h)，而在定位计算过程中往往需要测控站的惯性直角坐标 (x_b, y_b, z_b)。前面已经给出了地固系和惯性系之间的转换关系，这里直接给出大地坐标至地固坐标的转换关系：

$$\begin{bmatrix} x_b \\ y_b \\ z_b \end{bmatrix} = \begin{bmatrix} (N+h)\cos\varphi\cos\lambda \\ (N+h)\cos\varphi\sin\lambda \\ [N(1-e_1^2)+h]\sin\varphi \end{bmatrix} \qquad (7.33)$$

式中

$$N = \frac{R_e}{\sqrt{1 - e_1^2\sin^2\varphi}} \qquad (7.34)$$

187

R_e 为地球赤道半径,$e_1 = 2f - f^2$ 为参考椭球面的第一偏心率。

对于地固系至大地坐标系的转换,常用迭代的方法,这里给出一种封闭的转换方式。令参考椭球面的第二偏心率为 $e_2 = e_1/(1 - e_1)$,参考椭球的短半轴为 $R_b = R_e(1 - f)$,参考点的地心距为 $r = \sqrt{x_b^2 + y_b^2 + z_b^2}$,在参考椭球面内的地心距离为 $r_{xy} = \sqrt{x_b^2 + y_b^2}$,则

$$\tan u = (1 - f) \cdot x_z \cdot (1 + e_2 R_b/r)/r_{xy}$$

$$\sin u = \tan u / \sqrt{1 + \tan^2 u} \tag{7.35}$$

$$\cos u = \sin u / \tan u$$

$$\tan b = \frac{z_b + e_2 R_b \sin^3 u}{r_{xy} - e_1 R_b \cos^3 u}$$

$$\sin b = \frac{\tan b}{\sqrt{1 + \tan^2 b}} \tag{7.36}$$

$$\cos b = \frac{\sin b}{\tan b}$$

式中:u,b 为中间变量。

参考点的大地坐标为

$$\lambda = \arctan \frac{y_b}{x_b}$$

$$\varphi = \arctan(\tan b) \tag{7.37}$$

$$h = r_{xy} \cos b + z_b \sin b - R_b \sqrt{1 - e_2 \sin^2 b}$$

6. 地固坐标与测站地平坐标系

地固系与测站地平坐标的关系如图 7-4 所示,其中 $(O - x_b, y_b, z_b)$ 为地固系,$(S - x_s, y_s, z_s)$ 为测站坐标系。从图 7-4 可以看出,由地固系至测站坐标的转换需要坐标平移和旋转才能实现。首先将坐标原点由 O 移至 S,然后绕 z_b 轴逆时针旋转 $\frac{\pi}{2} + \lambda$,最后再绕 x_b 旋转 $\frac{\pi}{2} - \varphi$。

旋转矩阵可写为

$$M = R_x\left(\frac{\pi}{2} - \varphi\right) \cdot R_z\left(\frac{\pi}{2} + \lambda\right) \tag{7.38}$$

设 $r_b = (x_b, y_b, z_b)^T$ 为地固系下位置向量,r_s 为测站坐标系下位置向量,则转换表达式可写为

$$r_s = M(r_b - R_b) \tag{7.39}$$

7. 站心地平坐标系与 J2000.0 地心惯性系、地固系的相互转换

图 7-5 描述了几个常用坐标系统之间的转换关系。

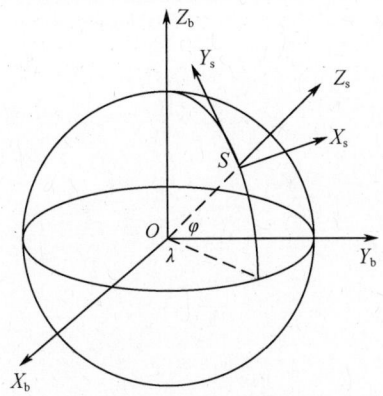

图 7－4　地固系与测站地平坐标系的旋转方法

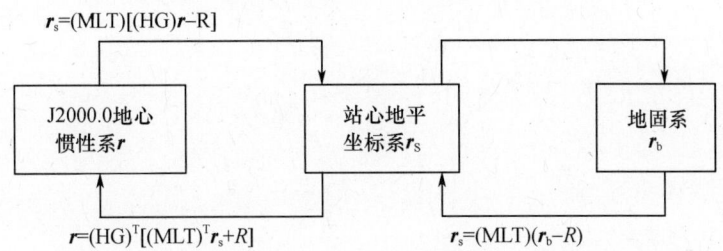

图 7－5　站心坐标系与 J2000.0 地心惯性系、地固系的转换

转换关系式相应矩阵表达式为

$$(HG) = (B_2)(B_1)(NR)(PR) \tag{7.40}$$

$$(MLT) = R_1\left(\frac{\pi}{2} - \varphi\right) R_3\left(\frac{\pi}{2} + \lambda\right) \tag{7.41}$$

式中：φ, λ 为测控站大地纬度和经度；R 为测控站在地固坐标系中的位置矢量。

8. 地心惯性系与月心惯性系的转换

图 7－6 中：O_E 为地心；O_L 为月心；P 为探测器。

其坐标转换关系为

$$r = R - R_L \tag{7.42}$$

$$\dot{r} = \dot{R} - \dot{R}_L \tag{7.43}$$

由上述转换关系可知，月心与地心的相对位置速度是实现坐标转换的关键。

9. 月心惯性系与月固坐标系间的转换

月心惯性系到月固坐标系转换的 3 个欧拉角如图 7－7 所示。

定义由月心惯性系（LCI）到月固坐标系的转换欧拉角为：①绕 Z 轴旋转 φ，使 X 轴转到月球赤道升交点；②绕 X 轴旋转 θ，使 XY 平面与月球赤道平面重合；③绕 Z 轴旋转 ψ，使 X 轴在本初子午面内。

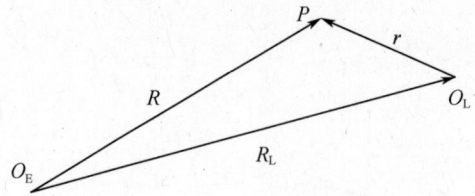

图7-6　地心—月心—探测器位置关系图

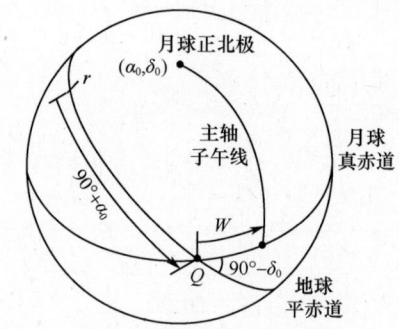

图7-7　月心惯性系与月固坐标系转换角

欧拉角与赤经、赤纬的关系为

$$\varphi = 90° + \alpha_0, \theta = 90° - \delta_0, \psi = W \tag{7.44}$$

若转换矩阵为 M，则月心惯性系与月固坐标系间的转换关系为

$$r_b = Mr \tag{7.45}$$

$$\dot{r}_b = M\dot{r} + \dot{M}r \tag{7.46}$$

其中，转换矩阵 M 为

$$M = M_3(\psi) \cdot M_1(\theta) \cdot M_3(\varphi) \tag{7.47}$$

M 矩阵的各元素为

$$M(1,1) = \cos\psi\cos\varphi - \sin\psi\cos\theta\sin\varphi \tag{7.48}$$

$$M(1,2) = \cos\psi\sin\varphi + \sin\psi\cos\theta\cos\varphi \tag{7.49}$$

$$M(1,3) = \sin\psi\sin\theta \tag{7.50}$$

$$M(2,1) = -\sin\psi\cos\varphi - \cos\psi\cos\theta\sin\varphi \tag{7.51}$$

$$M(2,2) = -\sin\psi\sin\varphi + \cos\psi\cos\theta\cos\varphi \tag{7.52}$$

$$M(2,3) = \cos\psi\sin\theta \tag{7.53}$$

$$M(3,1) = \sin\theta\sin\varphi \tag{7.54}$$

$$M(3,2) = -\sin\theta\cos\varphi \tag{7.55}$$

$$M(3,3) = \cos\theta \tag{7.56}$$

在速度转换过程中需用到 M 矩阵的导数,现推导如下:

$$M'(1,1) = -\sin(\psi)\psi'\cos\varphi - \cos(\psi)\sin(\varphi)\varphi' -$$
$$\cos(\psi)\psi'\cos\theta\sin\varphi + \sin(\psi)\sin(\theta)\theta'\sin(\varphi) -$$
$$\sin(\psi)\cos(\theta)\cos(\varphi)\varphi' \tag{7.57}$$

$$M'(1,2) = -\sin(\psi)\psi'\sin(\varphi) + \cos(\psi)\cos(\varphi)\varphi' +$$
$$\cos(\psi)\psi'\cos\theta\cos(\varphi) - \sin(\psi)\sin(\theta)\theta'\cos(\varphi) -$$
$$\sin(\psi)\cos(\theta)\sin(\varphi)\varphi' \tag{7.58}$$

$$M'(1,3) = \cos(\psi)\psi'\sin\theta + \sin(\psi)\cos(\theta)\theta' \tag{7.59}$$

$$M'(2,1) = -\cos(\psi)\psi'\cos(\varphi) + \sin(\psi)\sin(\varphi)\varphi' +$$
$$\sin(\psi)\psi'\cos(\theta)\sin(\varphi) + \cos(\psi)\sin(\theta)\theta'\sin(\varphi) -$$
$$\cos(\psi)\cos(\theta)\cos(\varphi)\varphi' \tag{7.60}$$

$$M'(2,2) = -\cos(\psi)\psi'\sin\varphi - \sin(\psi)\cos(\varphi)\varphi' -$$
$$\sin(\psi)\psi'\cos(\theta)\cos(\varphi) - \cos(\psi)\sin(\theta)\theta'\cos(\varphi) -$$
$$\cos(\psi)\cos(\theta)\sin(\varphi)\varphi' \tag{7.61}$$

$$M'(2,3) = -\sin(\psi)\psi'\sin(\theta) + \cos(\psi)\cos(\theta)\theta' \tag{7.62}$$

$$M'(3,1) = \cos(\theta)\theta'\sin(\varphi) + \sin(\theta)\cos(\varphi)\varphi' \tag{7.63}$$

$$M'(3,2) = -\cos(\theta)\theta'\cos(\varphi) + \sin(\theta)\sin(\varphi)\varphi' \tag{7.64}$$

$$M'(3,3) = -\sin(\theta)\theta' \tag{7.65}$$

那么,由月固坐标系到月心天球坐标系的转换为

$$r = M^{-1}r_b = M^T r_b \tag{7.66}$$

$$\dot{r} = M^T \dot{r}_b + \dot{M}^T r_b \tag{7.67}$$

式中

$$M^{-1} = M_3(-\varphi) \cdot M_1(-\theta) \cdot M_3(-\psi) = M^T \tag{7.68}$$

对上述 M 矩阵的 3 个转换角作变量置换即可得到转换矩阵的各元素。

7.2　无线电测量原理

7.2.1　USB/UXB 测量

1. 测距

USB(Unified S – band)和 UXB(Unified X – band)均能实现对月面探测器的无线电测量,应答式无线电测量为了避免探测器接收信号与发射信号的干涉影

响,转发器将对接收信号乘上一个比例因子,也就是转发比 $T_{1,2}$。转发比依赖于频率带宽,表 7 - 1 列出了符合 CCSDS 规范的转发比。

表 7 - 1　CCSDS 规范不同波段的转发比

波段	发射频率/MHz	接收频率/MHz	转发比
S/S	2015 ~ 2120	2200 ~ 2300	240/221
X/X	7145 ~ 7235	8400 ~ 8500	880/749

月面探测中高精度测距为月面探测器的导航定位提供了测量元素,在月面探测任务中通常采用 S/X 频段统一测控模式(USB/UXB)下测距模式,简称 USB/UXB 测距。由于地面测控站接收到的信号具有功率微弱、延时巨大等特点,因此月面测距相比近地测距具有更大的技术难度。常用的测距方法有两种:一是侧音测距;二是伪随机码(PN)序列测距,简称伪码测距。这两种方法的测距原理都是从地面测控站发出带有特殊标记的信号,探测器接收测距信号将其转发回地面测控站,然后比较发射的测距信号与接收的测距信号间的时间差或相位差,从中得到测距信息。

1)侧音测距

(1)侧音测距原理。

侧音测距是指从地面测控站发射一组纯音信号,依次对上行载波进行调相,经上行调制后的纯音分布在残余载波的两边,对其进行上行发射到探测器[7]。探测器具有相位相参的应答机,用于将上行侧音转发回地面测控站,地面测控站对接收到的信号进行调相解调恢复出侧音后,通过比较上行侧音与恢复出来的侧音之间的相位差,可计算出反应探测器与地面测控站的距离信息。

假设无线电波所通过的介质为均匀媒介,则地面测控站接收端与发射端侧音信号的相位差 $\Delta\Phi$ 随传播距离做线性变化,有 $\Delta\Phi = 4\pi R f_R / c$。式中:$R$ 为地面测控站接收端与发射端在自由空间里的距离;f_R 为测距信号频率;c 为电磁波在自由空间内的传播速度,即光速。

原理上利用收发信号相位差可以测定收发站之间的距离,但是测量设备只能测量一周之内的收发信号相位差的零头,即只能测出 $\Delta\Phi < 2\pi$ 的结果,至于 $\Delta\Phi$ 的整周数往往称为相位整周模糊度,必须采用其他方法求解。无线电的测距过程可以最终归结为两点:一是精确测定 $\Delta\Phi$ 的零头;二是求解 $\Delta\Phi$ 的整周数。

(2)侧音选择。

纯侧音测距系统测距信号由一系列正弦波或方波组成,通常称该测距信号为测距单音信号或者测距侧音信号,一般情况下,测距侧音与遥控、遥测副载波一起调制于统一载波形成统一测控系统。

最高侧音决定测距精度,最高侧音按照式(7.69)确定,即

$$f_{R\_max} \geq \frac{c}{18\sigma_R \sqrt{(SNR)_L}} \tag{7.69}$$

式中:f_{R_max} 为最高侧音频率;c 为光速;σ_R 为测距精度要求;$(SNR)_L$ 为锁相环信噪比,一般情况下 $(SNR)_L \geq 7dB$。最高侧音选择时还应考虑信道带宽限制。

最低侧音反映无模糊作用距离,最低侧音由式(7.70)确定,即

$$f_{R\_min} \leq \frac{c}{2R_{max}} \tag{7.70}$$

式中:f_{R_min} 为最低侧音频率;c 为光速;R_{max} 为最大无模糊距离。

最低侧音选择时还应考虑匹配侧音个数问题,一旦最高侧音根据测距精度确定,最低侧音选择越低,匹配侧音个数越多,系统实现越复杂,最低侧音频率越高,匹配侧音个数越少,系统实现简单,但容易出现整周匹配错误,造成较大的匹配误差。

地面测控站测距侧音选择是:主音频率为 100kHz、500kHz,次音依次为 20kHz、4kHz、800Hz、160Hz、32Hz、8Hz、2Hz、0.5Hz,实际发送时,4kHz 以下侧音折叠至 16kHz 侧音上,即实际发送侧音为 100kHz、20kHz、16kHz、16.8kHz、16.16kHz、16.032kHz、16.008kHz、16.002kHz、16.0005kHz。

次侧音由主侧音分频得出,测距精度主要取决于频率最高的主侧音,而一系列频率较低的次侧音主要用来解决主侧音在距离测量中的距离超过其波长的模糊问题。因主侧音的相位差一旦超过 360°,单靠一个侧音本身是辨别不出来相位差中包含的整周数。例如,当最高侧音为 100kHz 时,波长 $\lambda = 3000m$,如果收、发侧音的相位差不确定度为 1° 时,可测量出单程距离精度为 4.17m。最大无模糊距离取决于频率最低的次侧音,当最低侧音为 0.5Hz 时,最大无模糊单程距离为 300000km。

(3)侧音测距过程。

对于近地轨道探测器测距处理过程如下:地面测控站发射不同的测距侧音,所有测距侧音都对载波进行调相。首先,地面站先上行发射单独的主侧音,当地面站捕获到下行主侧音后由锁相环产生出返回主侧音的复制信号。地面站一方面将往返主侧音比相,计算出测距的尾数部分,并且由主侧音分频得出那些较低测距侧音的复制信号;然后地面测控站将第一个次侧音(最小侧音)和主侧音同时发送,经过一段时间后,使其与相应的复制信号达到相位匹配;接着停止发送第一个侧音,紧接着发送第二个侧音。一直继续重复以上相位匹配过程,直到所有的次侧音都依次发送完毕,而且所有返回侧音的复制信号都达到相位锁定,并确定相应的距离。在整个测距过程中,主侧音是一直连续发送的,只有当粗距离确定后,次侧音才停止传送,测距系统才开始只使用侧音连续进行距离尾数的测

量工作。

纯侧音测距的深空测距处理过程与近地轨道探测器测距处理过程存在较大区别。其中之一为侧音信号发送方式。对于近地轨道探测器测距时,一般采用主侧音常发,次侧音由低到高依次发送方式,由于深空测控空间时延巨大,若深空测控时仍采用与近地轨道探测器测距一致的侧音发送方式,系统捕获占用的时间将很难达到工程任务要求的程度。深空测控采用的测距处理过程如下:测距开始时,首先发送最低测距侧音,记录侧音发送时刻 S_{t0} 和当前侧音 S_{t0} 开始的发送保持时间,保持 T 时间后发送下一个测距侧音,第二个侧音发送保持时间从 $S_{t0} + T$ 开始计时,$S_{t0} + 2T$ 开始发送第三个测距侧音,依此类推。在测距侧音发送的同时,侧音接收机根据预报设置的往返信号传输时延进入等待程序,等待时间满足要求时开始第一个测距侧音的同步,同时记录当前时刻 R_{t0},当前侧音同步后采集当前侧音的收发相位差,$R_{t0} + T$ 时刻停止第一个侧音的同步过程,同时开始第二个侧音的同步过程,其他侧音以此类推。由于深空测距中信号往返时延巨大,深空测距要求地面测控站频率源比传统测控站高的稳定度。深空测距处理过程区别于近地探测器测距的另一个特点就是深空测距信号及其微弱,且多普勒频率变化大,须在深空测控过程中载波环、侧音环设计中充分考虑信号微弱及信号多普勒频率变化大的问题。

(4) 侧音测距的精度。

距离测量精度,不等于位置测量精度,位置测量精度需考虑到地面测控站的位置误差,电离层、对流层的传播模型和定位模型等因素。这里,测距精度指测距系统在一个积分时间内得到的单个输出距离的精度。距离测量实际上是测距侧音由地面测控站用上行发送,通过探测器转发回同一(或不同)地面测控站接收,计算信号所经过的时间,此时间就对应于测距信息。侧音测距的测量精度受以下几个误差源影响:

① 通过 S/C 频段器上应答机引起的时间延迟不确定性带来的时延误差一般规定不大于 5ns,相当于双程测距误差为 1.5m,单程测距误差为 0.75m;

② 地面测距设备引起的时延误差;

③ 上行和下行接收机输入热噪声引起的误差,一般因上行发射功率较大,应答机中接收机输入信噪比较高,可以不考虑其噪声影响;而地面测控站接收机的热噪声影响较大,则必须考虑。它决定着对最低信号强度的要求,为确保测距性能,最低要求如下:

- 地面测控站收到的残余载波信号功率谱密度 $S/N_0 > 38 \text{dB} \cdot \text{Hz}$;
- 地面测控站收到主侧音的 $S/N_0 > 22 \text{dB} \cdot \text{Hz}$;
- 任何时刻主侧音的下行调制指数应在 $0.2 \sim 1.0 \text{rad}(0 \sim P)$ 之间;
- 地面测控站收到主侧音的 $S/N_0 > 13 \text{dB} \cdot \text{Hz}$;

- 任何时刻主侧音的下行调制指数应在 $0.2 \sim 0.7\text{rad}(0 \sim P)$ 之间。

以上 5 个热噪声项产生的最大误差,不应超过 170m。上面前 3 项误差之和,称为设备误差。在门限条件下,地面测距设备误差,不应超过 173m,总的最大测距设备误差不应超过 174m。

④ 电磁波在大气中传播时,电离层的影响较小。主要是对流层的影响,对流层引起的测距误差和探测器相对于地面测控站的位置有关。

2)伪随机码测距

侧音测距虽具有测距精度高、捕获时间短和设备简单的特点,但主要缺点是需要多次解模糊,导致解模糊能力差,且小于 0.5Hz 的次侧音的硬件实现困难,而次侧音又决定着最大无模糊测量距离的远近。因而对近地探测器目前多采用侧音测距;对深空探测器多采用伪随机码测距。采用伪随机码容易获得长的周期,使无模糊距离增大,可以避免多次解距离模糊的复杂问题,且保密性和抗干扰性得以增强,同时调制载波后尚可以和多种信号同时占用一个射频带宽。

(1)伪随机码测距方法。

伪随机码测距主要分为复合码测距和音码混合测距两种。复合码测距采用几个短单码用一定的逻辑组合方法组合生成的 M 序列,每个单码称为子码。音码混合测距,则是综合了侧音测距和伪随机码测距的优点,而避开了各自的缺点,用侧音来保证测距的精度,用伪随机码来解决解距离模糊问题。

① 伪随机码码长 M 的选择。

令 R_m 为双程最大待测距离,为码元时间宽度,则有

$$M \geqslant \frac{R_m}{c \cdot \Delta} \tag{7.71}$$

式中:c 为光速;伪随机码用于测距时,M 的计量单位用片(chip)表示。

PN 码周期如下:

$$T = M \cdot \Delta = R_m/c \tag{7.72}$$

若采用复合码时,令 j 个子码长分别为 $M_1, M_2, \cdots, M_j$,则

$$M = M_1, M_2, \cdots, M_i, \cdots, M_j$$

式中:子码长度应互为质数。

采用复合码时,复合码的初相唯一的由各子码的初相所决定。M_i 子码的初相,最多进行 M_i 次试探便能确定,故复合码相关时试探次数最多为 $M_1 + M_2 + \cdots + M_j$ 次,这可以大大节省捕获时间。

② 复合码测距。

美国 NASA 从 20 世纪 60 年代的"阿波罗"登月宇宙飞船登月时开始采用复合码由 5 个子码组成,其中 1 个子码为时钟频率,即把钟频也当作一个子码看待。钟码是周期为 $2T_b$ 的"1""0"交替码。NASA 伪码测距的测距码是由几个互

质的子码经逻辑组合构成的复合码。这种测距信号的关键是在于各子码与组合逻辑式的选择。在几个子码中,第一个子码必须是(1010…)序列,该序列构成了测距时钟,这样才能在测距信号频谱中形成明显的时钟分量,有利于测距时先提取测距钟,再完成伪码相位捕获,这一点在极低信噪比条件下是非常重要的。其余各子码及组合逻辑式的选择将决定子码相关峰的大小,子码相关峰太小,在极低信噪比下会给子码捕获带来相当大的难度。码相位搜索时,各子码相关器同时进行搜索,各子码相位捕获后,经逻辑组合就可以恢复长的复合码,所以相关搜索次数明显减少,码相位搜索比直接捕获长码要快得多。此方法较其他方法优点在于以下几个方面:

- 其他方法都必须预知或估计信号的往返时间(传输时延),接收端才能选择相应的侧音或序列码进行相关,伪码测距不需要预知信号的往返时间;
- 大部分测距信号功率在"测距时钟"分量中,有利于提高测距精度;
- 测距伪码具有扩频特性,从而不干扰其他信号。

基于以上优点,在 NASA 的较新深空站中采用了复合码测距。

③ 音码混合测距。

音码混合体制和纯侧音测距体制实现方式基本相同,只是音码测距可以提供更大的解模糊能力。

在欧空局(ESA)标准的音码混合测距信号体制中,测距码是由侧音逐次 2 分频以后的方波异或而得到的序列码,采用该序列码测距无需采用码相关搜索来捕获测距码。而连续发送各级码时,由分频链解相位模糊连续捕获测距码。如果采用 20 级分频,就只需要发射 20 级码就可以完成距离捕获。其解模糊码的捕获过程与纯侧音测距信号形式的次音捕获过程相似,甚至更为简单。因为在捕获每一级码时,只需判断码相关器的相关结果是否超过门限,就可以判定由分频链恢复的码极性是否翻转,完成码捕获,而不需要测相位差,因此也就更适合于深空极低信噪比的情况。再者,序列码的相关性也比侧音信号的相关性更好。所以认为 ESA 音码混合(序列码)测距信号比纯侧音测距更适合深空测控系统。

音码混合测距过程如下:由地面测控终端产生一伪随机码序列调制到载波发送至探测器上,探测器接收到这一伪随机码序列,用伪码的时钟产生一系列同步的测距音(测距音的零相位对应于伪码的开始位置,在一个码周期内有多个整测距音周期),这些测距音通过相位调制(PM)发送到地面,经相位延迟锁定后通过测距音/伪码相位比较器得出测距音与最初发送的伪码的相位差或时延,进而得出所测距离。

混合测距与纯侧音测距和传统伪随机码测距方法相比,最大的不同在于此方法同时采用了侧音测距技术和伪随机码测距技术。在探测器上,必须有伪码转换成测距侧音的装置。可以通过采用两个数模转换器来实现这一功能。通过第一个的数模转换器可以产生一系列次侧音频率范围可以是 8Hz 到 20kHz,通过第二个数模转换器可以产生主侧音。主、次侧音的周期应该是码周期的公约数。和纯侧音测距一样,这里的次侧音信号主要是解决距离模糊问题,而主侧音则是用来精确测距。单程距离模糊度的公式为

$$D = 0.5 \times (c/f_{\min}) \qquad (7.73)$$

式中:c 为光速;$f_{\min}$ 为次侧音的频率。

音码混合测距由于上行采用伪随机码传输,而且是调制在测控信道上,所以音码混合测距精度可用透明传输随机码测距的分析方法来讨论。由于下行完全是采用纯测距音测距方法,其测距精度也就可以采用纯测距音的分析方法来分析。混合测距方式上行采用了扩频码分多址形式,下行仍然保留了侧音测距方式。这样不需要更新测控地面站的接收设备。但是这种方式使探测器上的处理变得复杂,而且使得整个测距过程需要更加复杂的测距链路。

(2) 测距误差源。

多种因素影响测距误差,如热噪声引入的误差、频率源不稳引入的误差、设备标校不准误差、应答机引入的误差、测距终端分辨误差以及电离层、对流层误差等。对三向测距,误差源还包括收发站之间的时间不同步误差。

① 地面热噪声误差。

对纯侧音测距和音码混合测距,测距精度主要由主音环的相位抖动决定。地面热噪声对主音环相位抖动影响引入的测距误差由式(7.74)表示,即

$$\sigma_R = \frac{c}{4\pi f_{主音}} \sqrt{\frac{B_R}{(S/N_0)_{测距音}}} \qquad (7.74)$$

式中:σ_R 为热噪声误差(m);$f_{主音}$ 为测距主音频率(Hz);B_R 为主音环单边带宽(Hz);$(S/N_0)_{测距音}$ 为主音信号与噪声功率谱密度比(dB·Hz)。

对于伪码测距,常采用二阶、三阶延迟锁定跟踪测距,测距误差由式(7.75)表示,即

$$\sigma_R = \frac{c \cdot T_c}{\alpha} \cdot \sqrt{\frac{B_n}{2c/N}\left(1 + \frac{2B_e}{c/N_0}\right)} \qquad (7.75)$$

式中:c 为光速(m/s);α 为相关因子,取值 0.8;c/N_0 为信号功率比(dB·Hz);B_n 为环路等效单边噪声带宽(Hz);B_e 为相关器带宽;T_c 为伪码码片宽度。

对于序列测距,接收机测距误差为

$$\sigma_R = \frac{c}{f_{R_e} A_c \sqrt{32\pi^2 T_1 (P_R/N_0)}} \quad (\text{正弦波测距时钟}) \qquad (7.76)$$

$$\sigma_R = \frac{c}{f_{R_c} A_c \sqrt{256 T_1 (P_R/N_0)}} \quad (方波测距时钟) \qquad (7.77)$$

式中：c 为光速；T_1 为测距时钟测量积分时间（s）；f_{R_c} 为测距时钟频率；A_c 为相关损失系数（$A_c \leqslant 1$）；(P_R/N_0) 为测距信号总功率与噪声功率谱密度的比（dB·Hz）。

② 频率源不稳引入的误差。

频率源不稳引入的误差由式 $\sigma_R = \sqrt{2} S_{SL} R$ 表示，其中 S_{SL} 为侧音信号频率稳定度，一般用阿伦方差表示，阿伦方差积分时间取值与电磁波往返路径延迟相当，R 为测站到目标距离。该误差随测量距离的增加影响加大，为保证一定的测距精度，深空测控站需配备由频率稳定度较高的源提供频率基准。

③ 设备标校不准误差和应答机引入的误差。

对双向测距，测站设备和应答机引入的时间延迟一般采用事前或实时校准的方法标定，标定残差引入系统测距误差；对三向测距，发射链路的单向延迟和接收链路的单向延迟不能测量，且无精确标定方法。目前，采用的方法是参与三向测距的两个站分别测量距离零值，各取 1/2，假设其中一个站的零值的 1/2 为上行链路的时间延迟，另一个站的零值的 1/2 为下行链路的时间延迟，二者相加为三向测距设备零值。该方法测距精度较差。

④ 测距终端分辨误差。

测距终端采用数字电路实现收发信号相位差测量时，其量化误差主要取决于数字环路 NCO 的量化位数，当位数足够多时，量化误差很小。

⑤ 电离层和对流层误差。

电离层和对流层占系统总测距误差的较大比例，目前只能采用一定的模型进行修正。

⑥ 站间时钟偏差。

对三向测距，站间时钟偏差直接引入测距误差，$\sigma_R = \Delta\tau \cdot c$，式中：$\Delta\tau$ 为站间时钟偏差；c 为光速。对测距 3000km 以上参与三向的两个深空站，能保证的站间时钟偏差一般在 20～50ns，站间时钟偏差引入的测距误差是三向测距系统的主要误差源。

⑦ 探测器光行时误差。

在深空测距中，须考虑光行时对测距的影响，因此须计算探测器光行时解。

• 光行时方程。

通常可以在太阳系质心时空参考架中或局部地心时空参考架中得到探测器的光行时解。太阳系质心时空参考架适用于位于太阳系内任一位置的探测器；局部地心时空参考架适用于离地球非常近的探测器。

太阳系质心时空参考架中的光行时方程的最终形式为：

$$t_2 - t_1 = \frac{r_{12}}{c} + \frac{(1+\gamma)\mu_S}{c^3}\ln\left[\frac{r_1^S + r_2^S + r_{12}^S + \dfrac{(1+\gamma)\mu_S}{c^2}}{r_1^S + r_2^S - r_{12}^S + \dfrac{(1+\gamma)\mu_S}{c^2}}\right]_{\substack{1\to2\\2\to3}} +$$

$$\sum_{B=1}^{10}\frac{(1+\gamma)\mu_B}{c^3}\ln\left(\frac{r_1^B + r_2^B + r_{12}^B}{r_1^B + r_2^B - r_{12}^B}\right) \tag{7.78}$$

式中：μ_S 为太阳引力常数；μ_B 为行星、外行星系统或月面的引力常数。在探测器光行时解方程中，t_1 为地面测控站或探测器上的发射时刻，t_2 为探测器的反射时刻，或者对于单向数据，t_2 为探测器的发射时刻。地面测控站或探测器的接收时刻记为 t_3。因此，式(7.78)是上行支路光行时方程。通过将 1 换成 2，将 2 换成 3，得到相应的下行支路光行时方程。

局部地心时空参考架中的光行时解是在一个非惯性参考架中得到的，它相对太阳系质心时空参考架是非旋转的。在局部地心参考架中，可以忽略地球质量引起的光路径弯曲，下行支路的光行时方程为

$$t_3 - t_2 = \frac{r_{23}^E}{c} + \frac{(1+\gamma)\mu_E}{c^3}\ln\left[\frac{r_2^E + r_3^E + r_{23}^E}{r_2^E + r_3^E - r_{23}^E}\right]_{\substack{1\to2\\2\to3}} \tag{7.79}$$

● 光路径传播时间的线性微分改正。

在探测器光行时解中，地面测控站或探测器的接收时刻记为 t_3。通过一个迭代过程，下行光行时解得到在探测器的发射时刻 t_2。有了收敛的 t_2 值，通过一个迭代过程，上行光行时解得到在地面测控站或探测器的发射时刻 t_1。

令 t_j 和 t_i 表示光路径的一个支路的接收和发射时刻。对于光路径的下行支路，j 为 3，i 为 2。对于上行支路，j 为 2，i 为 1。本节建立了确定发射时刻 t_i 的一个线性微分改正公式。对于发射 t_i 时刻的每个估计，微分改正生成 t_i 的一个线性微分改正 Δt_i。

在 i 和 j 项中，质心参考架中的光行时方程式(7.78)和局部地心参考架中的光行时方程式(7.79)可以表示为

$$t_j - t_i = \frac{r_{ij}}{c} + T_{ij} \tag{7.80}$$

式中：T_{ij} 为 ij 支路上的相对论光行时延迟。

对于给定的发射时间 t_i 的一个估计，令函数 f 为式(7.80)左端的相应值减去该式的右端，即

$$f = t_j - t_i - \frac{r_{ij}}{c} - T_{ij} \tag{7.81}$$

令 T_{ij} 保持不变，f 对 t_i 的偏导数为

$$\frac{\partial f}{\partial t_i} = -1 + \frac{1}{c}\frac{r_{ij}}{r_{ij}}\dot{r}_i^c(t_i) = -1 + \frac{\dot{p}_{ij}}{c} \tag{7.82}$$

对于给定的 t_i 估计和相应的 f 和 $\dfrac{\partial f}{\partial t_i}$ 值,使 f 线性趋于零的 t_i 的微分改正为

$$f + \frac{\partial f}{\partial t_i}\Delta t_i = 0 \tag{7.83}$$

解出 Δt_i,代入式(7.81)和式(7.82),给出期望的 t_i 的线性微分改正 Δt_i 公式为

$$\Delta t_i = \frac{t_j - t_i - \dfrac{r_{ij}}{c} - \mathrm{RLT}_{ij}}{1 - \dfrac{\dot{p}_{ij}}{c}} \tag{7.84}$$

2. 测速

在深空测控任务中,测速将是一项重要的测量内容。现代测速方法是:首先测量探测器与地面测控站相对运动的径向速度引起载波的多普勒频移 $\Delta f(f_d)$,再由多普勒频移 f_d 换算出径向速度。载波多普勒频移简称多普勒频率或者多普勒。

1) 多普勒测速原理

当发射机与接收机相对运动而彼此接近时,接收机所收到的信号频率 f_R 将高于发射机的信号频率 f_T。这种由于相对运动而使接收频率不同于发射频率的现象称为多普勒效应。

设发射机相对于接收机的径向速度为 v,光速为 c,则

$$f_R = \sqrt{\frac{c+v}{c-v}}f_T \tag{7.85}$$

当发射机与接收机彼此接近时,v 为正值;当彼此远离时,v 为负值。

多普勒频率 f_d 为接收信号频率 f_R 与发射频率 f_T 之差,即

$$f_d = f_R - f_T = \left(\sqrt{\frac{c+v}{c-v}} - 1\right)f_T \approx \frac{v}{c}f_T \tag{7.86}$$

在 v 远小于 c 时式(7.86)的近似成立。

因此,如果测得多普勒频移,就可以计算出发射机相对于接收机的径向速度,这便是多普勒测速的基本原理。

2) 测速方式

根据跟踪模式的不同,深空探测器的速度测量可以分为 3 种方式,即单向多普勒测量、双向多普勒测量和三向(多向)多普勒测量。

(1) 单向多普勒测量。

在单向跟踪模式下,深空探测器以其高稳频率振荡器为参考,产生标称下行发射信号,信号经过空间传播与延迟后被地面站接收。地面测控站测量接收到的信号相对于标称下行发射信号(以地面站高稳频率振荡器为参考)的频率差。

单向测速系统一般由探测器上的信标机和地面接收设备组成。

设探测器发射信号频率为 f_T,地面接收信号为

$$f_R = \sqrt{\frac{c+v}{c-v}} f_T \qquad (7.87)$$

若地面站能够精确复制探测器发射信号频率 f_T,则测得多普勒频率如式(7.86)所示。

由此可以计算得到探测器相对于地面站的径向速度 v。

单向多普勒测距的精度直接受探测器频率稳定度的影响,由于受到器载条件的限制,制造频率稳定度很高的晶体振荡器比较困难,这将直接影响多普勒测速精度,相对标称频率 f 的未知固定频率 Δf 变换成速度误差为 $\Delta v = c\Delta f/f$。

目前,最稳定的航天级晶体振荡器在 1000s 频率稳定度为 10^{-13},对于更长时间间隔上,晶体振荡器的稳定性通常更差。

虽然单向多普勒跟踪测量受振荡器稳定性的限制,但它简化了地面操作,并为深空探测器遥测数据接收提供了更好的信噪比(SNR),随着生产航天级高稳定晶体振荡器能力的提高和成本的降低,单向多普勒测量是深空多普勒测量的一个重点发展方向。图 7 – 8 所示为单向多普勒测量示意图。

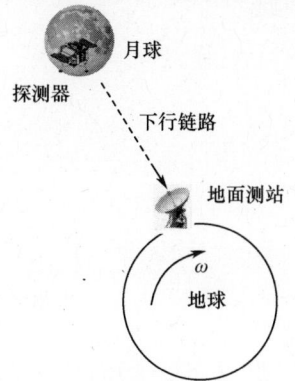

图 7 – 8　单向多普勒测量示意图

(2) 双向多普勒测量。

在目前条件下,由于受到探测器上晶体振荡器稳定度的限制,深空多普勒测量一般不采用单向跟踪模式,而是采用双向跟踪模式。双向测速系统一般由探测器上的应答机(相干)和地面发射/接收设备组成。

设地面站发射频率为 f_T,探测器相对于地面站的径向速度为 v,则探测器接收的信号频率为

$$f'_R = \sqrt{\frac{c+v}{c-v}} f_T \qquad (7.88)$$

设探测器对接收信号进行相干转发比为 q，则探测器发射信号频率为

$$f'_T = qf'_R = \sqrt{\frac{c+v}{c-v}} qf_T \qquad (7.89)$$

地面站接收信号频率为

$$f_R = \sqrt{\frac{c+v}{c-v}} f'_T = \frac{c+v}{c-v} qf_T \qquad (7.90)$$

因此，测量得到的多普勒频偏为

$$f_d = f_R - qf_T = \left(\frac{c+v}{c-v} - 1\right)qf_T \approx \frac{2v}{c} qf_T \qquad (7.91)$$

当 v 远小于 c 时，式(7.91)的近似成立。

在双向多普勒测量中，一般采用同一个地基频率标准作为上行链路信号和下行信号检测器的参考信号，而且一般使用高稳定的氢钟（频率标准稳定在 10^{-15} 量级），因而能够得到目前精度最高的多普勒数据。图7-9所示为双向多普勒测量示意图。

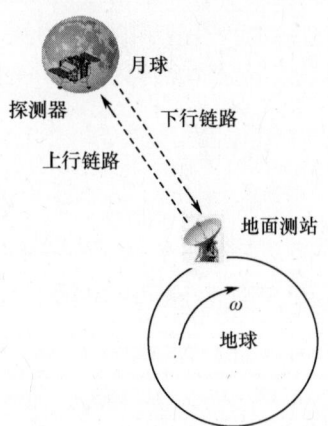

图7-9 双向多普勒测量示意图

当多普勒技术时间 $\tau < 1000s$（小于电波往返时间 M_τ）时，频率稳定性带来的测距误差为

$$\Delta v \approx \sqrt{2}\, c\sigma_y(\tau) \qquad (7.92)$$

当多普勒计数时间和电波往返时间（RTLT）在 $1000s \sim 12h$，频率稳定性带来的测速误差为

$$\Delta v \approx \sqrt{2 + \log_2 M}\, c\sigma_y(\tau) \qquad (7.93)$$

式中：$\sigma_y(\tau)$ 为频率标准的阿仑方差，$M = \text{RTLR}/\tau$。

（3）三向（多向）多普勒测量。

当探测器距离地面站很远时，由于地球自转的影响，可能无法完成双向多普

勒测量,这时就必须采用三向(多普勒)测量。三向测速系统一般由地面站 G_1 的发射设备,探测器上相干应答机和地面站 G_2 的接收设备组成。

设地面站 G_1 的发射频率为 f_{G_1-T},探测器相对于地面站的径向速度为 v_{G_1},则探测器接收的信号频率为

$$f'_R = \sqrt{\frac{c+v_{G_1}}{c-v_{G_1}}} f_{G_1-T} \qquad (7.94)$$

探测器对接收信号进行相干转发的转发比为 q,则探测器发射信号频率为

$$f'_T = q f'_R = \sqrt{\frac{c+v_{G_1}}{c-v_{G_1}}} q f_{G_1-T} \qquad (7.95)$$

设探测器相对于地面站 G_2 的径向速度为 v_{G_2},则地面站 G_2 接收的信号频率为

$$f_R = \sqrt{\frac{c+v_{G_2}}{c-v_{G_2}}} f'_T = \sqrt{\frac{c+v_{G_2}}{c-v_{G_2}}} \sqrt{\frac{c+v_{G_1}}{c-v_{G_1}}} q f_T \qquad (7.96)$$

考虑到探测器相对于地面测量站的距离非常远,可以认为 $v_{G_1} = v_{G_2} = v$,因此,有

$$f_R = \sqrt{\frac{c+v_{G_2}}{c-v_{G_2}}} \sqrt{\frac{c+v_{G_1}}{c-v_{G_1}}} q f_T = \frac{c+v}{c-v} q f_T \qquad (7.97)$$

若地面测量站 G_2 能够精确复制地面测量站 G_1 的发射信号频率 f_T,则测得多普勒频率如式(7.91)所示。

由此可见,三向多普勒测量与双向多普勒测量相似,所不同的就是接收设备与发射设备采用的频率参考源,它们之间位置固定偏差将直接转化为测距误差。

考虑到深空地面站一般采用高稳定的氢钟,地面站之间的固定偏差可以控制到不对测距精度产生太大的影响。图 7-10 所示为三向多普勒测量示意图。

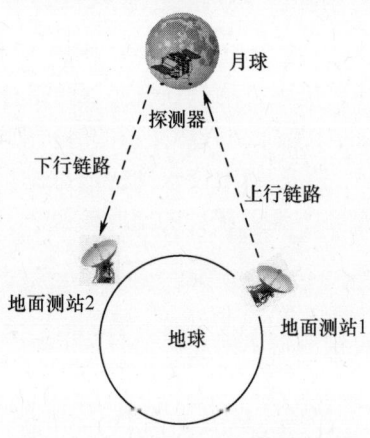

图 7-10 三向多普勒测量示意图

3）测速误差源

有多种因素限制了对深空探测器的测速精度，如时钟不稳定性、应答机频率转发误差（对双向和三向测量）、测量设备中的热噪声等，都会限制测速精度。

（1）时钟不稳定性。时钟不稳定性是测速中的一个基本误差源。由于时钟不稳定性带来的频率偏差将会换成测速误差。

为了提高测速精度，对于较小时钟不稳定性带来的影响，深空测速系统通常采用高稳定的氢钟。美国在其深空网（DSN）中甚至采用了称为线性离子阱标准（LITS）的新频率标准，它能够在各种平均时间上获得比氢钟更好的稳定度，其短稳可达到 $3 \times 10^{-14}/\tau^{1/2}$，长稳达到 6×10^{-16} 或更好（$\tau > 10^4$s）。

（2）探测器频率转发误差。在双向和三向测量中，一般采用相干测量方式。对于测速，通常需要进行载波的相干转发。频率相干转发误差就会转换成测速误差。

为了保证测速精度，需要根据测量的精度要求对探测器的转发精度提出要求。在欧洲航天局的 ECSS 标准中，对探测器频率转发误差带来的测速误差要求小于 0.1mm/s。

（3）测量设备的影响。由测量设备引起的多普勒测量误差，主要来源于信号经过接收机和发射子系统以及探测器应答机传输路径中的热噪声和不稳定性。为减小测量设备的影响，深空测速系统一般采用载波相位计数测量法。

（4）传输媒介。行星际媒介和地球电离层中带电粒子会给行星际无线电信号噪声色散传输延迟，从而引入测量误差。

减小传输媒介影响的措施有多种方法，如双频（多频）测量、DRVID（差分距离和积分多普勒），监测 GPS 卫星发射的 L 频段双频信号通过计算进行修正等。

7.2.2　干涉测量

目前干涉测量包括 VLBI 测量和 SBI 测量，其中 VLBI（甚长基线干涉测量）是 20 世纪 60 年代后期在射电天文测量领域发展的新技术，具有作用距离远，测量精度高的特点，在未来的深空探测有着广阔的应用前景，该系统在两个或多个地面射电干涉仪单元的射电望远镜上接收到射电源的射电辐射（可来自探测器发射的信号），同时记录来自本地原子钟的定时信号。

1. VLBI 干涉测量

1）VLBI 接收信号模型

地面两个测控站接收探测器或射电星信号。

站 1：

$$x_1(t) = s_B(t - \tau_{g1}) e^{j2\pi f_c(t - \tau_{g1}) + \varphi_0} \tag{7.98}$$

站 2：

$$x_2(t) = s_B(t - \tau_{g2}) e^{j2\pi f_c(t - \tau_{g2}) + \varphi_0} \tag{7.99}$$

式中:$s_B(t)$ 为带宽为 B 的基带信号;f_c 为载波频率;τ_{g1},τ_{g2} 分别为探测器或射电星信号到达地面测控站延时值;φ_0 为信号的初相。

将测控站 1 接收信号作为基准信号,令 τ_g 表示测控站 2 相对于测控站 1 接收信号的延时值,则两站信号表示为

站 1:

$$x_1(t) = s_B(t) e^{j2\pi f_c t + \varphi_0} \tag{7.100}$$

站 2:

$$x_2(t) = s_B(t - \tau_g) e^{j2\pi f_c(t - \tau_g) + \varphi_0} \tag{7.101}$$

2) 下变频过程

在两个测控站分别对接收信号进行下变频,原则上两站下变频器频率应完全相同,两测控站下变频信号分别为:$f_{l1}(t) = e^{-j(2\pi f_0 t + \varphi_1)}$,$f_{l2}(t) = e^{-j(2\pi f_0 t + \varphi_2)}$,其中 f_0 为下变频器的频率值,φ_1,φ_2 为两站下变频器不同相位初相。

下变频后两站信号表示为

站 1:

$$x_1(t) = s_B(t) \, e^{j2\pi f_c t} \, e^{-j2\pi f_0 t} \, e^{j(\varphi_0 - \varphi_1)} = s_B(t) e^{j\varphi_{01}} \tag{7.102}$$

站 2:

$$x_2(t) = s_B(t - \tau_g) e^{j2\pi f_c(t - \tau_g)} \, e^{-j2\pi f_0 t} \, e^{j(\varphi_0 - \varphi_2)} = s_B(t - \tau_g) \, e^{-j2\pi f_c \tau_g + j\varphi_{02}}$$

$$\tag{7.103}$$

3) 算法流程

算法流程如图 7 - 11 所示:

(1) 时延及时延率模型值。

初始时延及时延率模型值一般依据星历预报等手段获得。

(2) 条纹搜索。

依据星历预报时延及时延率模型值,进行条纹搜索。条纹搜索主要针对探测器信号依据测控站接收数据的相关性在以预报时延值为中心的一定范围内搜索时域相关最大值点[15]。

(3) 整数比特补偿。

假设本地的时延补偿模型为 τ_{gm},其中包括整数 N 个采样间隔 NT_s($T_s = \dfrac{1}{f_s}$,f_s 表示信号采样率)和一个不满采样间隔部分 $\tau_{gF} = \tau_{ge} - NT_s$,在时域内移位进行整数比特补偿。

$\Delta\tau_g = \tau_g - \tau_{ge}$ 表示残余延时值。

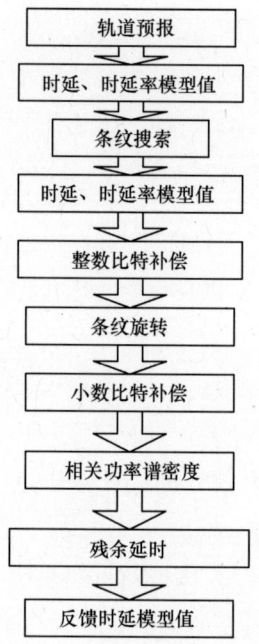

图 7 - 11　VLBI 处理算法流程图

整数比特补偿后的站 2 信号为

$$x_2(t) = s_B(t - \tau_g + NT_s) e^{-j2\pi f_c \tau_{gm}} e^{j\varphi_{02}}\qquad(7.104)$$

（4）条纹旋转。由于地球自转和探测器运动使两地面接收站接收信号的延时随时间变化，是时间 t 的函数，即 $\tau_g(t) = \tau_{g0} + \dot{\tau}_g \times \Delta t$

式中：τ_{g0} 为某时间段延时中不随时间变化部分；$\dot{\tau}_g$ 为延时值变化率。
则测控站 2 接收信号可以表示为

$$x_2(t) = s_B(t - (\tau_g(t) + NT_s)) e^{-j2\pi f_c \tau_g(t)} e^{j\varphi_{02}}\qquad(7.105)$$

处理机通过条纹旋转消除式（7.107）中对基频信号而不是射频信号做时延补偿[20]而引入的相位因子 $o^{-j2\pi f_c \tau_g(t)}$。

相应的延时及延时率估计值存在关系：$\tau_{ge}(t) = \tau_{ge} + \dot{\tau}_{ge} \times \Delta t$

条纹旋转过程为

$$x_2(t) = x_2(t) \times e^{j2\pi f_0 \tau_{ge}(t)} = s_B(t - (\tau_g(t) - NT_s)) e^{-j2\pi f_c(\tau_g(t) - \tau_{ge}(t))} e^{j\varphi_{02}}$$

$$= s_B(t - (\tau_g(t) - NT_s)) e^{-j2\pi f_0(\Delta\tau_{g0} + \Delta\dot{\tau}_g \times \Delta t)}\qquad(7.106)$$

式中：$\Delta\tau_{g0}$ 为残余延时；$\Delta\dot{\tau}_g$ 为残余延时率。

（5）小数比特补偿。

原始信号在频域内进行小数比特补偿，上述两站信号 FFT 变换后，令 $s_B(t)$ 的 FFT 结果计为 $X(f)$，则两站信号 FFT 后结果为站 1：

$$X_1(f) = X(f) e^{j\varphi_{01}} \tag{7.107}$$

站 2：

$$
\begin{aligned}
X_2(f) &= X(f) e^{-j2\pi f(\tau_g(t) - NT_s)} e^{-j2\pi f_0(\Delta\tau_{g0} + \Delta\dot{\tau}_g \times \Delta t)} e^{j\varphi_{02}} \\
&= X(f) e^{-j2\pi f(\Delta\tau_g + \tau_{geF} + \Delta\dot{\tau}_g \times \Delta t)} e^{-j2\pi f_0(\Delta\tau_{g0} + \Delta\dot{\tau}_g \times \Delta t)} e^{j\varphi_{02}} \\
&= X(f) e^{-j2\pi(f_0 + f)(\Delta\tau_{g0} + \Delta\dot{\tau}_g \times \Delta t)} e^{-j2\pi f\tau_{geF}} e^{j\varphi_{02}}
\end{aligned} \tag{7.108}
$$

小数比特补偿过程为

$$X_2(f) = X_2(f) e^{j2\pi f\tau_{geF}} = X(f) e^{-j2\pi(f_0 + f)(\Delta\tau_{g0} + \Delta\dot{\tau}_g \times \Delta t)} e^{j\varphi_{02}} \tag{7.109}$$

（6）相关功率谱密度。

求两站信号的相关功率谱密度函数为

$$
\begin{aligned}
P(f) &= X_1(f) X_2^*(f) = X(f) e^{j\varphi_{01}} \times X^*(f) e^{j2\pi(f_0 + f)(\Delta\tau_{g0} + \Delta\dot{\tau}_g \times \Delta t)} e^{-j\varphi_{02}} \\
&= |X(f)|^2 e^{j2\pi(f_0 + f)(\Delta\tau_{g0} + \Delta\dot{\tau}_g \times \Delta t) + j(\varphi_{01} - \varphi_{02})} = |X(f)|^2 e^{j\varphi}
\end{aligned} \tag{7.110}
$$

同时，计算过程中，为消除噪声对处理结果的影响，要将分段积分时间相关谱密度累加，以增强条纹清晰度。

由此算法过程可知，$\Delta\tau_{g0} = \dfrac{\partial\varphi(t,f)}{2\pi\partial f}$，$\Delta\dot{\tau}_g = \dfrac{\partial\varphi(t,f)}{2\pi\partial t}$ 即为残余时延、残余条纹率值，也即相频图的斜率即为残余延时值。

2. SBI 干涉测量

1）数学模型

当两个探测器在角度上非常接近时，它们可以在一个地面天线的同一个波束内被观测，使用两个地面站天线对两个探测器同时观测，可以形成差分干涉测量[16]，这一技术称为同波束干涉测量（Same Beam Interferometry）。这种测量方法可以提供天平面上非常精确的相对位置测量量。

假设两个探测器 a、b 分别同时播发 3 个频率 f_1、f_2 和 f_3 的点频信号（$f_1 < f_2 < f_3$），地面两个测控站 A、B 对信号进行接收。记探测器 $h(h = a, b)$ 的 $f_n(n = 1, 2, 3)$ 信号到达测站 $g(g = A, B)$ 的传播时延为 τ_{hgn}，该时延可以写为

$$\tau_{hgn} = \tau_{hg} + (\tau_{th} - \tau_{tg}) + \tau_{shgn} + \tau_{eg} \tag{7.111}$$

式中：τ_{hg} 为由探测器 h 到测站 g 的理论延迟；$(\tau_{th} - \tau_{tg})$ 为探测器 h 与测站 g 间的钟差；τ_{shgn} 表示由大气、等离子等介质引入的传播介质时延，这部分时延与信号频率有关；τ_{eg} 表示测站 g 的设备时延。则探测器 h 到两侧站的时延差为

$$\Delta\tau_{hn} = \tau_{hAn} - \tau_{hBn} = (\tau_{hA} - \tau_{hB}) - (\tau_{tA} - \tau_{tB}) + (\tau_{shAn} - \tau_{shBn}) + (\tau_{eA} - \tau_{eB}) \tag{7.112}$$

对两探测器的站间时延差再做差，得

$$\Delta\Delta\tau_n = \Delta\tau_{an} - \Delta\tau_{bn} = \{(\tau_{aA} - \tau_{aB}) - (\tau_{bA} - \tau_{bB})\} + $$
$$((\tau_{saAn} - \tau_{saBn}) - (\tau_{sbAn} - \tau_{sbBn})) \tag{7.113}$$

由式(7.113)可以看出,双差测量消去了共有的钟差项和设备时延项。更进一步,当两探测器的角距很小时,可以认为传播介质时延也是相等的,则式(7.113)可以简化为

$$\Delta\Delta\tau_n = (\tau_{aA} - \tau_{aB}) - (\tau_{bA} - \tau_{bB}) \tag{7.114}$$

在不考虑热噪声的影响时,任意点频对应的双差时延测量量即等于理论双差时延,与频率无关,记为 $\Delta\Delta\tau$。

下面介绍如何获得双差时延测量量。若以测控站 B 为参考,则两测控站的射频接收信号可以表示为

$$x_{hAn} = \exp(j2\pi f_n(t + \Delta\tau_{hn}(t))) \tag{7.115}$$

$$x_{hBn} = \exp(j2\pi f_n t) \tag{7.116}$$

由于探测器与测控站间的相对运动,站间的相对时延是时变的,可以写为

$$\Delta\tau_{hn}(t) = \Delta\tau_{hn} + v_{hA}t \tag{7.117}$$

理论时延率只与探测器和测控站间的相对运动有关,与频率无关,但是经过电离层的作用,时延率也与频率有关,这种影响反映在多普勒频率上只有毫赫量级,在此不考虑时延率与频率的关系。因此可得

$$x_{hAn} = \exp(j2\pi(f_n + f_{dhAn})t + j2\pi f_n \Delta\tau_{hn}) \tag{7.118}$$

式中:f_{dhAn} 为探测器与测控站间的多普勒频率,对应同一探测器、测控站组合的多普勒频率与频率成正比。

与本振混频变至中频后,两测控站接收信号为

$$\tilde{x}_{hAn} = \exp(j2\pi(f_{In} + f_{dhAn})t + j2\pi f_n \Delta\tau_{hn}) \tag{7.119}$$

$$\tilde{x}_{hBn} = \exp(j2\pi f_{In}t) \tag{7.120}$$

式中:f_{In} 为 f_n 对应的中频频率。

根据先验的时延与多普勒频率(时延率)模型($\Delta\hat{\tau}_{hn}$ 和 $\hat{f}_{dhAn}$),对 A 站信号做条纹旋转和时延补偿后,得

$$\tilde{x}_{hAn}\exp(-j2\pi \hat{f}_{dhAn}t)\exp(-j2\pi f_n \Delta\hat{\tau}_{hn}) = \exp(j2\pi(f_{In} + \Delta f_{dhAn})t + j2\pi f_n \Delta\tilde{\tau}_{hn}) \tag{7.121}$$

式中:$\Delta f_{dhAn} = f_{dhAn} - \hat{f}_{dhAn}$,$\Delta\tilde{\tau}_{hn} = \Delta\tau_{hn} - \Delta\hat{\tau}_{hn}$。

特别地,双差时延模型可以写为

$$\Delta\Delta\hat{\tau} = \Delta\hat{\tau}_{an} - \Delta\hat{\tau}_{bn} \tag{7.122}$$

将两路信号分别作 FFT 后求取互谱相位,得

$$\phi_{hn} = 2\pi f_n \Delta\tilde{\tau}_{hn} + 2\pi N_{hn} \tag{7.123}$$

式中:N_{bn}为整周模糊度。

将对应同一点频的不同探测器的互谱相位做差,得

$$\phi_n = \phi_{an} - \phi_{bn} = 2\pi f_n \Delta\Delta\tilde{\tau} + 2\pi\Delta N_n \qquad (7.124)$$

式中:$\Delta N_n = N_{an} - N_{bn}$;$\Delta\Delta\tilde{\tau}$为残余的双差时延,如果时延模型充分考虑了大气层等的影响,则$\Delta\Delta\tilde{\tau}$是与频率无关的[21]。若各频点对应的整数模糊度已知,且$\phi_n(n=1,2,3)$的计算精度相等,则根据最高频率f_3解算出来的双差时延精度最高,如式(7.125)所示:

$$\Delta\Delta\tau = \Delta\Delta\tilde{\tau} + \Delta\Delta\hat{\tau} = \frac{\phi_3 - 2\pi\Delta N_3}{2\pi f_n} + \Delta\hat{\tau}_{an} - \Delta\hat{\tau}_{bn} \qquad (7.125)$$

2)算法流程

根据上节中所述的数学模型,SBI 相关处理模块的算法流程主要可分为三级子模块,如图7-12所示。

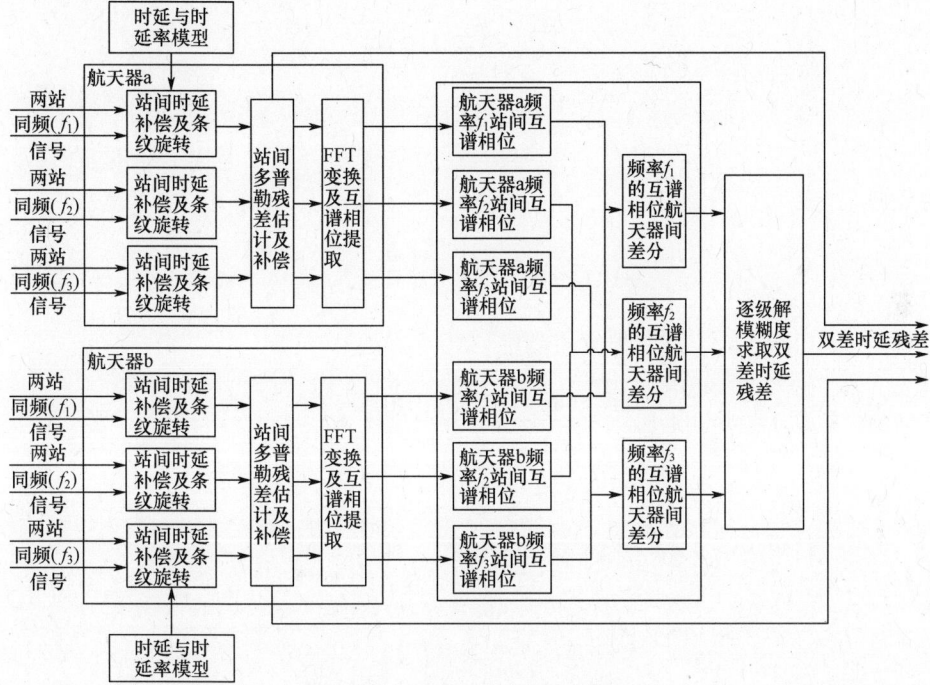

图7-12　SBI 处理算法流程框图

首先来自两个测站的接收信号按照频率分为3组,分组进行站间时延补偿及条纹率旋转;然后两探测器的两站信号求取 FFT 的互谱相位;最后逐级解模糊,并求取双差时延残差。

前两级子模块的处理较为简单,在上节中都已经进行了阐述,下面主要介绍

逐级解模糊度的方法。

在实际的 SBI 观测中,互谱相位中不仅存在热噪声的干扰,还存在由于电离层的频分特性而引入的误差,因此可得到下式:

$$\phi_n = 2\pi f_n \Delta\Delta\tilde{\tau} + 2\pi\Delta N_n - 2\pi\frac{kD}{f_n} + \sigma \qquad (7.126)$$

式中:k 为一个常数,$k = 1.34 \times 10^{-7}\,\mathrm{m}^2/(\text{electrons} \cdot \text{s})$;$D$ 为双频差分电子浓度 TEC($\text{electrons}/\mathrm{m}^2$);$\sigma$ 为热噪声引起的相位误差。

假设 $f_2 - f_1 < f_3 - f_2$,得到逐级解模糊度的方法如下:

(1) 求解模糊度 $\Delta N_2 - \Delta N_1$:

$$\phi_2 - \phi_1 = 2\pi(f_2 - f_1)\Delta\Delta\tilde{\tau} + 2\pi(\Delta N_2 - \Delta N_1) - 2\pi kD\left(\frac{1}{f_2} - \frac{1}{f_1}\right) + \sqrt{2}\sigma$$

$$(7.127)$$

若有以下几个假设条件:

$$|\Delta\Delta\hat{\tau}| \leqslant \frac{1}{2(f_2 - f_1)}$$

双差时延的残差模型满足

$$|D| < \left|\frac{f_1^2}{2k(f_2 - f_1)}\right| \ \text{及} \ \sigma < \frac{\pi}{\sqrt{2}}$$

则

$$\Delta N_2 - \Delta N_1 = \text{round}\left(\frac{\phi_2 - \phi_1}{2\pi}\right) \qquad (7.128)$$

(2) 利用 $\Delta N_2 - \Delta N_1$ 求解模糊度 $\Delta N_3 - \Delta N_1$:

$$\Delta N_3 - \Delta N_1 = \text{round}\left(\left(\frac{\phi_3 - \phi_1}{2\pi(f_3 - f_1)} - \frac{\phi_2 - \phi_1}{2\pi(f_2 - f_1)} + \frac{\Delta N_2 - \Delta N_1}{f_2 - f_1}\right) \times (f_3 - f_1)\right)$$

$$(7.129)$$

(3) 利用 $\Delta N_3 - \Delta N_1$ 求解模糊度 ΔN_1:

$$\Delta N_1 = \text{round}\left(\left(\frac{\phi_1}{2\pi f_1} - \frac{\phi_3 - \phi_1}{2\pi(f_3 - f_1)} + \frac{\Delta N_3 - \Delta N_1}{f_3 - f_1}\right) \times f_1\right) \qquad (7.130)$$

(4) 利用 ΔN_1,可求得 ΔN_3,从而得到最终的时延:

$$\Delta N_3 = \text{round}\left(\left(\frac{\phi_3}{2\pi f_3} - \frac{\phi_1}{2\pi f_1} + \frac{\Delta N_1}{f_1} \times f_3\right)\right) \qquad (7.131)$$

$$\Delta\Delta\tilde{\tau} = \frac{\phi_3 - 2\pi\Delta N_3}{2\pi f_3} \qquad (7.132)$$

7.3　无线电测量观测模型

探测器的跟踪观测就是测量跟踪站和探测器间电磁波传播的某种物理特性,用解析方法建立测量量同探测器状态矢量之间的关系。这里给出供计算观测数据用的模型及有关的方程式。模型由若干运动方程组成,这些运动方程给出一组理想的观测值。模型给出的观测值是最佳估算的探测器位置和速度以及特定的模型参数的函数。

离散时间系统滤波器在数学理论和方法上,比较成熟的是线性估计理论。然而,月面定位的估计恰恰在状态方程和观测方程上都是非线性的。作为线性估计理论应用的定位改进,引进了微分修正技术,即对于非线性问题,须通过对状态方程和观测方程的线性化来达到估计理论和方法的应用。在没有任何先验信息情况下,最小二乘法不失为最佳估计。对于观测误差为白噪声的假设下,加权最小二乘法估计是线性估计,同时它是无偏估计,并且估计误差方差阵最小。定位改进作为非线性测量问题,经微分修正技术的采用,在加权最小二乘法的意义下,迭代的微分定位改进是统计定位的一个重要应用。在测量值和探测器状态同时具备二阶矩的有先验知识的条件下,带有递推特性的加权最小二乘法最佳估计,就是著名的成批估计算法。

7.3.1　观测方程定义

月面定位的基本过程是对来自观测模型的一组参数的估值进行微分改正,以便测量的观测数据和该模型计算的对应量之差值的加权平方和为最小。观测量由几何关系确定可以表示为

$$q_{c} = q(\bar{r}_1(t+\delta t, \bar{p}, \bar{R}), \dot{\bar{r}}_1(t+\delta t, \bar{p}, \bar{R})) + b + RF_c \quad (7.133)$$

式中:t 为观测数据的时刻;δt 为时间常系统差;$r_1, \dot{r}_1$ 为对应 $t = t + \delta t$ 的探测器在测站坐标系下的位置和速度(对于月面探测器通常考虑位置状态即可);$\bar{p}$ 为模型参数,包括探测器初始状态参数,月面星历等有关的变量;$\bar{R}$ 为测站的坐标量;b 为观测常系统差;RF_c 包括大气折射、应答机时延、天线座误差修正等引起的观测数据的修正值。

待估计的状态参数为 $\bar{p}, \bar{R}, b, \delta t$。

对于月面探测任务,测量系统包括 USB/UXB 测量系统和干涉测量(VLBI/SBI)系统。USB/UXB 跟踪系统得到观测量为测距(ρ),测距变化率($\dot{\rho}$),方位角(A)和仰角(E)。干涉测量系统得到时延、时延率,经 VLBI 中心处理后可为赤经、赤纬观测量。

7.3.2 观测方程及偏导数

以预测观测数据附近的一阶泰勒阶数展开式,建立了实际观测数据和预测观测数据之偏差的模型。这种展开式建立了观测数据残差中的偏差同模型参数、站址、观测系统误差以及时间偏差之间的关系,并建立所需要的线性回归方程组。观测方程(7.133)的一阶泰勒展开为

$$\bar{q} - q_{c} = \frac{\partial q}{\partial \sigma} \Delta \sigma + e \qquad (7.134)$$

式中:$\bar{q}$ 为实际观测数据;q_c 为初始状态的计算的观测量;σ 为待估状态参数;e 为观测白噪声;$\dfrac{\partial q}{\partial \sigma}$ 为观测方程偏导数。它由观测量偏导数和状态转移偏导数两部分组成。

待估状态参数 σ,包括探测器模型参数 $\bar{p}$,站址 $\bar{R}$,观测系统差 b 以及观测时间系统差 δt,那么总的估计参数表示为

$$\sigma = (\bar{p} \ \bar{R} \quad b \quad \delta t)^{\mathrm{T}}$$

观测方程进一步表示为

$$\bar{q} - q_{c} = \left[\frac{\partial q}{\partial \bar{p}}, \frac{\partial q}{\partial \bar{R}}, \frac{\partial q}{\partial b}, \frac{\partial q}{\partial (\delta t)} \right] \begin{pmatrix} \Delta \bar{p} \\ \Delta \bar{R} \\ \Delta b \\ \Delta \delta t \end{pmatrix} \qquad (7.135)$$

或者

$$\bar{q} - q_{c} = F \Delta \sigma + e \qquad (7.136)$$

$$F = \left[\frac{\partial q}{\partial \bar{p}}, \frac{\partial q}{\partial \bar{R}}, \frac{\partial q}{\partial b}, \frac{\partial q}{\partial (\delta t)} \right] \qquad (7.137)$$

这些与观测方程相关的偏导数即为观测偏导数,其中 $\dfrac{\partial q}{\partial \bar{p}}$ 和 $\dfrac{\partial q}{\partial \bar{R}}$,原则上可以通过对式(7.133)直接求导得到。而且有

$$\frac{\partial q}{\partial b} = I, \quad \frac{\partial q}{\partial (\delta t)} = \dot{q} \qquad (7.138)$$

观测偏导数可以认为是相对于地心惯性系的状态量。由于在地面站 – 月面目标测量过程中,观测量需在地心与月心间转换,状态量是相对于月心坐标,而观测量是基于地面测控站。

设 q 为观测量;$\bar{r}_{\mathrm{L}}$ 为月心坐标;$\bar{r}$ 为地心坐标,根据式(7.42)可以导出:

$$\frac{\partial q}{\partial \bar{r}_{\mathrm{L}}} = \frac{\partial q}{\partial \bar{r}} \times \frac{\partial \bar{r}}{\partial \bar{r}_{\mathrm{L}}} = \frac{\partial q}{\partial \bar{r}} \qquad (7.139)$$

因而不必区分观测偏导数相对于地心矢量还是相对月心矢量,但由于目前的测量系统是基于地面的,故以下讨论基于地心坐标矢量。

1. USB/UXB 频段测量

前面提到了测量模式包括:测距、测距变化率,同时还包括方位角和仰角这 4 种主要数据类型。下面分别介绍这 4 类数据的观测模型和偏导数。

1)方位角和仰角

方位角 A 为当地切平面内从正北顺时针起量至探测器在该平面内投影的角度:

$$A = \arctan\left(\frac{x_{\text{local}}}{y_{\text{local}}}\right) \tag{7.140}$$

俯仰角 E 是测站 - 探测器向量与当地切平面的夹角:

$$B = \arctan\left(\frac{z_{\text{local}}}{\sqrt{x_{\text{local}}^2 + y_{\text{local}}^2}}\right) \tag{7.141}$$

式中:$x_{\text{local}}, y_{\text{local}}, z_{\text{local}}$ 为探测器在测站坐标系内的位置向量。

方位角在测站坐标系中对探测器状态的偏导数为

$$\frac{\partial_A}{\partial \bar{r}_{\text{s}}} = \left(\frac{y_{\text{s}}}{(x_{\text{s}}^2 + y_{\text{s}}^2)}, \frac{-x_{\text{s}}}{x_{\text{s}}^2 + y_{\text{s}}^2}, 0\right) \tag{7.142}$$

$$\frac{\partial A}{\partial \dot{\bar{r}}_{\text{s}}} = 0 \tag{7.143}$$

式中:$\bar{r}_{\text{s}}$ 为测站坐标系中探测器位置向量;$x_{\text{s}}, y_{\text{s}}, z_{\text{s}}$ 为其三方向分量。

则在惯性系下对探测器状态的偏导数为

$$\frac{\partial A}{\partial \bar{r}} = \left[\left(\frac{\partial A}{\partial \bar{r}_{\text{s}}}\right)^{\text{T}} \frac{\partial \bar{r}_{\text{s}}}{\partial \bar{r}_{\text{b}}} \frac{\partial \bar{r}_{\text{b}}}{\partial \bar{r}}\right]^{\text{T}} = \left(\frac{\partial \bar{r}_{\text{s}}}{\partial \bar{r}_{\text{b}}} \frac{\partial \bar{r}_{\text{b}}}{\partial \bar{r}}\right)^{\text{T}} \frac{\partial A}{\partial \bar{r}_{\text{s}}} \tag{7.144}$$

式中:$\bar{r}_b, \bar{r}$ 分别为地固系和惯性系下探测器位置向量。

$$\left(\frac{\partial \bar{r}_{\text{s}}}{\partial \bar{r}_{\text{b}}} \frac{\partial \bar{r}_{\text{b}}}{\partial \bar{r}}\right)^{\text{T}} = (M \cdot HG)^{\text{T}} \tag{7.145}$$

式中:M 为地固系至测站坐标的转换矩阵,HG 为惯性系至地固系的转换矩阵。

仰角在测站坐标系中对位置向量的偏导数为

$$\frac{\partial E}{\partial \bar{r}_{\text{s}}} = \frac{1}{\sqrt{x_{\text{s}}^2 + y_{\text{s}}^2 + z_{\text{s}}^2}}\left(\frac{-x_{\text{s}} \cdot z_{\text{s}}}{\sqrt{x_{\text{s}}^2 + y_{\text{s}}^2}}, \frac{-y_{\text{s}} \cdot z_{\text{s}}}{\sqrt{x_{\text{s}}^2 + y_{\text{s}}^2}}, \sqrt{x_{\text{s}}^2 + y_{\text{s}}^2}\right) \tag{7.146}$$

$$\frac{\partial E}{\partial \dot{\bar{r}}_{\text{s}}} = 0 \tag{7.147}$$

$$\frac{\partial E}{\partial \bar{r}} = (M \cdot HG)^{\text{T}} \frac{\partial E}{\partial \bar{r}_{\text{s}}} \tag{7.148}$$

2）测距

地面测控站与月面探测器的测距示意图如图 7 - 13 所示。

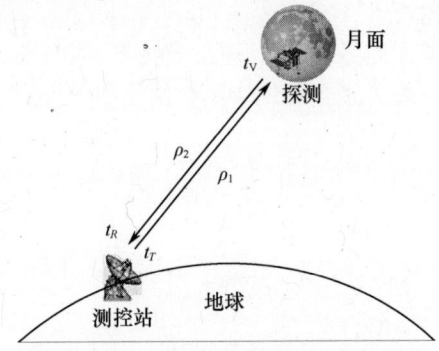

图 7 - 13　月面探测器双程测距示意图

依据图 7 - 13 建立距离观测量的观测方程：

$$\rho_{RT} = |r_{S/C}(t_V) - r_{sta}(t_T)| + |r_{sta}(t_R) - r_{S/C}(t_V + \Delta\tau)| \qquad (7.149)$$

式中：$r_{sta}(t_T)$ 为地面测距信号发射时刻的位置向量；$r_{S/C}(t_V)$ 为探测器应答机接收信号时刻的位置向量；$r_{sta}(t_R)$ 为地面接收机接收到信号时刻的位置向量；$\Delta\tau$ 为应答机转发时延。

在实际计算中，可以依据精度需求选择合适的方法计算测距信号在空间中的传播时延，下面分别进行介绍。

（1）瞬时状态假设。

测距信号以光速在空间传播，对低轨探测器而言，单程时延一般均小于 1ms。在惯性空间中，该时延对应的探测器和测控站的位置变化为米的量级甚至更小，因此，在精度要求不高的情况下，可以忽略光行时，采用瞬时测距模式，也就是忽略光传播的时间，认为在信号发射的瞬间接收机和转发天线就能收到信号。此时，数据时标位于信号发射和接收时刻的中点。

$$t = (t_T + t_R)/2 \qquad (7.150)$$

$$\rho = |r_{sta}(t) - r_{S/C}(t)| \qquad (7.151)$$

（2）考虑光时解。

上节描述了测距信号在空间传播存在时延，为了精确计算地面测控站与探测器的距离，一般采用迭代光行时的方法。由于不同地面站天线基带数据采集时标并不一致，因此需考虑不同时标情况下的迭代次序。

时标 t_R 位于地面接收时刻：如果时标位于地面接收时刻，应先通过迭代下行距离得出探测器转发时刻，再依据此转发时刻迭代上行距离获得地面测控站信号发射时刻，最后根据地面发射时刻、探测器转发时刻以及地面接收时刻计算对应时间的位置矢量，从而得到理论距离。

时标位于地面发射时刻 t_T：如果时标位于地面发射时刻，则应先通过迭代上行距离得出探测器转发时刻，再依据此转发时刻迭代下行距离获得地面测控站信号接收时刻，最后根据地面接收时刻、探测器转发时刻以及地面发射时刻计算对应时间的位置矢量，从而得到理论距离。

考虑光时的双程测距表达式，可写为

$$\rho = (\rho_d(t_R) + \rho_u(t_R)) \tag{7.152}$$

双程距离在惯性系中对探测器状态的观测偏导数如下：

时标位于地面接收时刻：

$$\frac{\partial \rho(t_R)}{\partial \boldsymbol{r}_{S/C}(t_V)} = \frac{\partial \rho_d(t_R)}{\partial \boldsymbol{r}_{S/C}(t_V)} + \frac{\partial \rho_u(t_R)}{\partial \boldsymbol{r}_{S/C}(t_V)}$$

$$= \frac{\left[\boldsymbol{r}_{S/C}(t_V) - \boldsymbol{r}_{sta}(t_R)\right]^T}{\rho_d(t_R)} + \frac{\left[\boldsymbol{r}_{S/C}(t_V) - \boldsymbol{r}_{sta}(t_T)\right]^T}{\rho_u(t_R)} \tag{7.153}$$

$$\frac{\partial \rho(t_R)}{\partial \ddot{\boldsymbol{r}}_{S/C}(t_V)} = 0 \tag{7.154}$$

时标位于地面发射时刻：

$$\frac{\partial \rho(t_T)}{\partial \boldsymbol{r}_{S/C}(t_V)} = \frac{\partial \rho_d(t_T)}{\partial \boldsymbol{r}_{S/C}(t_V)} + \frac{\partial \rho_u(t_T)}{\partial \boldsymbol{r}_{S/C}(t_V)}$$

$$= \frac{\left[\boldsymbol{r}_{S/C})(t_V) - \boldsymbol{r}_{sta}(t_R)\right]^T}{\rho_d(t_T)} + \frac{\left[\boldsymbol{r}_{S/C}(t_V) - \boldsymbol{r}_{sta}(t_T)\right]^T}{\rho_u(t_T)} \tag{7.155}$$

$$\frac{\rho(t_T)}{\partial \ddot{\boldsymbol{r}}_{S/C}(t_V)} = 0 \tag{7.156}$$

3）测距变化率

USB/UXB 测距变化率的计算方法：计算在多普勒计数间隔起点和终点的距离，再求其时间微商，然后用迭代法修正时延，由此获得测距变化率。

对于测距变化率的测量，同样存在时标的问题。对于积分时间为 t_c 的测距变化率，下面逐一给出不同时标的表达式。

（1）时标位于积分开始时刻 t_{c_s}：

$$\dot{\rho}(t_{c_s}) = \frac{\rho(t_{c_s} + t_c) - \rho(t_{c_s})}{t_c} \tag{7.157}$$

（2）时标位于积分中间时刻 t_{c_m}：

$$\dot{\rho}(t_{c_m}) = \frac{\rho(t_{c_m} + t_c/2) - \rho(t_{c_m} - t_c/2)}{t_c} \tag{7.158}$$

（3）时标位于积分结束时刻 t_{s_e}：

$$\dot{\rho}(t_{c_e}) = \frac{\rho(t_{c_e}) - \rho(t_{c_m} - t_c)}{t_c} \tag{7.159}$$

测距变化率在惯性坐标中对探测器状态的观测偏导数同样可写为：

（1）时标位于积分开始时刻 t_{c_s} ：

$$\frac{\partial \dot{\rho}(t_{c_s})}{\partial \boldsymbol{r}_{S/C}} = \frac{1}{t_c} \cdot \left(\frac{\partial \rho(t_{c_s}+t_c)}{\partial \boldsymbol{r}_{S/C}} - \frac{\partial \rho(t_{c_s})}{\partial \boldsymbol{r}_{S/C}} \right) \tag{7.160}$$

对于形如 $\dfrac{\partial \rho}{\partial \boldsymbol{r}_{S/C}}$ 因子的计算公式可参见前节的测距观测偏导数，下同。

（2）时标位于积分中间时刻 t_{c_m} ：

$$\frac{\partial \dot{\rho}(t_{c_m})}{\partial \boldsymbol{r}_{S/C}} = \frac{1}{t_c} \cdot \left(\frac{\partial \rho(t_{c_m}+t_c/2)}{\partial \boldsymbol{r}_{S/C}} - \frac{\partial \rho(t_{c_m}-t_c/2)}{\partial \boldsymbol{r}_{S/C}} \right) \tag{7.161}$$

（3）时标位于积分中间时刻 tc_e ：

$$\frac{\partial \dot{\rho}(t_{c_e})}{\partial \boldsymbol{r}_{S/C}} = \frac{1}{t_c} \cdot \left(\frac{\partial \rho(t_{c_e})}{\partial \boldsymbol{r}_{S/C}} - \frac{\partial \rho(t_{c_e}-t_c)}{\partial \boldsymbol{r}_{S/C}} \right) \tag{7.162}$$

4）平均距离变化率

效率最高但是不太准确的方法是计算多普勒计数间隔中点上的瞬时距离变化率。利用该值来近似上行和下行路径上的平均距离变化率，用 $\dot{\rho}_{avg}$ 表示，并按下式计算：

$$\dot{\rho}_{avg} = \frac{\bar{r}_{lt}(t_v) \cdot \dot{\bar{r}}_{lt}(t_v)}{|\bar{r}_{lt}(t_v)|} \tag{7.163}$$

式中：$\bar{r}_{lt}(t_v)$ ，$\dot{\bar{r}}_{lt}(t_v)$ 分别为探测器转发时刻 t_v 的位置和速度。

$\dot{\rho}_{avg}$ 对探测器状态元素 $\bar{r}$ 和 $\dot{\bar{r}}$ 的偏导数为

$$\frac{\partial \dot{\rho}_{avg}}{\partial \bar{r}_{lt}} = \frac{1}{\rho} \left[\dot{\bar{r}}_{lt}^{\mathrm{T}} - \frac{\dot{\rho}}{\rho} \bar{r}_{lt}^{\mathrm{T}} \right] \tag{7.164}$$

$$\frac{\partial \dot{\rho}_{avg}}{\partial \dot{\bar{r}}_{lt}} = \frac{r_{lt}^{\mathrm{T}}}{\rho} \tag{7.165}$$

2. 干涉测量

当地面站测量出同时接收的来自探测器的信号之间的相位差，观测数据就是相位差时间间隔 τ（称为时间延迟）。时延 τ 就是从给定基线上各地面站测量的至探测器的距离差除以光速 c 。利用不同的延迟补偿及条纹补偿，可以测量得到 τ ，下面给出 VLBI 测量的原理图，如图 7-14 所示。

SBI 就是同波束 VLBI 技术，它是用射电望远镜的主波束同时接收两个（或多个）探测器发送的信标，得到两个（或多个）探测器的信标的相关相位并在卫星间进行差分，去掉电离层、大气及观测装置的绝大部分的影响，从而得到差分相关相位。在合理配置的多频点信标条件下，可据此得到超高精度的差分相位时延，下面给出 SBI 测量的原理图，如图 7-15 所示。

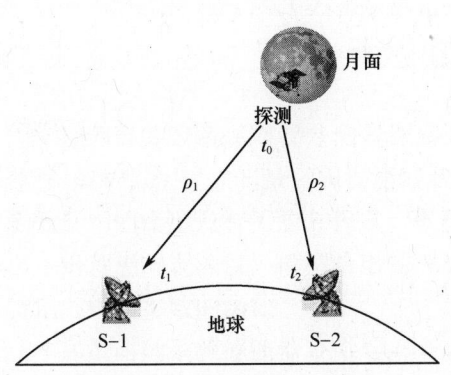
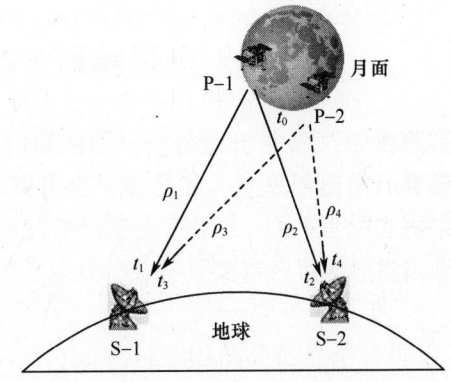

图 7 – 14　VLBI 测量的原理图　　　　图 7 – 15　SBI 测量的原理图

1）赤经和赤纬

若 VLBI 数据中心提供探测器的赤经、赤纬量,探测器在惯性系下位置表示为 $\bar{r}(r,y,z)$,那么赤经、赤纬可表示为

$$\alpha = \arcsin(y/r_{xy})\,, \ \alpha \in [0,2\pi) \tag{7.166}$$

$$\delta = \arctan(z,r_{xy})\,, \ \delta \in [0,\pi/2) \tag{7.167}$$

其偏导数为

$$\partial\alpha/\partial\boldsymbol{r} = (x,-y,0)/r_{xy} \tag{7.168}$$

$$\partial\delta/\partial\boldsymbol{r} = (-xz/r_x y,-yz/r_{xy},r_{xy})/r^2 \tag{7.169}$$

2）VLBI 时延和时延率

VLBI 测量的时延 τ 的观测模型可以表示为

$$\tau(t_c) = \frac{\rho_1(t_c)-\rho_2(t_c)}{c} = \frac{\{\,|\boldsymbol{r}_{lt1}(t_c)|-|\boldsymbol{r}_{lt2}(t_c+\tau)|\,\}}{c} \tag{7.170}$$

式中:$\rho_1(t_c)$ 为 t_c 时刻副站与探测器的距离;$\rho_2(t_c)$ 为 t_c 时刻主站与探测器的距离。

若接收时刻准确已知,则可以通过探测器位置与地面测控站的关系迭代计算其信号发射时刻信号源距第一测站信号接收器的距离,再利用式(7.170)可迭代计算出几何延迟量。

VLBI 测量的时延率 $\dot{\tau}$ 在时间位于积分中间时刻的观测模型可以表示为

$$\dot{\tau}(t_{c_m}) = \frac{\tau\left(t_{c_m}+\dfrac{t_c}{2}\right)-\tau\left(t_{c_m}-\dfrac{t_c}{2}\right)}{t_c} \tag{7.171}$$

式中:t_{c_m} 为数据采样时刻;t_c 为时延率积分时间。其偏导数可参阅 USB/UXB 测量系统之测距及测距变率测量量对状态变量的偏导数。

3）SBI 时延和时延率

SBI 测量的时延 τ 的观测模型可以表示为

$$\Delta\tau(t_c) = \tau_1(t_c) - \tau_2(t_c) = (\rho_1(t_c) - \rho_2(t_c))/c - (\rho_3(t_c) - \rho_4(t_c))/c$$

$$= \frac{\{|\boldsymbol{r}_{lt1}(t_c)| - |\boldsymbol{r}_{lt2}(t_c + \tau_1)|\}}{c} - \frac{\{|\boldsymbol{r}_{lt3}(t_c)| - |\boldsymbol{r}_{lt4}(t_c + \tau_2)|\}}{c}$$

$$(7.172)$$

式中:$\rho_1(t_c)$为t_c时刻副站与目标 1 探测器的距离;$\rho_2(t_c)$为t_c时刻主站与目标 1 探测器的距离;$\rho_3(t_c)$为t_c时刻副站与目标 2 探测器的距离;$\rho_4(t_c)$为t_c时刻主站与目标 2 探测器的距离。

SBI 测量的时延率$\dot{\tau}$在时间位于积分中间时刻的观测模型可以表示为

$$\dot{\tau}(t_{c_m}) = \frac{\Delta\tau\left(t_{c_m} + \dfrac{t_c}{2}\right) - \Delta\tau\left(t_{c_m} - \dfrac{t_c}{2}\right)}{t_c} \tag{7.173}$$

7.4 无线电测量误差修正

7.4.1 传播介质修正

1. 对流层延迟误差修正

探测器与地面的电磁通信必须穿过对流层才能够到达地面,而由于近地面周围大气层的折射指数不同于真空中的折射指数,使得无线电波在其中的传播不等于真空中的传播速度;同时折射指数的不均匀分布会导致电波的传播路径发生弯曲,使得探测器的视在距离和视在仰角不等于它的真实值。另外,大气层内大气密度、温度、湿度、压强的大尺度变化总是伴随着局地的湍流运动,由湍流运动所造成的大气随机起伏既是折射修正当中的一个非常重要的残差,也是造成散射衰减的一个因素。因此,要提高探测器定位和测速精度,必须根据外层空间环境,分析温度、湿度、气压等各种大气参数对于测控系统的影响,对所测得的视在距离、仰角和速度进行修正,补偿由于空间环境引起的各种测量误差[7]。

经过近几十年的研究,科学家在电波折射误差修正方面取得了很大的成就。早在 1958 年,Millman 就提出了把大气进行分层的计算思想,他把层内折射指数假设为常数,从而电波射线轨迹变成了一组折线,再应用 Snell 定理可简单求出折射误差,但此方法过于粗糙,精度太低,仅能用于定性估计,不能用于定量计算。鉴于此,1959 年,Weibrod 和 Anderson 又研究了一套计算简单而精度又很高的线性分层公式,利用该公式计算出来的电波折射误差与数值积分法计算的结果进行比较发现,在仰角大于 50°时,这两种方法修正值的差值仅在 0.02m 以内。为了使计算更加简便,Sheddy 等科学家对每一层的折射指数重新定义,这样在计算过程中只要做少量的运算就可以得到修正值,从而大大提高了工作效率。事实证明,线性分层的思想及相应的电波折射误差修正方法简化了繁琐的计算,提高了修正精度,但这种思想和方法适用范围有限,仅仅局限于雷达射线仰角比较高(大于 50°)的情况,在仰角小于 50°时,利用这种方法得出的电波折射误差修正精度很低,几乎不能满足要求。为了使线性分层法的适用范围得以扩大,科学家提出在计算公式后面追加一部分修正项,这就是前人所研究的经验修正法。Altshuler 和 Rowlandson 在这方面都做出了很大的贡献。

另外,由于大气结构或者是大气参数的不连续性,使电波折射误差修正中的积分项无法变为一个封闭函数,于是,美国国家标准局曾对大量的实测大气结构数据进行统计基于遥感的电波折射误差修正方法研究分析,得到了指数型大气结构的近似表达式,这种模型使得计算电波折射误差相对简单了很多。例如,1968 年,Hopfield 把折射指数分成干、湿两项,由大气中所有大气分子的偏振位移引起的称为干项,由水分子的偶极矩引起的称为湿项,每一项都表示成高度的四次方函数;日本的 Kozo Takahashi 也分别给出了不同的指数模型和高斯模型剖面。近年来,随着遥感技术的发展,基于微波遥感的电波折射误差修正方法也相继出现,其主要标志就是 MARCOR 技术,即用辐射计进行 60km 高度目标的距离折射误差修正。理论上,对于仰角大于 30°电波折射误差修正精度可达 1.3cm 甚至更高,并且也不需大气水平分层的假设,具有实时性和高精度的优点。Marini 于 1971 年在基于折射率的指数模型基础上首先提出了连分式形式映射函数,所谓映射函数就是以天顶方向的大气延迟与一个随地平高度角变化的函数 $m(h)$ 的乘积,不同的大气模型实际上就是给出不同的映射函数。初期比较著名的映射函数包括 Saastamoinen 映射函数、Chao 映射函数、Marini 映射函数、CfA 映射函数、Lanyi 映射函数等。下面简要介绍 Hopfield 映射函数、Saastamoinen 映射函数和 Chao 映射函数。

Hopfield 映射函数公式为

$$\Delta S = \Delta S_d + \Delta S_w = \frac{K_d}{\sin(E^2 + 6.25)^{1/2}} + \frac{K_w}{\sin(E^2 + 2.25)^{1/2}} \tag{7.174}$$

式中:E 为探测器的高度角(°);ΔS 为对流层折射改正值(m)。

$$\begin{cases} K_d = 155.2 \times 10^{-7} \cdot \dfrac{P_s}{T_s} \cdot (h_d - h_s) \\ K_w = 155.2 \times 10^{-7} \cdot \dfrac{4810}{T_s^2} e_s (h_d - h_s) \\ h_d = 40136 + 148.72(T_s - 273.16) \\ h_w = 11000 \end{cases} \tag{7.175}$$

式中:T_s 为测控站的热力学温度(K);P_s 为测控站的气压(mbar[①]);e_s 为测控站

---

① 1mbar = 100Pa。

的水汽压(mbar);h_s 为测控站的高程(m);h_d 为对流层干分量高度(m);h_w 为对流层湿分量高度(m)。

Saastamoinen(1972)给出了用于天顶延迟计算的公式,它通过台站的经纬度以及台站处的大气压力、温度和湿度来得到天顶方向的传播延迟为

$$\tau_z = 0.002277\left[P_0 + \left(\frac{1255}{T_0} + 0.05\right)e_0\right]/f(\varphi,H) \ (m) \tag{7.176}$$

式中:P_0 为总表面大气压力(mbar);e_0 为水汽偏压(mbar);T_0 为热力学温度(K);$f(\varphi,H)$为计算台站重力变化的函数:

$$f(\varphi,H) = 1 - 0.026(1 - 2\sin^2\varphi) - 0.00031H \tag{7.177}$$

式中:H 为台站的大地高度(km)。

Chao(1974)建立的模型是 VLBI 采用的一个最简单的映射函数,在地平高度角 h 为 6°时该模型的精度可达 1%,随着高度角的增大,其精度也将相应提高。Chao 映射函数的表达式为

$$m(h) = \frac{1}{\sin(h) + \dfrac{A}{\tan(h) + B}} \tag{7.178}$$

式中的 A、B 对于干大气,有

$$\begin{cases} A_d = 0.00143 \\ B_d = 0.0445 \end{cases} \tag{7.179}$$

对于湿大气,有

$$\begin{cases} A_w = 0.00035 \\ B_w = 0.017 \end{cases} \tag{7.180}$$

近期,国内外许多学者陆续发展了新的影射函数法,出现了 CfA - 2.2 模型、MTT 模型、Ifadis 模型、NMF/IMF 模型、UNSW931 和 UNSW932 模型等,克服了早期映射函数的一些缺点,而且在形式上可采用更多的参数去拟合复杂的物理因素影响,因而得到了广泛的应用。

2. 电离层延迟误差修正

电离层通常是指地球上空距地面高度为 60～1000km 大气层,这部分大气层中的气体分子由于受到太阳紫外及 X 射线等辐射作用而电离成为等离子体。当电磁波信号通过电离层时,信号的路径会发生弯曲,传播速度也会发生变化。所以用信号的传播时间乘上真空中光速而得到的距离就会不等于卫星至接收机间的几何距离,这种偏差称为电离层延迟或电离层折射误差。

通常情况下,减弱电离层影响的处理方式有以下几种:

1) 利用双频观测

如果卫星分别用两个频率 f_1 和 f_2 来发射信号,这两个不同频率的信号就将

沿着同一路径到达接收机,如果用调制在这两个载波上的 P 码测距时,除电离层折射的影响不同外,其余误差影响都是相同的,所以若用户采用双频接收机进行伪距测量,就能利用电离层折射和信号频率有关的特性,从两个伪距观测值中求得电离层折射改正量。

2) 基于双频 GPS 观测数据确定电离层改正模型

观测组合方法不需要任何外部信息,是一种最理想的消除电离层影响的方法,但不适用于单频接收机。在 GPS 导航卫星星座开始使用之后,通常利用台站附近并置的双频 GPS 网、站来实际测量台站上空的总电子含量,进一步修正对其他卫星的测量数据。Mannucci 等(1998)利用全球 GPS 观测网络的测量数据获取了全球垂直方向电子总含量图(VTEC)。目前,一些国家的导航卫星测量和研究机构也开始使用 IGS 发布的结果修正电离层的影响,对于高轨卫星,修正精度好于传统手段。

3) 对于单频用户,需要选用合适的电离层模型加以改正。

一般常用的电离层模型有 IRI 模型,Bent 模型,Klobuchar 模型,GPS 实测电离层模型等,下面以 Klobuchar 模型为例进行介绍。

Klobuchar 模型具体的延迟计算公式为

$$\tau_{\mathrm{I}} = \begin{cases} \dfrac{2.56}{f^2} S(h) \left[a + b\left(1 - \dfrac{x^2}{2} + \dfrac{x^4}{4}\right) \right] & (|x| \leqslant 1.57) \\ \dfrac{2.56}{f^2} S(h) a & (|x| > 1.57) \end{cases} \tag{7.181}$$

计算步骤:

(1) 求出在 350km 的平均电离层高度上,信号路径和电离层交点与接收机所成的地心角:

$$\theta = 90° - h - \arcsin[0.948\cos h] \tag{7.182}$$

式中:h 为被观测射电源的地平高度角。

(2) 求出信号传播路径与电离层交点的地理坐标:

$$\varphi_0 = \arcsin(\sin\varphi\cos\theta + \cos\varphi\sin\theta\cos A) \tag{7.183}$$

$$\lambda_0 = \lambda + \arcsin(\sin\theta\sin A/\cos\varphi_0) \tag{7.184}$$

式中:λ,φ 为测控站的经纬度;A 为被观测射电源的方位角。

(3) 求出地磁纬度:

$$\phi = \arcsin[\sin\varphi_0\sin\varphi_\mathrm{p} + \cos\varphi_0\cos\varphi_\mathrm{p}\cos(\lambda_0 - \lambda_\mathrm{p})] \tag{7.185}$$

式中:φ_p 为用户的地理纬度;λ_p 为用户的地理经度。

(4) 求出地方时:

$$t = \frac{\lambda_0}{15} + \mathrm{UT1} \tag{7.186}$$

（5）求出倾斜因子：

$$S(h) = \sec\left[\arcsin(0.948\cos h)\right] \tag{7.187}$$

（6）求出 a,b,x：

$$a = 2 + 3(F_\odot - 60)/90 \tag{7.188}$$

$$b = 19 - \frac{|\phi|}{4} + \left(\frac{F_\odot - 60}{90}\right)\left[13 + 5\cos\left(\frac{m-3}{3}\right)\pi\right] \tag{7.189}$$

$$x = \left(\frac{t-14}{24}\right)2\pi \tag{7.190}$$

式中：m 为一年中的月份；$F_\odot$ 为太阳流量。

4）利用同步观测值求差

用两台接收机在基线的两端进行同步观测并取其观测量之差，可以减弱电离层折射的影响。这是因为当两观测站相距不太远时，由探测器至两观测站电磁波传播路径上的大气状况甚为相似，因此大气状况的系统影响便可通过同步观测量的求差而减弱。这种方法对于短基线的效果尤为明显，不过，随着基线长度的增加，其修正效果明显降低。

7.4.2 设备零值修正

1. 地面设备零值修正

在深空测控的 VLBI 系统中，各测控站接收设备的相位延迟各不相同，为了得到精确的测量结果，在进行数据相关时需要减小由此引起的测量误差，所以需要对各测控站接收设备的相位延迟进行校准，这可以通过信号走过两测控站接收设备的相位差实现。由于需要观测的信号带宽很宽，单个频率的信号测得的相位差存在整周模糊，需要观测合理分布的多通道的多测量值来解模糊，这一方法称为带宽合成。首先分辨最窄有效带宽的模糊度，接着是分辨出更宽带宽的整周模糊，就可以获得整个测量带宽内的真实群时延特性曲线。在带宽合成时，必须测量出各个子观测通道的群时延，为此设计了一个宽带信号，在天线场放入口处馈入，与天线接收的射频信号一起经过下变频、基带转换、记录并送数据处理中心进行相关处理，可以得到观测时间内传输设备的群时延特性曲线，这个过程称为观测通道的相位校准，相应的宽带信号称为相位校准信号，即 PCAL 信号。

PCAL 信号由隧道二极管或阶跃恢复二极管产生的 PCAL 信号是一定周期的窄脉冲信号，它能覆盖观测频率通道的范围是其脉冲宽度的倒数，频域各梳状谱线的间隔为周期的倒数。脉冲周期与观测通道的信号带宽相关，选取的原则是保证该通道信号带宽内至少包含一个校准信号。通常情况下，取 PCAL 信号的周期为 $1\mu s$，即频域各梳状谱线的间隔为 $1MHz$，窄脉冲的脉冲宽度为几十皮秒，则能够覆盖的频率范围约为 $20GHz$ 量级。

VLBI 相关处理系统直接测量得到的时延值 τ 中,除包含本文需要的观测几何时延 τ_g 之外,还包括其他时延分量在内,如设备的仪器时延 τ_{ins}、大气时延 τ_{atm}、钟差 τ_{clock}、电离层效应 τ_{ion} 等[17-18]。

$$\tau = \tau_g + \tau_{atm} + \tau_{ins} + \tau_{clock} + \tau_{ion} \tag{7.191}$$

只有去掉了这些附加的时延成分,才能得到真正的几何时延 τ_g。在采用带宽综合法进行数据处理时,可以先分频段进行处理,再将各频段的处理结果综合起来。把接收设备中各频段不一致的附加相位去掉,这就是相位校正。

接收设备的时延可表示为

$$\tau_{ins} = \frac{\mathrm{d}\varphi}{\mathrm{d}\omega} \tag{7.192}$$

式中:φ, ω 分别为接收设备中信号的相位时延和角频率;τ_{ins} 为仪器时延,通过在接收机前端增加一个窄脉冲形成器(或称梳状频谱发生器)的装置予以测量,该装置通常由隧道二极管或阶跃恢复二极管组成。由原子钟提供 1MHz 的基准信号通过窄脉冲形成器之后形成宽度为毫微秒量级的脉冲串,在频域上呈梳状。重复频率一般都取为 1MHz,该信号即为相位校正信号。相位校正信号作为标准信号被注入到接收机的前端,其在接收机系统中的传输路径是与射电干涉信号相同,只要在接收机后端提取相位校准信号的和相位的变化,利用公式就可以计算接收设备的仪器时延,以校准测量得到的时延值,从而得到较准确的几何时延。

采用相关方法来提取 VLBI 相位校正信号的相位与幅度。设频率为 ω 的相位校正信号 $\cos(\omega t)$,以注入点的相位为参考,经过 VLBI 接收系统后观测得到的信号记为 $P(t)$,其幅度为 $A(t)$,并增加了附加相位延迟 $P(t) = A(t)\cos(\omega t + \phi(t))$,$P(t)$ 和 $A(t)$ 均为缓变信号,短时间内可将其视为常数,记为 A 和 ϕ。将 $P(t)$ 和相位校正参考信号 $R(t) = \mathrm{e}^{j\omega t}$ 做相关运算,设 $C_{PR}(m)$(m 为时延)为两者离散化后的互相关函数,则

$$C_{PR}(0) = 1/N \sum_{i=0}^{N} A \cos(\omega t_i + \phi) \cdot \mathrm{e}^{j\omega t} \tag{7.193}$$

式中:N 为相位校正参考信号的数据个数。

经计算,得

$$C_{PR}(0) = A\mathrm{e}^{-j\phi}/2 \tag{7.194}$$

$$A = 2 \times |C_{PR}(0)| \tag{7.195}$$

$$\phi = -\mathrm{Phase}(C_{PR}(0)) \tag{7.196}$$

式中:$|C_{PR}(0)|$ 指对 $C_{PR}(0)$ 取模;$\mathrm{Phase}(C_{PR}(0))$ 指 $C_{PR}(0)$ 的相位。

图 7-16 表示提取相位校正信号的方法,相位校正参考信号与 VLBI 射电信号进行相关后,可获得 PCAL 信号经过仪器后的相位与幅度,图中 X 代表接收到 VLBI 信号,$\otimes$、$\sum$ 分别表示相乘、累加运算。

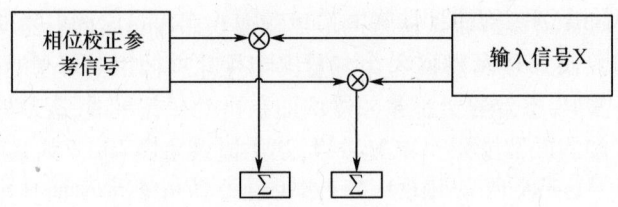

图 7 - 16　提取相位校正信号的方法

2. 探测器应答机修正

生产商对于探测器的应答机时延在发射之前均要进行相应的测量,应答机时延量通常按照不同的频率和温度给出相应的测量值,图 7 - 17 给出了一组探测器在不同的频率和温度下的应答机时延量。

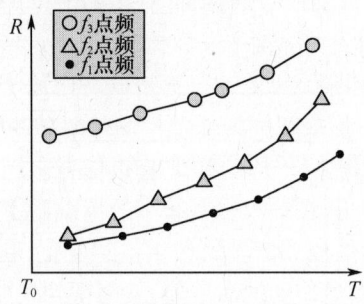

图 7 - 17　温度对应的应答机时延

考虑到实际探测试验中无线电信号在某一阶段为常值,只有温度随时间变化会有起伏,所以对于温度变化的一维自变量可以考虑使用切比雪夫插值就可以得到某一时刻探测器的应答机的时延。

7.4.3　数据时标修正

光速传播是有限的,但是各个测控站的数据时标并没有标注于数据测量的时刻,可以对每个测控站的测量数据时标进行修正,以便在定位解算中使用瞬时模式进行计算,不必再进行光行时迭代,这样处理可以提高效率。对于月面探测器的 USB/UXB 测量数据在精度要求不高的情况下可以进行时标修正,具体修正方法如下:

(1) 如果测量数据的时标都打在接收时刻,修正方法为

$$t = t_c - R_c/c \tag{7.197}$$

式中:t 为真实数据时间;t_c 为测量数据时间;R_c 为测距数据;c 为光速。

(2) 如果测量数据的时标都打在发送时刻,时标修正为

$$t = t_c - \frac{(n \times R_0)}{c} + R_c/c \tag{7.198}$$

式中：n 为解模糊后的模糊度；R_0 为最大无模糊距离。

（3）如果测量数据的时标都打在中间时刻，可以不需进行时标修正，即

$$t = t_c \tag{7.199}$$

7.4.4　测距解模糊

USB 测距设备的最大无模糊距离根据设备频率的差异而不同，现在设备发射频率是 8Hz 的最大无模糊距离为 $R_f = 18737029\text{m}$，发射频率是 0.5Hz 的最大无模糊距离为 $R_f = 299792458\text{m}$。由于设备频率的原因，设备向目标发射连续信号，目标若在一个最大无模糊距离之内，则每次接收到的反射信号均与刚刚发射的那个信号对应，那么此时的目标距离应为接收时刻到发射时刻的时间差与光速之积的 1/2，设备所给出的测距测量值正是这个数值。目标若超过了一个最大无模糊距离，则设备需要连续发射 n 个信号后，接收装置才能接收到信号，而此时设备接收到信号与刚刚发射的信号之间不能对应，而是相差了若干个信号，这样由接收时刻和发射时刻的时间差计算的测距值便少了若干个最大无模糊距离。设备任意时刻给出的测量值 R_n 均可以这样表示：

$$R_n = n \cdot R_f + r(n \geq 0, 0 \leq r \leq R_f) \tag{7.200}$$

式中：$r = R_n \% R_f$（此处 % 是取余数运算符）。

根据星历预报，可以较为精确地了解某一时刻目标的距离。本文根据探测器预报的测距值 R_b 与最大无模糊距离 R_f，由 $m = \text{int}\left(\dfrac{R_b}{R_f}\right)$，$m > 0$（此处 int 是取整的运算符），即可得到这一时刻目标距离包含的准确的 m 个最大无模糊距离。具体处理流程如下：

（1）获取 t_i 时刻原始测距数据 r。

（2）计算 t_i 时刻的月面探测器位置 X_L，将其转换至地固系下 X_{bf}。

（3）计算当前时刻测控站 X_S 与探测器 X_{bf} 的瞬时理论距离值 R。

（4）利用瞬时距离 R 和最大无模糊距离 R_f 计算整周模糊度 m。

（5）计算测量值 R_n。

（6）修正测量值 R_n。比较理论值与测量值的差，如果差值大于 $R_f/2$，则 R_n 减去一个 R_f；如果差值小于 $-R_f/2$，则 R_n 加上一个 R_f。

7.4.5　站间钟差修正

在深空干涉测量任务中，测站钟差建模是高精度干涉测量理论时延模型建立的前提，同时是进行系统误差修正中需重点考虑的内容。利用深空站 GNSS 接收机获取的多星 GNSS 钟差数据，通常利用线性建模的方式获取该站钟差模型，钟差模型的表达是为 $\text{clk}_{\text{bias}} = \Delta T_0 + C_1 \Delta t$，其中 ΔT_0 表示初始时刻的钟差，Δt

为钟速,C_1 为钟速系数。

同样对于三向测量的测距类型需要进行站间钟差修正,图 7 – 18 给出了地面测控站与探测器构成三向测量示意图。

三向测量与双程测量相比在处理端增加了测控站零值修正和站间时差修正两种处理模式,其中测控站零值修正为接收数据的定值,而站间时差修正包含两个部分:一部分是测站时标的精度,目前测站时标精度为 $1\mu s$,月面探测器定位计算中可以忽略;第二部分则是站间时间不同步导致的测距值的偏差,站间时差修正如图 7 – 19 所示。

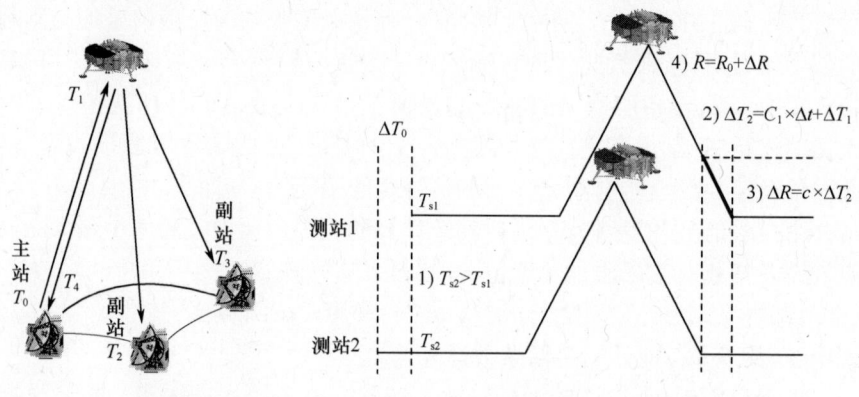

图 7 – 18　三向测量示意图　　图 7 – 19　站间时间同步时差应用示意图

图 7 – 19 中第 2 步标出的钟差计算结果使用的预报值或弧段内拟合值,此外还可以使用弧段内的测量值这种模式。

7.5　无线电定位估值理论

7.5.1　定位估值方法

月面探测器的定位采用最小二乘估计,最小二乘估计的基本思想是:寻找月面定位的参数和模型参数的估计值,使得估计值计算的观测残差的平方和最小[22-25]。

对于第 i 组测量数据的观测方程可以描述为

$$\overline{q}_i = G(X,t_i) + V_i \tag{7.201}$$

式中:$\overline{q}_i$ 为第 i 组测量数据;$G(X,t_i)$ 为非线性函数,对其在参考状态 X^* 处进行线性化展开,得

$$q_i = H_i x + \varepsilon_i \tag{7.202}$$

式中:$x = X - X^*$,$q_i = \overline{q}_i - G(X^*,t_i)$,$H_i = \left.\dfrac{\partial G}{\partial X}\right|_{X=X^*} \phi(t_i,t_0)$。

总的观测方程可以表示为

$$q = Hx + \varepsilon \tag{7.203}$$

其线性无偏最小方差估计为

$$\hat{x} = (H^{\mathrm{T}}R^{-1}H)^{-1}(H^{\mathrm{T}}R^{-1}y) \tag{7.204}$$

式中：R^{-1} 为观测数据的权重设置。

对应的协方差阵为

$$P = (H^{\mathrm{T}}R^{-1}H)^{-1} \tag{7.205}$$

利用式(7.205)可以对参考状态进行改进，实现统计定位。

$\left.\dfrac{\partial G}{\partial X}\right|_{X=X^*}$ 即为第 i 组测量数据对应的观测偏导数，由 7.3.2 节获得。$\phi(t_i, t_0)$ 即为状态转移矩阵，是 t_i 时刻月惯系与月固系的转换矩阵 M，表示为：

$$\phi(t_i, t_0) = M(t_i) = R_z(\Lambda)R_x(i_s)R_z(\Omega') \tag{7.206}$$

式中：(Ω', i_s, Λ) 为月心惯性系到月固坐标系转换的 3 个欧拉角，由行星历表中的月面天平动欧拉角插值得到。

由此可见，已知巡视器的初始位置、测站位置、地月之间的位置关系、地球自转参数以及观测量，就可以对月面探测器的状态进行最小二乘改进。

7.5.2　单目标定位算法

1. 利用月理坐标进行着陆点定位解算

以上讨论的月面探测器定位参数 $\bar{p}$ 采用位置状态 (x, y, z) 进行估计，如果使用月理坐标 (λ, φ, h) 进行估计，那么式(7.206)中状态转移矩阵需要变化为

$$\phi(t_i, t_0) = M(t_i)B_{lb} \tag{7.207}$$

其中 B_{lb} 表示为

$$B_{lb} = \frac{\partial(x, y, z)}{\partial(\lambda, \varphi, h)} \tag{7.208}$$

如果考虑月面参考形状为正球，那么 B_{lb} 就可以很容易得到，从而进行定位计算；如果考虑月面为椭球，那么可以参考部分资料。这种利用月理坐标进行估计的方法适用于落月后短时间内只有 USB/UXB 测量，定位误差较大时可以约束月面高程的方法计算，从而提高短弧段定位精度。

如果对观测量的统计假设不变，而在预先知道被估状态参数的初始值 $\hat{\sigma}_0$ 的情况下，同时具备的 $\hat{\sigma}_0$ 验前信息，对于二次型函数

$$J(x) = (y - Hx)^{\mathrm{T}}R^{-1}(y - Hx) + (x - \tilde{x})P_0^{-1}(x - \tilde{x}) \tag{7.209}$$

引入变量：

$$\begin{cases} x = \sigma_0 - \hat{\sigma}_0 \\ x_i = \sigma_0 - \sigma_{0i}, \sigma_{00} = \hat{\sigma}_0 \\ \tilde{x}_i = \hat{\sigma}_0 - \sigma_{0i} \end{cases} \tag{7.210}$$

那么 x 的最佳估值迭代解为

$$\hat{x} = (H^{\mathrm{T}} R^{-1} H + P_0^{-1})^{-1} (H^{\mathrm{T}} R^{-1} y + P_0^{-1} \tilde{x}) \tag{7.211}$$

目前月面数字高程已经十分精确,使用探测器月理坐标作为状态参数估计时,利用月面数字高程作为先验信息,在约束高程之后的求解参数由 3 个变为 2 个,在观测量一定的情况下可以达到提高定位精度的目的。

2. 移动过程定位解算

月面着陆器动力下降段(图7-20)的工作比冲以及遥测参数的精度受限,所以利用动力学模型的方法无法获得准确的参数模型,可以使用运动学模型并求解相关参数实现对着陆器的下降过程的定位计算。月面巡视器可以在月面进行移动,其运动规律与探测器的运行存在本质的区别,同样可以通过建立巡视器的运动学模型并求解相关参数实现对巡视器的移动过程的定位。

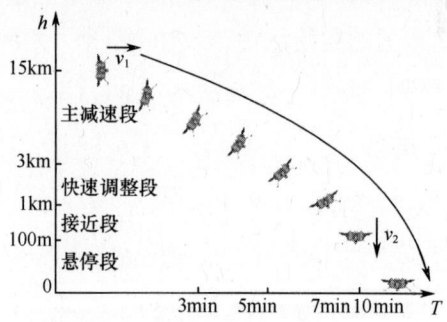

图7-20 着陆器动力下降示意图

使用多项式拟合运动过程进行建模,如果初始状态表示为 $(t_0, \bar{r}_0)$,那么任意时刻 T 的状态可以表示为 $(T, \bar{r})$,有 $t = T - t_0$,所以运动学方程可表示为

$$\bar{r} = \bar{r}_0 + a_1 t + a_2 t^2 + a_3 t^3 + \cdots + a_n t^n \tag{7.212}$$

式中: $\bar{r} = (x, y, z)^{\mathrm{T}}$; $a_1, a_2, \cdots, a_n$ 均为待估参数,它们的偏导数即为该多项式的偏导数。

$$\begin{pmatrix} x \\ y \\ z \end{pmatrix} = \begin{pmatrix} x_0 + a_{11} t + a_{12} t^2 + a_{13} t^3 + \cdots + a_{1n} t^n \\ y_0 + a_{21} t + a_{22} t^2 + a_{23} t^3 + \cdots + a_{2n} t^n \\ z_0 + a_{31} t + a_{32} t^2 + a_{33} t^3 + \cdots + a_{3n} t^n \end{pmatrix} \tag{7.213}$$

状态偏导数可表示为

$$\frac{\partial(x, y, z)}{\partial(x_0, y_0, z_0)} = E \tag{7.214}$$

待估参数的偏导数可以表示为

$$
\begin{pmatrix}
\dfrac{\partial x}{\partial a_{11}} & \dfrac{\partial x}{\partial a_{12}} & \dfrac{\partial x}{\partial a_{13}} & \cdots & \dfrac{\partial x}{\partial a_{1n}} \\
\dfrac{\partial y}{\partial a_{21}} & \dfrac{\partial y}{\partial a_{22}} & \dfrac{\partial y}{\partial a_{23}} & \cdots & \dfrac{\partial y}{\partial a_{2n}} \\
\dfrac{\partial z}{\partial a_{31}} & \dfrac{\partial z}{\partial a_{32}} & \dfrac{\partial z}{\partial a_{33}} & \cdots & \dfrac{\partial z}{\partial a_{3n}}
\end{pmatrix}
=
\begin{pmatrix}
t & t^2 & t^3 & \cdots & t^n \\
t & t^2 & t^3 & \cdots & t^n \\
t & t^2 & t^3 & \cdots & t^n
\end{pmatrix}
\tag{7.215}
$$

上述讨论的是多项式拟合的月面探测器的运动状态,同样可以使用样条拟合及其他方法对运动状态进行估计。

7.5.3 多目标定位算法

对于月面着陆器和巡视器的联合测量这个问题,由于深空干涉测量系统的应用,使得无线电信号同时跟踪处理两个目标的能力成为现实,主要方式为同波束干涉测量,7.2.2 节已经提到,同时还包括月面两器之间的测距、测速和测角,如果建立月面导航卫星,甚至还可以使用两器的差分导航定位数据,在此基础上建立两个目标的观测模型如下:

$$
q_c = q(\boldsymbol{r}_1(t), \boldsymbol{r}_2(t)) + b + \mathrm{RF}_c
\tag{7.216}
$$

式中:t 为观测数据的时间标记;$\boldsymbol{r}_1$ 为对应 t 时刻的月面探测器 1 在测站坐标系下的位置;$\boldsymbol{r}_2$ 为对应 t 时刻的探测器 2 在测站坐标系下的位置;b 为观测常值系统差;RF_c 包括大气折射、应答机时延、天线座误差修正等引起的观测数据的修正值。

经由对观测方程的一阶泰勒展开,有

$$
\bar{q} - q_c = \frac{\partial q}{\partial \sigma} \Delta \sigma + e
\tag{7.217}
$$

式中:$\bar{q}$ 为实际观测数据;q_c 为式(7.216)中在初始状态历元的计算观测量;σ 为待估计参数;e 为观测白噪声。

待估计参数 σ,包括探测器 1 对应 t 时刻的位置 $\boldsymbol{r}_1$,探测器 2 对应 t 时刻的位置 $\boldsymbol{r}_2$ 和观测系统差 b,那么总的估计参数可表示为

$$
\sigma = (\boldsymbol{r}_1 \ \boldsymbol{r}_2 \quad b)^\mathrm{T}
$$

观测方程进一步表示为

$$
\bar{q} - q_c = \left[\frac{\partial q}{\partial \boldsymbol{r}_1} \ \frac{\partial q}{\partial \boldsymbol{r}_2} \ \frac{\partial q}{\partial b} \right]
\begin{pmatrix} \Delta \boldsymbol{r}_1 \\ \Delta \boldsymbol{r}_2 \\ \Delta b \end{pmatrix}
\tag{7.218}
$$

或者

$$
\bar{q} - q_c = \boldsymbol{F} \Delta \sigma + e
\tag{7.219}
$$

$$
\boldsymbol{F} = \left[\frac{\partial q}{\partial \boldsymbol{r}_1} \ \frac{\partial q}{\partial \boldsymbol{r}_2} \ \frac{\partial q}{\partial b} \right]
\tag{7.220}
$$

结合前面描述的定位估值方法就可以实现对月面两器位置的精确求解。需要说明的是,如果单使用同波束干涉测量这类多目标测量数据只能获得月面两器的相对位置状态,如果需要获得月面两器的准确位置状态,还需要增加一个目标的 USB/UXB 及 VLBI 测量数据类型,以保证单个探测器的准确定位。

下面给出月面探测器定位的处理流程图,如图 7 – 21 所示。

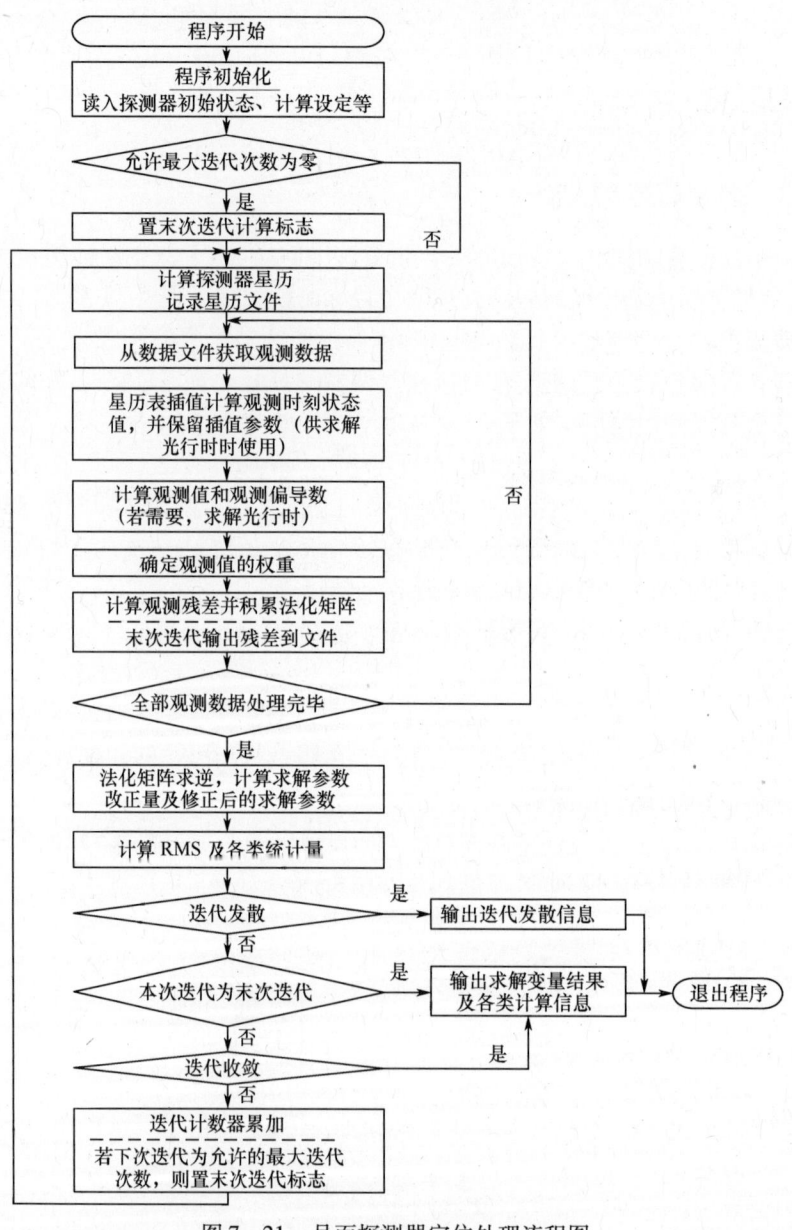

图 7 – 21　月面探测器定位处理流程图

7.6 小　结

本章介绍了地月时空参考框架下相关时间系统转换和坐标系统转换,描述了基于我国探月工程的无线电测量原理、相关测量量的误差修正以及利用无线电测量的定位估值理论。在获得了月面探测器的无线电测量数据之后,就可以在地面完成原始信号的解算,进而实现月面探测器的精确定位,为其开展月面勘测提供测控支持。其部分方法可以适用于其他深空探测的测控应用中。

参 考 文 献

[1] Moyer T D. Formulation for Observed and Computed Values of Deep Space Network Data Tyes for Navigation [M]. John Wiley & Sons, Inc, 2003.

[2] 汤锡生. 载人飞船轨道确定和返回控制[M]. 北京:国防工业出版社,2002.

[3] 李济生. 探测器轨道确定[M]. 北京:国防工业出版社,2003.

[4] 刘林. 探测器轨道理论[M]. 北京:国防工业出版社,2000.

[5] 唐歌实. 载人航天轨道确定技术及在交会对接中的应用[M]. 北京:国防工业出版社,2013.

[6] 肖业伦. 探测器飞行动力学原理[M]. 北京:中国宇航出版社,1995.

[7] 唐歌实. 深空测控无线电测量技术[M]. 北京:国防工业出版社,2012.

[8] Berner J B, Layland J M. Kinman P W, et al. Regenerative Pseudo – Noise ranging for deep – Space applications[R], TMO Progress Report,1999:42 – 137.

[9] 姜昌,范晓玲. 航天通信跟踪技术导论[M]. 北京:北京工业大学出版社,2003.

[10] 于志坚. 深空测控通信系统[M]. 北京:国防工业出版社,2009.

[11] Titsworth R C. Optimal Ranging Codes[J], IEEE Transactions on SpaceElectronics and Telemetry,1964, 10,1:19 – 30.

[12] Massey J L. Study on PN ranging codes for future missions[R], Final Report,ESA/ESOC Contract No. 17954/03/D/CS(SC),2004.

[13] Massey J L. Study on PN ranging codes for transparent channels[R], Final Report,ESA/ESOC Contract No. 20432/07/D/CS(SC),2007.

[14] 陈略,唐歌实,孟桥,等. 一种卫星信号频率精确估计方法研究及应用[J]. 遥测遥控,2010,31(6): 26 – 30.

[15] 陈略,唐歌实,任天鹏,等. 再入返回飞行试验深空网干涉测量应用分析[J]. 飞行器测控学报, 2015,34(5):407 – 413.

[16] 陈略,唐歌实,陈明,韩松涛,等. 一种基于通用测控信号的多频点同波束干涉测量方法研究[J],中国空间科学技术,2012,32(6):21 – 28.

[17] 韩松涛,陈略,任天鹏,等. 中国深空网首次DDOR联合测轨试验分析[J]. 飞行器测控学报,2014, 33(3):258 – 261.

[18] 唐歌实,韩松涛,曹建峰,等. 深空网测控模式DDOR测量建模与精度分析[J]. 力学学报,2014,47 (1):24 – 30.

[19] 唐歌实,韩松涛,陈略,等. 深空网干涉测量技术在"嫦娥"三号任务中应用分析[J]. 深空探测学报,2014,1(2):146-149.

[20] 郑为民,舒逢春,张冬. 应用于深空跟踪测量的 VLBI 软件相关处理技术[J]. 宇航学报,2008,29(1):18-23.

[21] Liu Qinghui,Chen Ming,Goossens S,et al. Applicationsofsame - beam VLBI in the orbit determinationof multispacecrafts in alunar sample - return mission [J]. Science China Physics Mechanics Astronomy,2010,53(6):1153-1161.

[22] 张宇,等.基于地基无线电测量的月面目标精确定位技术研究[J].电子测量与仪器学报,2013,27(10):907-915.

[23] 李金岭,等."嫦娥"一号卫星受控撞月轨迹测量与落月点坐标分析[J].科学通报,2010,55(9):752-757.

[24] 张宇,等.三向测量模式在"嫦娥"三号中的应用.飞行器测控学报[J],2015,34(3):260-266.

[25] 曹建峰,等."嫦娥"三号着陆器统计定位精度分析.飞行器测控学报[J],2013,33(3):244-249.

第8章 "玉兔"号巡视器的遥操作

北京时间2013年12月2日1时30分,我国在西昌卫星发射中心成功将"嫦娥"三号探测器送入轨道,2013年12月15日4时35分,"嫦娥"三号着陆器与巡视器分离,"玉兔"号巡视器顺利驶抵月球表面,开始开展科学探测工作。

月面巡视器测控模式与传统飞行器测控存在不同,时延和通信带宽给巡视器的地面遥操作带来了很大的困难。由于巡视器操作任务的复杂性和作业环境的不确定性,目前尚难以实现巡视器的完全自主控制,因此需要采用区别于传统地面控制技术的遥操作技术实现。

本章以"嫦娥"三号任务"玉兔"号巡视器为例,描述其在月球表面进行巡视勘察的遥操作过程。

8.1 "玉兔"号巡视器概况

"玉兔"号是我国首辆月面巡视器(图8-1),设计质量140kg,能源为太阳能,能够耐受月球表面真空、强辐射、-180~+150℃极限温度等极端环境。巡视器具备20°爬坡、20cm越障能力,并配备有全景相机、红外成像光谱仪、测月雷达、粒子激发X射线谱仪等科学探测仪器。

图8-1 "玉兔"号巡视器

8.1.1 "玉兔"号巡视器的组成及功能

"玉兔"号巡视器由移动、结构与机构、导航控制、综合电子、电源、热控、测控数传和有效载荷等 8 个分系统组成。

（1）环境传感装置。"玉兔"号巡视器配置了全景相机、导航相机和避障相机 3 种环境传感装置。其中，3 种相机分别用于不同距离内的成像。另外，为了满足立体视觉的需要，所有相机都采用了双相机配置方案。

（2）主要科学探测装置。"玉兔"号巡视器配置了 4 种科学载荷，分别是用于观察地形地貌的全景相机、用于获取月面物质成分的红外光谱仪和粒子激发 X 射线谱仪、用于探测月壤厚度的测月雷达。测月雷达在巡视器移动过程中开机，在巡视器静止状态下不工作；其他科学载荷在巡视器静止状态下工作。

全景相机，主要功能是获取巡视区月表图像，全景相机共两台，安装在巡视器桅杆上，在可见光范围内进行彩色成像或全色成像。全景相机每隔一定距离进行一次全景拍摄。在全景拍摄的两个相邻站点中间位置全景相机需沿着航迹方向和航迹相反方向分别拍摄一次，以增强两个相邻站点的连接关系。

红外成像光谱仪，主要功能是获取巡视探测点的月表光谱数据和几何图像数据。遇到比较特殊的地物时，需增加探测内容和操作。红外成像光谱仪对于月表复杂区域探测，需要通过巡视器行走和转向，获得不同视场光谱图像；探测时，选择无月尘覆盖、具有新鲜面的石块；选择在石块的对阳面进行探测；探测方式：进行特定谱段的探测，获取当前探测点内机械臂可触及范围的详细背景信息；进行全波段的探测，获取巡视器该点周围环境的详细信息。

粒子激发 X 射线谱仪，主要功能是对探测点月表物质主量元素进行分析和探测。遇到比较特殊的月表物质时，需增加探测内容和操作。粒子激发 X 射线谱仪探测时间越长，探测精度越高；特别是对巡视路线上的石块，需要开展元素成分的探测。

测月雷达，主要用于探测巡视路线上的月壤厚度和结构。测月雷达包含两个工作通道，第一通道可进行深层探测；第二通道可进行浅层探测。测月雷达在巡视器移动过程中开机，两个通道同时工作，在巡视器静止状态下不工作。测月雷达的主要技术来源于已经比较成熟的探地雷达技术，即利用超宽带电磁脉冲波的反射/散射原理实现对月壤厚度和月壳岩石分布等地质信息进行高分辨率探测和测量。测月雷达向月球表面下发射的超宽带脉冲波在月壤和月壳岩石层传播时，如果遇到不同介质的交界面或岩石等不均匀体时，将产生反射/散射回波，通过对雷达接收信号的分析、处理和成像，能够得到月壤厚度、月壤中岩石（漂石）和熔岩管的分布，以及月壳次表层岩石层结构等地质信息。

（3）活动机构部分。"玉兔"号巡视器配置了太阳翼、桅杆、机械臂 3 种活动机构。太阳翼可用于对日定向，获取能量，也可以竖起遮阳，还可以夜间收拢覆盖车体以保持巡视器适宜温度；桅杆可用于支持定向天线的对地通信，也可用于配合导航相机和全景相机的不同方位的成像；机械臂前端装有粒子激发 X 射线谱仪,实现对科学目标的近距离探测。

(4) 测控数传部分。"玉兔"号巡视器测控数传分系统包括全向天线、定向天线、UHF 频段天线,负责月面工作段的测控支持。其中,全向天线主要用于遥测遥控支持,定向天线主要用于下传高速率的图像和遥测数据,UHF 天线用于与着陆器进行通信。

8.1.2 "玉兔"号巡视器工作能力

综合月面环境条件、"玉兔"号巡视器总体性能和各分系统的特点及约束条件,"玉兔"号巡视器月面工作能力如下:

(1) 月面着陆前。在着陆器着陆月面前,巡视器不工作,由着陆器提供巡视器飞行过程中短期负载功耗,并且由着陆器电源控制器对巡视器蓄电池组进行补充充电。

(2) 月面分离段。着陆器安全着陆月面后,巡视器在月面的指向为北,此时巡视器在着陆器上满足测控全向和定向天线链路条件,GNC 太阳敏感器对太阳可视。接着,根据工作程序进行着陆器状态设置并进行两器分离。巡视器与着陆器分离之后,首先围绕着陆器成像。在每个成像点,全景相机和导航相机均按要求成像,成像完成后下传至地面。在环绕着陆器成像过程中要考虑蓄电池组的放电深度。

对着陆器成像完成后,巡视器进入充电模式,对蓄电池组进行充电。充电完成后巡视器进入数传模式,将全景相机和导航相机图像下传至地面,之后巡视器进入月面探测模式。

(3) 月面工作段。月面工作中最重要的是移动能力,"玉兔"号巡视器移动能力如表 8 - 1 所列。

表 8 - 1 "玉兔"号巡视器移动能力

移动性能	指标	地形对巡视器行进方向的限制
越障能力	不小于 200mm	• 对平坦月海进行统计分析的结果表明,100m² 内月面岩石的分布,高度大于 200mm 的石块数目约为 3.4 个,所占面积约为 0.5% 。由此着陆,巡视器遇到高度为 200mm 的月面岩石概率较小; • 当周围环境中出现超过 200mm 高度的障碍(台阶或沟壑),应避免向该方向行进
适应坡度能力	不小于 20°	• 巡视器爬坡能力可适应月海大部分坡度; • 当巡视器的前方或后方出现超过 20° 的向上斜坡时,应避免向该方向行进

（续）

移动性能	指标	地形对巡视器行进方向的限制
行进间转向最小半径	不大于 1.5m	• 当巡视器转向轨迹周围 ±0.5m 包络范围外出现高于 200mm 障碍时，可能车轮无法越过障碍，此时应避免行进间转向； • 在太阳翼水平展开时，当巡视器转向轨迹周围 ±1.2m 包络范围外出现高于 900mm 障碍时，太阳翼可能会与障碍发生干涉，此时应避免行进间转向
原地转向		• 以巡视器几何中心为圆心在 1m 的包络范围内出现高于 200mm 障碍时，巡视器可能出现 RHU 与障碍干涉，此时应避免原地转向
行进通过性		• 当巡视器行进的前向或后向路径中心出现高于 200mm 障碍时，可能出现 RHU 与障碍干涉，此时巡视器应避免前向或后向直线行进

月面工作时，太阳高度角极大地影响巡视器的工作能力。根据"玉兔"号巡视器的设计情况，太阳高度角不同范围内，巡视器存在最优工作时段和较差工作时段，并且行进方向也要依据太阳高度角情况进行合理选择。

临近月夜时，巡视器需要找到合适的地形，使得巡视器车头朝南，车体姿态满足要求，同时车体侧倾角度在允许范围内。到达休眠地点后，巡视器断开相关设备，收拢桅杆进入充电模式。充电完毕后，当太阳高度角满足要求时，巡视器通过综合电子单元延时指令进行休眠状态设置。巡视器整个休眠唤醒阶段，依靠蓄电池组供电。

月食期间需要采用月食模式，安全度过月食。

8.1.3 "玉兔"号巡视器工作模式

"玉兔"号巡视器在月昼期间根据任务规划进行月面多点就位探测；在月夜期间进入月夜休眠，度过月夜后唤醒继续实施探测任务。巡视器设计了感知模式、移动模式、探测模式和充电模式，分别完成月面环境感知、月面移动、科学探测以及补充能源，受系统资源（质量、功耗）限制采用了分时工作的方案。同时，考虑到任务实施过程中可能出现意外或故障，设置了安全模式；针对月面光照条件以及进出月夜，月夜休眠段设置了月昼转月夜模式、休眠模式、月夜转月昼模式，针对月食设计了月食模式。

主要工作模式如下：

（1）感知模式。导航相机加电工作，获取导航信息数据，并下传到地面，地面接收后进行图像处理和月面三维场景建立，并进行任务规划、生成控制指令。

（2）移动模式。巡视器接收并执行控制指令，到达导航规划点，运行过程中根据需要巡视器自主完成局部路径规划。

（3）探测模式。巡视器所携带的有效载荷设备加电工作,获取科学探测数据,并下传到地面。巡视器移动短距离或长距离进入探测模式。短距离时为探测模式1,此模式巡视器只有全景相机进行工作;长距离时为探测模式2,此模式巡视器全景相机、红外成像光谱仪和粒子激发X射线谱仪工作。

（4）充电模式。巡视器调整航向角和太阳翼,按规定实现对日定向,巡视器保持静止状态,蓄电池组开始充电。巡视器充电工作的工作时间视当时蓄电池放电深度,太阳光入射角而定。

（5）安全模式。用于保障巡视器安全,综合电子分系统、电源分系统和测控上下行信道工作,其他功能关闭,由地面实施进一步处理。

（6）月昼转月夜模式。当太阳高度角减小到不满足工作要求时,巡视器找到适合休眠的地形,并调整车体姿态,对巡视器进行充电,充电完成后巡视器进行休眠状态设置,并由综合电子分系统和电源分系统自主完成整器下电控制,进入休眠模式。

（7）休眠模式。巡视器完全断电不工作。

（8）月夜转月昼模式。当太阳高度角逐渐增大到满足工作要求时,巡视器电源分系统光照唤醒,启动一次电源和综合电子单元,之后开始接收地面指令建立巡视器月面工作状态,进入月昼工作。

（9）月食模式。在该模式下,巡视器工作的只有综合电子分系统、电源分系统和测控上行信道工作,根据之前温度状况,进行流体回路的控制。

上述模式之间的转换关系如图8-2所示。

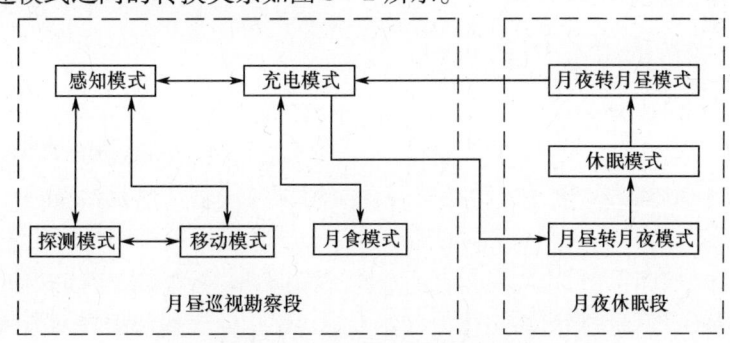

图8-2 主要工作模式转换关系图

8.2 "玉兔"号巡视器月面工作约束条件分析

"玉兔"号巡视器在月面移动和科学探测过程中,受到功率、温度、工作模式、测控支持等限制,地面遥操作中心在进行任务规划和路径规划时,需要综合考虑这些约束条件,以合理确定探测目标、行驶路线和行进方向,以提高月面工作效率。

8.2.1 地形约束

根据巡视器的移动性能指标,可得地形对巡视器的约束,以下约束需在路径规划中体现:

(1)巡视器越障高度不小于200mm,则当周围环境出现超过200mm高度的障碍(台阶或沟壑),应避免向该方向行走。

(2)巡视器适应坡度不小于20°,则当巡视器向前或向后出现超过20°的向上斜坡时,应避免向该方向行走。

(3)巡视器具备原地转向能力,行进间最小转向半径1.5m,则当巡视器周围2m外出现较难越过的障碍时,应避免行进间转向,而应用原地转向。

8.2.2 光照约束

光照变化直接影响太阳电池阵的输出,从而对巡视器工作程序产生约束。在充电模式下,由于要保证太阳翼对日定向,需要调整车体朝向,而在其他工作模式下太阳翼为水平状态。巡视器在月面工作时,由于车体桅杆等对太阳翼可能存在遮挡,所以太阳翼的输出功率不仅要考虑太阳的入射角,还需考虑太阳翼的遮挡情况,在任务过程中需要根据太阳翼输出功率对巡视器进行功率平衡计算。

8.2.3 测控约束

(1)太阳翼处于非水平位置特别是处于竖直状态时对全向天线产生遮挡,对巡视器运动范围产生影响。

(2)UIIF频段发射天线工作时,对巡视器指向着陆器的角度和太阳翼的位置有要求。

(3)当地面平坦时,巡视器可通过桅杆的运动实现定向天线的对地指向,但当巡视器处于不同的运动方向时,存在不能保证定向天线对地指向的情况。

(4)由于未能全球布站,不能实现全天候连续测控数传,每个地球日的测控时段有限。

8.2.4 热控约束

(1)太阳高度角。月表虹湾地区月昼期间当地太阳高度角不能大于要求范围,否则热控分系统需要巡视器姿态调整辅助甚至竖太阳翼来满足舱内设备的温控要求,此时巡视器的航向会受到较大限制。如果在满足要求范围内,则巡视器在所有工作模式下舱内设备温度可以满足设计要求,热控分系统不需要辅助支持,但期间太阳电池阵不能完全对日定向,否则将导致太阳翼平衡温度超过其正常工作温度的上限。

（2）两相流体回路。巡视器热控分系统采用两相流体回路,通过 RHU 产生的热能达到月夜保温的目的。由于月面 1/6 重力的影响,热控分系统对巡视器月夜期间的停放倾斜方向提出要求,即为保证流体回路正常运行应尽量保证"头高尾低"。

巡视器在进入月夜休眠时,需要在月面选择合适的休眠点,既要保证巡视器断电后不发生滑移等危险,又要保证车内两相流体回路正常运行,同时,还要兼顾月昼来临太阳高度角满足工作要求时,太阳翼能够输出电压唤醒巡视器。

8.2.5　工作模式约束

（1）由于对地 X 频段遥测、数传共用一台发射机,巡视器处于感知模式下应由全向天线切换到定向天线,其他模式时需要由定向天线切换到全向天线。

（2）由于对月面成像的相机和对地数传的定向天线都安装在桅杆上,巡视器处于感知模式时,对月面成像后,需要驱动桅杆运动以保证定向天线指向地球。

8.3　"玉兔"号巡视器与着陆器分离控制过程

探测器着陆之后,在测控弧段内首先进行着陆器状态设置,各类状态满足要求则进行两器分离。月面分离过程由两器协同完成。

8.3.1　分离条件约束

探测器在月面安全着陆后,在满足着陆姿态和巡视器状态后,实施巡视器与着陆器的月面分离。

着陆姿态:稳定着陆后,着陆器姿态满足要求。

巡视器状态:巡视器蓄电池充满电,电源分系统、综合电子分系统和测控上下行信道工作,舱内温度满足工作条件。

8.3.2　分离过程

（1）从发射至着陆,转移机构通过压紧释放机构收拢于着陆器的侧面。

（2）着陆器安全着陆后,转移机构的压紧释放机构解锁释放悬梯。悬梯四连杆机构在展开铰链的驱动下展开并锁定,触发铰链上的位置传感器,着陆器数管分系统采集展开锁定到位信号并通过遥测下传。

（3）着陆器监视相机监视转移过程并下传。

（4）着陆器为巡视器充电,当巡视器蓄电池组充满后,着陆器控制巡视器初始上电,巡视器建立测控上下行链路,由地面遥操作完成初始状态设置。地面向着陆器发送连接解锁机构解锁指令,巡视器与巡视器支架分离。两器连接电缆脱开后,巡视器接收地面指令行驶到转移机构的悬梯上,巡视器根据预先设定的行程前进并自主停止运动,同时地面可以根据下传的着陆器监视相机数据时刻跟踪巡视器运动状态,根据需要,地面随时向巡视器发送遥控指令,控制巡视器的前进与停止。

（5）巡视器停止于正确位置后,由着陆器发出火工品点火指令,转移机构内框架上的压紧释放机构解锁,如图8-3(a)所示。

（6）由地面发出转移指令,转移机构的缓释机构电动机工作,缓慢释放转移四连杆机构,转移四连杆机构在巡视器重力以及缓释机构电动机的共同作用下转动,并将悬梯下放。

（7）在悬梯与月面接触后,缓释机构继续送绳,悬梯将在巡视器重力作用下继续在月面上做"贴覆"运动,直至所有缓释绳释放完毕。

（8）着陆器数管分系统根据位置传感器控制转移四连杆机构停止运转,此时悬梯接触月面且为巡视器提供了一个行走坡道。巡视器需要满足转移过程中不超过要求姿态的情况下不倾覆或翻倒的要求,如图8-3(b)所示。

（9）根据地面指令,巡视器驶离着陆器,如图8-3(c)所示,巡视器在准备驶离转移机构及驶离过程中,需要满足巡视器在任意方向的倾角不大于要求角度的情况下不倾覆或翻倒的要求。

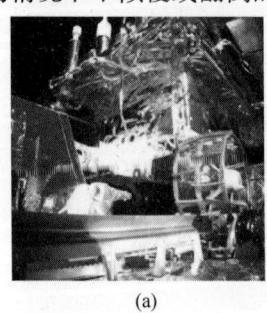

(a)　　　　　　　　　(b)　　　　　　　　　(c)

图8-3　两器分离拍摄巡视器图像

8.3.3　分离控制

着陆后地面遥操作中心首先为两器分离做准备,巡视器仍作为着陆器的载荷,工作模式与地月飞行阶段相同。各项准备完毕,状态确认完成后开始进行两器分离,具体流程如表8-2所列,表中重点标出部分为着陆器动作,无填充色部分为巡视器动作,两器分离过程中主要为巡视器进行动作且均为判状态执行下

表8-2　月面分离控制流程

序号	事　件	执行者
1	着陆器初始状态建立	着陆器
2	转移机构解锁释放	着陆器
3	着陆器为巡视器蓄电池组充电	两器
确认巡视器蓄电池组充满之后,两器开始进入月面分离过程		
4	巡视器电源分系统建立状态	巡视器
5	巡视器综合电子分系统加电	巡视器
6	巡视器测控数传分系统加电,与地面站建立下行测控链路	巡视器
7	巡视器与地面统一时统	巡视器
8	为巡视器注入初始方位信息,获知位置信息(着陆点经度、纬度和高度)	巡视器
9	巡视器与着陆器的固定点(连接解锁机构)解锁	着陆器
10	车轮压紧点(压紧释放机构)解锁	
11	巡视器太阳翼和桅杆压紧释放机构解锁展开	巡视器
12	巡视器太阳翼转动展开,至水平位置	巡视器
13	桅杆转动展开,至零位	巡视器
14	导航相机获取周围环境图像数据	巡视器
15	巡视器加速度计和太阳敏感器加电工作,确认巡视器倾斜姿态	巡视器
16	全景相机加电工作,获取周围环境图像数据	巡视器
17	测控链路切为数传链路	巡视器
18	将导航相机图像数据和全景相机的图像数据下传	巡视器
19	数传下传完毕后恢复到测控信道	巡视器
20	巡视器确认蓄电池状态,若蓄电池不足,则着陆器给巡视器电池组进行充电	巡视器
21	陀螺加电工作,确认巡视器倾斜姿态	巡视器
22	两器充放电开关断开	两器
23	通过下行遥测,进行巡视器工作状态确认	巡视器
24	两器分离电缆脱落,解除巡视器与着陆器之间的有线连接	着陆器
25	巡视器移动到转移机构上,触发着陆器到位开关后停止	两器
26	避障相机,激光点阵器加电,辅助巡视器移动	巡视器
27	巡视器移动到位后,着陆器转移机构解锁	着陆器
28	着陆器转移机构下降至月面	着陆器
29	巡视器移动到月面上,并驶离着陆器的阴影区	巡视器

一步。表中第7步,巡视器与地面建立测控链路后,将由本身实现测控工作。单个测控站跟踪情况下,根据上行控制需求切换跟踪目标(着陆器和巡视器),两个测控站跟踪情况下,两站各跟踪一个飞行器进行测控。

8.4 "玉兔"号巡视器月面遥操作工作过程

"玉兔"号巡视器在月面的工作过程如图8-4所示,巡视器与着陆器分离之后,巡视器进入充电模式,进行充电。当充电结束,在测控弧段内,由地面遥操作控制中心控制巡视器进入感知模式,对周围进行环境感知,并将环境感知数据下传到地面,地面接收到数据后进行处理,完成路径规划并生成相应控制命令;地面将控制命令发送到巡视器,巡视器接收后由感知模式进入移动模式,按照地面注入控制命令要求,巡视器自主进行障碍识别和局部路径规划,或者直接移动后到达导航规划点。根据任务需要,通过反复执行上述导航规划单元的任务,使巡视器到达感兴趣的探测点。在科学探测点上巡视器进入探测模式,载荷设备加电进行科学探测,探测结束之后将探测数据下传到地面;同时每行进一定距离,全景相机对周围环境进行成像,成像过程与探测模式中全景相机成像过程相同,成像完毕后将图像数据下传。当蓄电池放电超过设定的阈值或出测控弧段前,地面控制巡视器进入充电模式进行充电。

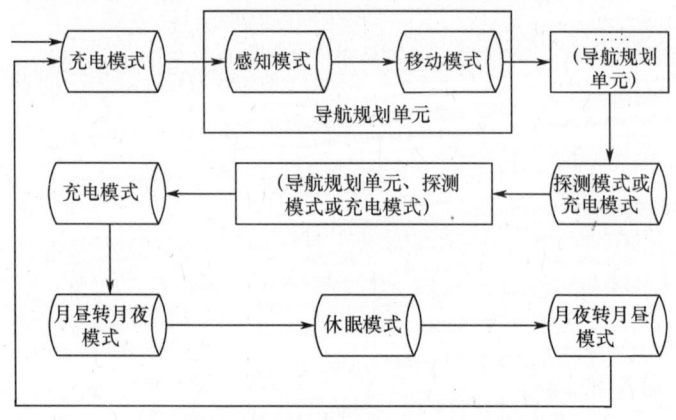

图8-4 巡视器月面工作过程

巡视器驶离着陆器后,首先按照上述工作流程进入了以两器互拍为目标的探测过程,如图8-5~图8-7所示。

由于受到温度的影响,当太阳高度角大到一定范围时,巡视器需要竖太阳翼来满足舱内设备的温控要求,此时考虑太阳翼竖立以及全向天线测控通信要求,因此巡视器行进方向有限。

图 8-5 两器互拍图像-着陆器

图 8-6 两器互拍图像-巡视器

图 8-7 两器互拍-全景图

当太阳高度角减小到不满足工作要求时,巡视器开始寻找休眠地点,到达休眠地点后,巡视器开始充电,充电结束后巡视器进入月昼转月夜模式。最终巡视器进入休眠模式。月夜结束转为月昼,太阳高度角增大到满足工作要求时,巡视器光照唤醒。巡视器进入月夜转月昼模式,开始新一轮的月面巡视勘察。

8.4.1 巡视器遥操作工作流程

巡视器与着陆器分离后,开始依据工程确定的任务规划开展月面巡视勘察。任务规划应遵循以下基本要求[1]:

(1)确保巡视器安全。探测目标和路线的选择应以巡视器安全为基础。

(2)探测目标选择。

① 科学研究价值高。力争探测月表地貌类型和地质构造类型丰富、月表物质成分多样、月表出露不同时代地层的区域,巡视路线上尽量以石块为探测和分

243

析对象。

② 科普价值高。景观/地貌/地物比较典型。

（3）探测任务重要度排序。根据科学意义、公众关注度等因素,巡视器的探测任务重要度排序如下:

① 形貌探测任务(全景相机)。

② 月表浅层结构探测任务(测月雷达)。

③ 物质成分探测任务(粒子激发 X 射线谱仪和红外成像光谱仪)。

按照探测任务重要性的顺序,在整个路线规划中以确保形貌探测的完整性和连续性作为首要的指标。

（4）任务操作流程优化。在任务规划中,合理安排各项工作,优化工作流程。

① 尽可能将任务规划工作安排在测控弧段外进行,以充分利用测控条件开展探测工作。

② 在出测控区前进行全景成像,用于后续任务规划等。

遥操作工作流程围绕任务整体规划、探测周期规划、导航单元规划三层规划过程展开,如图 8 - 8 所示。

说明:

探测点集合:$\{TCDi\}$,$i = 1,2,\cdots,m$。

导航点集合:$\{TCDi,j\}$,$j = 0,1,\cdots,n$;两个探测点 $TCDi$、$TCDi + 1$ 之间的若干个导航点。

8.4.2　任务整体规划

在任务发射前,根据已有探测器预定着陆区域环境信息及其他月球科学研究成果,对巡视器的任务使命、探测区域、主要探测事件进行规划,形成任务整体规划。

探测器着陆后,利用着陆器和巡视器获取的图像,建立月面巡视地图,修订任务整体规划,确定巡视器的探测方向、休眠地点等主要事件。

1. 规划要求

综合考虑任务目标、地形地貌及约束条件,确定巡视器寿命期内的巡视路线与探测点。

2. 规划过程与方法

利用巡视器分离前在着陆器顶端获取的环视成像数据,结合已有的月面图像数据和着陆器下降过程获取的图像数据,进行图像数据融合处理,建立着陆区三维场景,在巡视探测过程中,通过全景、导航相机获取的图像,不断细化完善着陆区探测环境;根据探测环境确定科学目标点及探测需求;结合巡视器的当前位

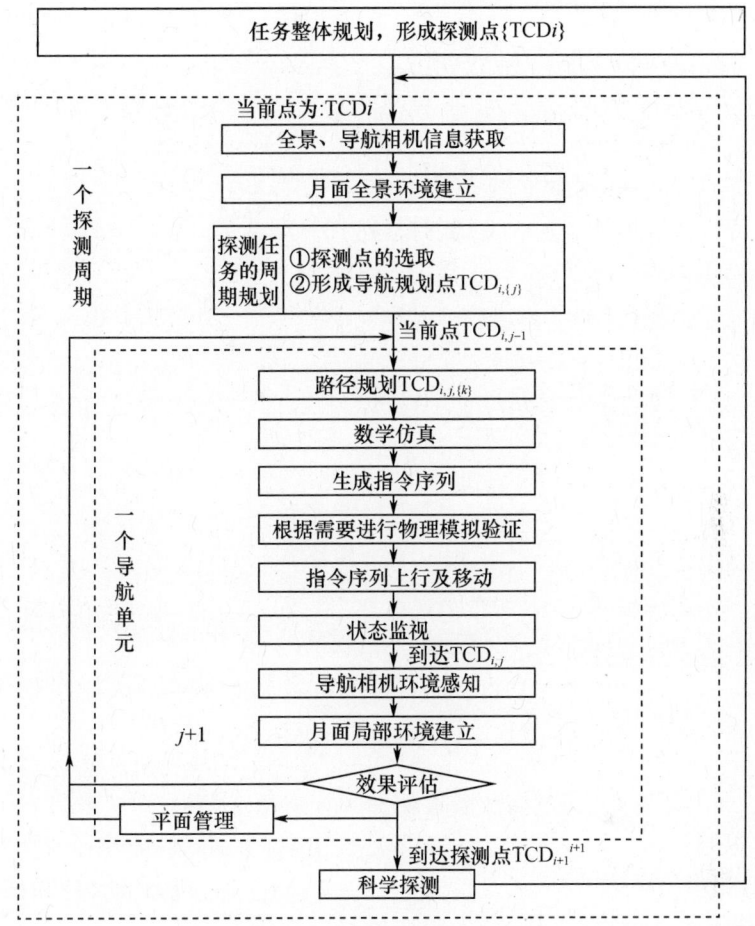

图 8 - 8　任务规划流程

置、状态及约束条件,进行任务整体规划。在巡视器故障或遭遇异常情况下,对整体规划进行修订。

任务整体规划的基本流程如图 8 - 9 所示。

3. 规划生成

1) 输入

任务整体规划的输入包括:月面图像的原始数据(包括"嫦娥"一号、"嫦娥"二号获取的图像、着陆器下降过程获取的图像)、科学目标点和科学探测计划、巡视器的初始位置和初始状态、对地通信条件、巡视探测的约束条件。

2) 生成过程

任务整体规划的生成步骤如下:

(1) 依据规划使用的数字地形图、巡视器位置信息、测控跟踪条件、太阳高

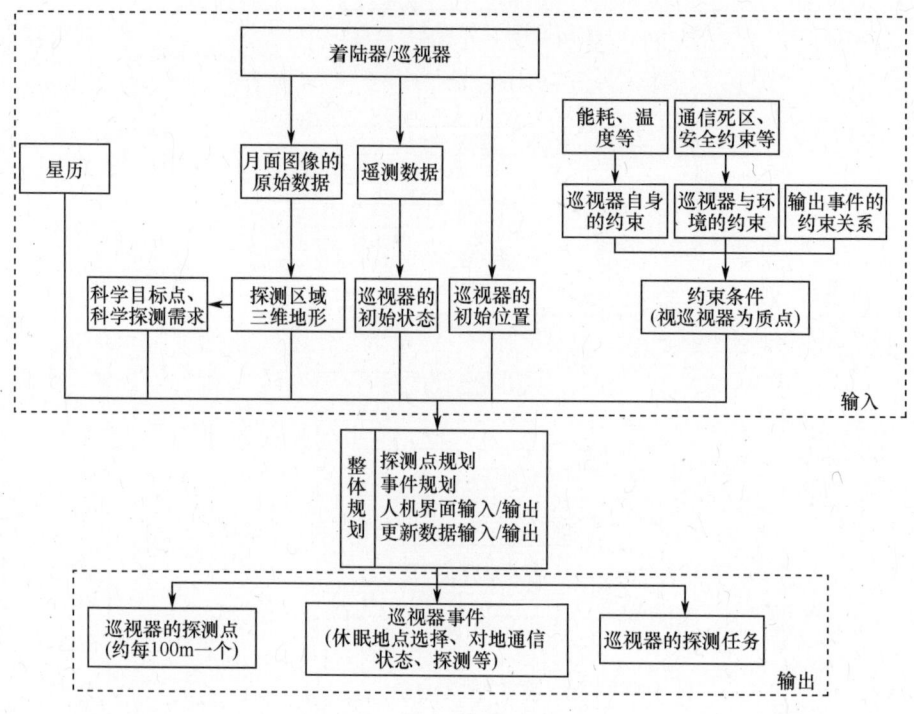

图 8-9　任务整体规划基本流程

度角/方位角预报结果、科学探测需求文件或人工选定的探测点,计算有效跟踪弧段。根据测控条件和探测器系统要求安排当前任务时至指定结束时刻范围内的进/出站设置、最小工作模式设置及休眠事件;除上述事件外的跟踪时段均为有效测控弧段。

(2) 依据探测点信息、指定时间范围内的有效跟踪弧段等信息进行路径规划,对全部探测点所在位置的地形可达性进行评估,去除地形上无法到达的探测点,形成需最终评估的探测点集合。若路径规划结果各点均不可达,则直接生成任务整体规划结果,探测点数量为0;否则,进行第(3)步;

(3) 对集合 A 中各探测点进行可通过性综合评估,生成任务整体规划结果,具体如下:

① 确定规划起点,使用巡视器当前位置或由人工指定。其中,首次任务整体规划的起点为两器互拍结束后巡视器所在位置。

② 指定进行探测点评估的距离范围,保证至少可选取到一个待评估探测点,并按远近赋值其序号。

③ 根据指定时间覆盖范围生成月面综合环境图,具体如下:

• 对于首次任务整体规划,以两器互拍预估结束时刻为起点,指定规划结束时刻为终点,在此时间范围内生成月面综合环境图。

- 对于其他任务整体规划,以当前任务时或人工指定时刻为起点,指定规划结束时刻为终点,在去除休眠过程对应时长后,在此时间范围内生成月面综合环境图。

④ 给出从起点到达评估范围内探测点的通行情况,包含:

- 是否可达。
- 到达时间。
- 工作持续时长。

⑤ 人工在第④步计算结果中选取需到达的下一探测点,满足如下条件:

- 地形上可到达。
- 满足对探测对象的兴趣要求。
- 调整航向便于进行充电。

⑥ 以第⑤步中选取的探测点为起点,重新自动设定或人工指定进行探测点评估的距离范围,重复步骤④和③。

⑦ 根据需要输出任务整体规划结果,本次规划结束。

3)输出

任务整体规划的输出包括巡视器的探测点、探测任务、事件序列(发生事件的时间、地点,事件执行的时长和能耗等代价)。

4)算例

以某一月昼期间的一次任务整体规划为例,首先通过全景相机在停留点环拍获取的图像完成地形恢复,并确定科学探测需求,具体如下:

(1)着陆器在月面的位置为(18.5°W,44.1°N)。

(2)月面定点坐标系及坐标系原点在着陆坐标系中的位置为(6.7m,0.2m,0.3m)。

(3)科学探测需求中包含一个探测对象,位置为(-37.1m, -28.5m, 1.1m)。

按上述过程生成规划结果如图 8-10 所示。

8.4.3 探测周期规划

探测周期规划首先处理全景相机数据,建立月面巡视地图,进行线路规划,寻找一条通往科学探测点的、满足时间等多方面约束条件的安全线路。随后,将该线路分割成若干段,每段由一个导航单元规划来负责实施。

1. 规划要求

确定巡视器在两个探测点之间的导航点和行为序列,包括感知、移动、探测、数传、充电、月夜休眠等行为。

典型科学探测过程整体规划

图 8-10 典型科学探测过程任务整体规划结果图

2. 规划过程与方法

探测周期规划给出巡视器在月面行驶一定距离的行驶路线和行为序列,但不生成直接控制巡视器运动的指令。随着巡视器在月面巡视探测工作的开展,探测周期规划在必要时进行修正或重新规划。

地面接收巡视器数传数据,获取巡视器全景、导航相机的图像,建立月面全景环境,综合巡视器的探测任务、巡视器状态、约束等因素,规划出下一个探测点 TCD_i+1 及其对应的巡视器行为序列。探测周期规划的优化目标,一般包括时间最短、路线最短、资源最省、充电次数最少等,可根据实际情况选择一个或几个条件用于生成周期规划的优化目标。周期规划完成后,可以得到巡视器一定行驶范围内的导航点 $\{TCD_{i,j}\}$ 和行为序列(发生行为的时间、地点,行为执行的代价)。

探测周期规划的基本流程如图 8-11 所示。

3. 规划生成

1)输入

探测任务周期规划的输入包括巡视器遥测数据、数传数据、探测点 TCD_i、探测任务、事件序列。

2)生成过程

探测周期规划生成的步骤如下:

(1)确定一次规划的起点及目标点位置。

(2)确定各导航点上的行为及时长。

(3)根据需要在导航点上插入充电等行为,生成行为序列,行为序列生成的具体步骤如下:

① 根据导航点属性,给出初始行为及时长。

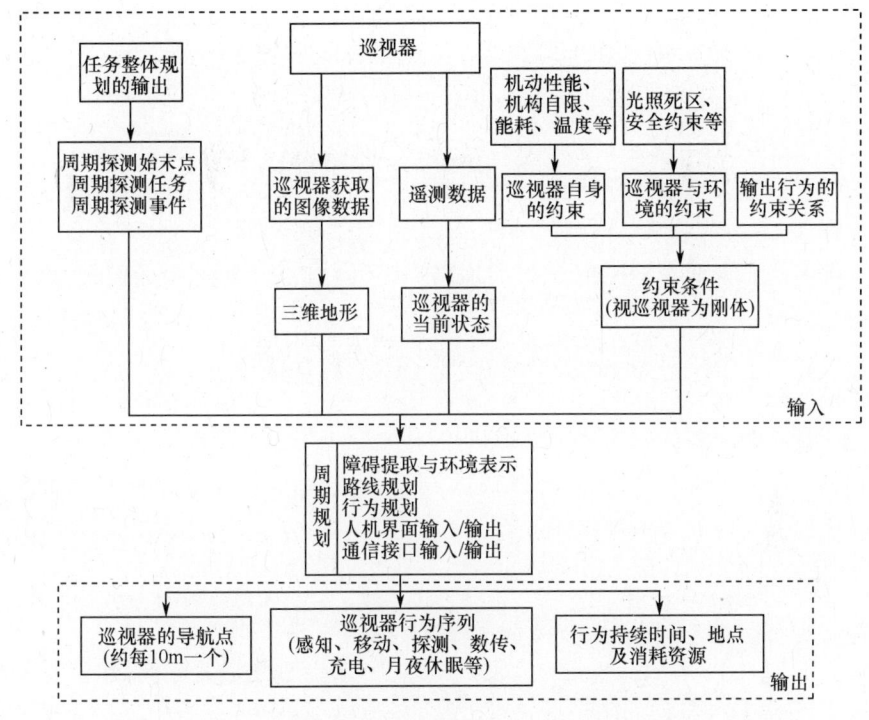

图 8-11 探测周期规划基本流程

② 按照充电策略插入充电模式,计算充电时间,更新行为序列。

③ 确定周期规划起始时刻。

④ 以周期规划起始时刻为起点,结合有效跟踪弧段更新行为序列的执行时刻。需要时,人工指定相应行为的执行时刻。

⑤ 输出行为序列生成结果。

(4) 确定导航点坐标,导航点生成的步骤具体如下:

① 确定起点和目标点信息。一般情况下,典型科学探测周期规划的目标点为任务整体规划结果中的探测点;寻找休眠点周期规划的目标点为人工在可休眠区域中选定的休眠位置。

② 根据行为序列时间跨度确定使用的月面综合环境图。

③ 判断目前需要计算导航点还是评估导航点,若为计算导航点请求则转步骤⑤,若为评估导航点请求则转步骤④。

④ 判断已有导航点是否不可达:若是,则返回不可达导航点坐标,转步骤⑤(重新计算导航点);否则,导航点生成过程结束。

⑤ 结合人工导引点,确定起点至目标点间的可通行路径。

⑥ 判断是否有可行路径解。若有解,返回导航点坐标;若无解,则判断是否

249

有可调整的导引点。若是,则人工指定导引点并转步骤⑤;否则,报告搜索失败,退出搜索导航点过程。

⑦ 必要时,人工对计算的导航点结果进行调整。

⑧ 保存导航点信息,导航点生成过程结束。

(5) 根据需要调整导航点为科学探测模式点。若调整,转步骤(2);否则,转步骤(6)。

(6) 发布周期规划生成中间结果,包含各导航点及探测点的位置、属性和行为。

(7) 中间结果验证正确后发布最终结果。

3) 输出

探测周期规划的输出包括巡视器的导航点$\{TCD_{i,j}\}$、行为(发生行为的时间、地点,行为执行的代价)。巡视器行为包括感知、充电、移动、探测、全景或导航图像获取、对地数传、月夜休眠等。

周期规划结果如图8-12所示。

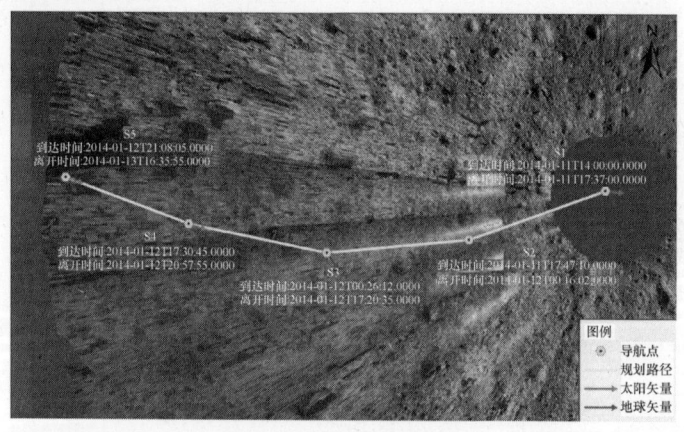

图8—12　周期规划结果

4. 规划执行与重规划

探测周期规划结果通过在每个导航点上安排行为序列来执行,并且在每个导航点上都会对探测周期规划结果进行评估,必要时进行探测周期重规划。

计划制定是以周期规划结果或人工干预为指导,结合巡视器实际状态,对周期规划结果或人工干预进行修正,最终确定在该站点上的行为序列。一般按照下列步骤实施:

1) 确定初始行为序列

(1) 若到达位置为周期规划结果中预期的导航点或探测点,则从周期规划生成结果中获取在该位置上需实施的行为序列。

（2）若到达位置不是周期规划结果中预期的导航点或探测点，则有以下几种情况：

① 地面决策巡视器进入月面正午最小工作模式时，初始行为序列安排原地转弯、最小工作模式状态设置。其在该位置上与周期规划结果中行为的顺序由人工决策确定。

② 休眠点上，初始行为序列安排月昼转月夜行为，其中包括休眠状态设置、蓄电池充电等事件。待唤醒后，初始行为序列安排月夜转月昼行为。

③ 移动中断的位置，若人工决策进行感知，则初始行为序列安排感知—移动；若人工决策不感知但重新进行路径规划，则初始行为序列仅安排移动。

④ 接近探测点过程中的停泊点上的初始行为序列由人工确定。

2）若初始行为序列中有移动行为，确定移动目标点

（1）对于除机械臂探测前最后一个导航点外的点，移动目标点为周期规划结果中的下一个导航点。

（2）若为周期规划结果中机械臂探测前最后一个导航点或机械臂分步逼近过程中的导航点，则目标点为巡视器当前位置与最近探测位置之间约 5/6 处某点。

3）判断初始航向是否需要调整

若需要，则在行为序列最前端插入原地转弯行为。

4）评估初始行为序列中各行为功耗和时耗，插入充电行为。

（1）"当前任务时 + 感知前地面处理时长"为行为序列"首行为"开始时刻。

（2）固定月食设置行为开始时刻。

（3）根据测控站跟踪条件，确定进出测控区行为。

（4）忽略周期规划结果中的充电行为，根据功率平衡计算结果，在适当位置安排充电行为，如需调整航向，则在该行为前插入原地转弯行为。

（5）若某行为无法在一个弧段内完成，则将该行为安排至下一弧段实施。

评估由巡视器任务规划软件和路径规划控制软件共同完成，具体步骤如下：

（1）巡视器到达某点后，获取当前剩余电量，以下一点为起点计算到最后一点的行为序列。其中，行为生成时不改变现有导航点，且根据巡视器停止时刻及剩余电量重新安排充电行为。

（2）巡视器任务规划软件向路径规划控制软件发送周期规划评估请求，包含各导航点位置及行为序列。

（3）路径规划控制软件根据行为序列时间跨度，判断是否已有符合要求的月面综合环境图，如果已生成，则读取对应月面综合环境图；否则，路径规划控制软件重新生成对应月面综合环境图，通过可视化操控软件显示。

（4）路径规划控制软件判断现有周期规划结果中各导航点的适宜性，包括：

① 每个导航点的地形可通过性。

② 每个导航点的光照及通信条件满足情况。

（5）若有导航点不适宜，则路径规划控制软件向巡视器任务规划软件返回不可达导航点坐标，巡视器任务规划软件提交评估结果，需重新发布周期规划生成结果；若现有导航点均可达，则路径规划控制软件向巡视器任务规划软件返回各导航点坐标，转步骤（6）。

（6）巡视器任务规划软件比对从下一点至目标点，各点上安排行为与现有结果相比是否发生变化，若是，则人工决策何时重新发布周期规划生成结果；否则，任务规划软件计算从下一点至目标点，各点上安排行为的执行时刻与现有结果相比偏差是否超过1h（可根据实际情况调整），转步骤（7）。

（7）若存在超差1h的行为，则人工决策何时重新发布周期规划生成结果；否则，巡视器任务规划软件提交评估结果，现有规划结果可行，后续站点规划实施仍按照现有周期规划生成结果进行。

以巡视器在月面测试阶段中的一次周期规划为例，首先确定出当前巡视器所在位置坐标 A，将其作为本次周期规划的起点，在地形图上人工指定出规划的目标点位置 B，经计算 A 点与 B 点之间距离约45m，满足周期规划的条件。A 点和 B 点之间需要安排多个导航点以提供巡视器进行感知、充电和科学探测，考虑到巡视器感知距离等约束，以最多增加10个导航点的情况开始规划建模。每个导航点上均需安排感知、数据下传和移动等行为，而每个行为又都需要满足剩余电量、测控跟踪以及地形姿态等要求，因此通过周期规划算法将充电、调整姿态和进出测控区等行为智能地加入到行为序列。经规划计算，上述10个导航点的行为序列中，共包括了10次感知、下传和移动行为，2次充电和进出测控区行为，同时也确定出各行为的起始时间和持续时间。结合月面地形，通过人工调整各导航点坐标，将目标点 B 作为第6个导航点，删除后续4个冗余导航点。考虑到在 A 点和 B 点之间需进行一次科学探测，故将第3个导航点调整为科学探测模式点，相应地需要在该点上增加科学探测行为，并对后续行为序列进行重新规划。最终的规划结果为 A 点和 B 点之间共安排5个导航点，其中第3点为科学探测模式点，整个规划内除每个点上固定进行的感知、下传和移动行为外，在第2个点上增加了一次充电行为，在第3点个上增加了一次科学探测行为和出测控区、进测控区行为。

8.4.4 导航单元规划

路径规划、活动机构规划和机械臂规划都属于导航单元规划的内容。

依据探测周期规划，依次进行若干个导航单元规划。每一个导航单元规划通常包括处理导航相机数据、更新月面巡视地图、单元规划、规划数字化仿真验证、生成指令序列、监视巡视器运动等几个环节,必要时,对遥操作进行实物模拟验证。

当巡视器到达科学探测点后,遥操作系统利用导航相机或者避障相机建立探测场景,分析巡视器机械臂的可达区域。据此,地面人员判断粒子激发X射线谱仪探测对象是否在机械臂的可达区域之中。如果探测对象不在该区域,遥操作系统需要进行多次导航单元规划,调整巡视器的位置和姿态,使得探测对象进入机械臂的可达区域。之后,遥操作系统进行机械臂的运动规划,生成机械臂的运动指令,结合科学载荷管理,完成一个探测周期。

1. 规划要求

确定两个导航点之间的行驶路径及动作序列。

2. 规划过程与方法

导航单元规划的输入包括:遥测数据、数传数据、导航点 $\{TCD_{i,j}\}$、行为序列。

导航单元规划的输出包括:巡视器短距离内的行驶路径、巡视器动作(发生动作的时间、地点,动作执行的代价)。巡视器动作包括巡视器机构运动、仪器设备的加、断电、解锁、自检、复位等。

导航单元规划中,视巡视器为多刚体,且需要考虑巡视器地形匹配、各轮的速度、轮壤作用、巡视器重心变化等因素。行驶路径可用路径点序列或路径特征(圆心、曲率半径、弧长)描述。利用巡视器导航相机图像数据,建立导航单元的月面三维场景,完成导航单元规划,得到巡视器短距离行驶范围内的行驶路径、巡视器动作。

导航单元规划的基本流程如图 8 - 13 所示。

根据导航单元规划的结果,形成指令序列。巡视器执行指令序列时,地面通过遥测信息进行状态监视。指令序列执行完毕后,获取下一个导航点的环境信息,建立新的月面三维场景,在此基础上完成效果评估,进行下一步的导航单元规划或在探测点开展科学探测。

3. 规划生成

1)路径规划

"玉兔"号巡视器采用基于已知 DEM 进行路径规划,因此主要采用全局路径规划算法开展工作。

已知 DEM 进行路径规划的方法主要分为 3 个阶段,即月面环境图生成、移动路径搜索和选优以及移动控制参数计算,这 3 个阶段按照逻辑顺序依次展开。当路径搜索结果不令人满意时,可调整若干环境参数,迭代进行月面环境图生成和移动路径搜索,如图 8 - 14 所示。

(1)月面地形建立。处理导航相机数传数据,生成导航相机地形产品。

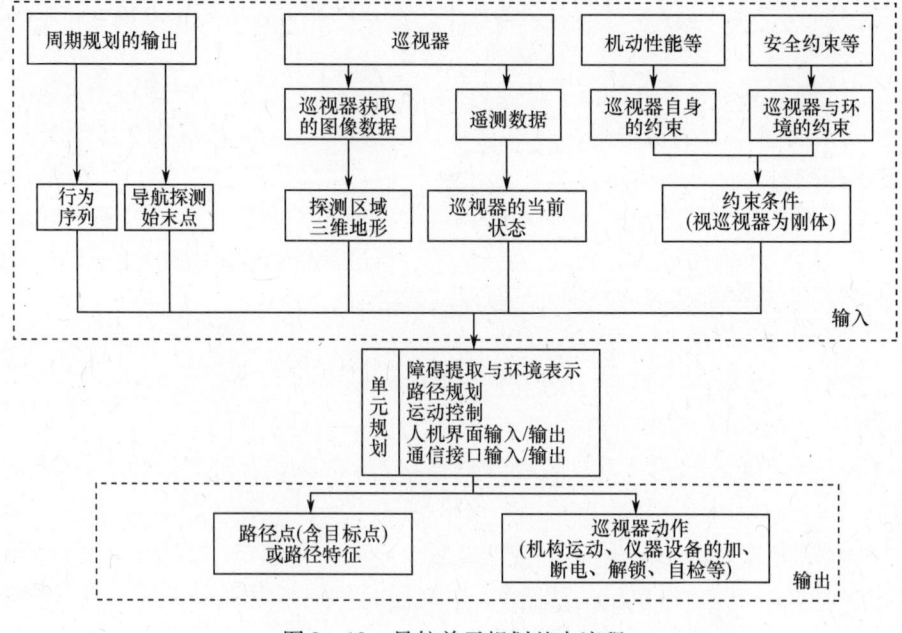

图 8-13　导航单元规划基本流程

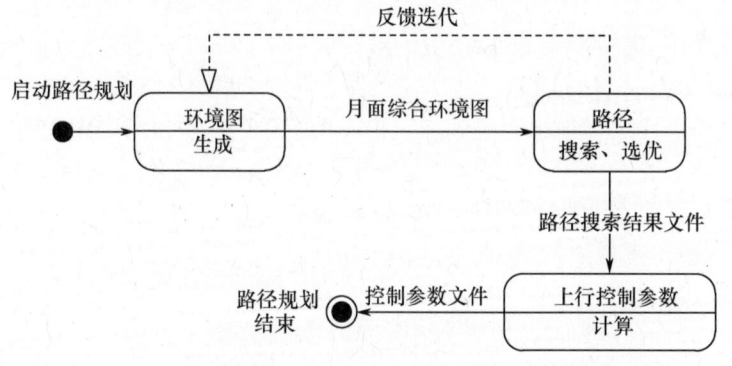

图 8-14　路径规划基本流程

（2）移动控制参数生成及验证。进行路径规划,确定并验证移动控制参数,包含盲走和原地转向等移动控制参数。

（3）移动指令计划生成及验证。生成并验证移动注入数据和移动控制指令计划。

"玉兔"号巡视器移动一般有 3 种模式,即直线行驶、行进间转向、原地转向。对于移动控制参数的生成,"玉兔"号巡视器移动控制参数共有 4 种模式,即盲走模式、自主规划避障模式、激光避障模式、轮系直接控制模式。其中,盲走、自主规划避障模式、激光避障模式下的控制参数生成,可直接使用路径搜索结果中的路径点、曲率、行走距离等参数,直接生成控制参数。轮系控制需输出的控制参数包括转向轮转角、转向轮转速以及驱动轮驱动线速度。一次轮系控制包含 3 个步骤,即归零、摆轮、移动,分别完成轮系回归零位、轮系转动至相应角度以及驱动巡视器移动这 3 种控制。

图 8 – 15、图 8 – 16 所示为第一、第二次路径规划结果,图 8 – 17 所示为巡视器某次行驶路线图。

图 8 – 15 第一次路径规划结果

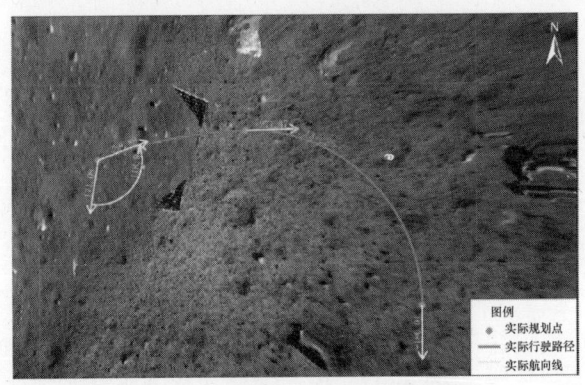

图 8 – 16 第二次路径规划结果

2)活动机构规划

(1)桅杆/云台控制规划。

"玉兔"号巡视器桅杆/云台控制规划需完成桅杆、云台在多种任务需求下的控制策略,包含桅杆展开机构、偏航机构和云台俯仰机构的转角及转动方向,主要包含:生成导航或全景相机拍图时的桅杆、云台控制策略;生成定向天线对地指向时的桅杆展开机构和偏航机构控制策略。

活动机构规划控制软件进行桅杆/云台控制规划计算的具体步骤如下:

① 环境感知控制参数计算:

图 8-17　巡视器某次行驶路线图

第一步,获取巡视器姿态信息、太阳高度角和方位角信息以及给定的成像模式(序列成像或多步成像)参考时刻。

第二步,基于巡视器姿态及成像模式计算桅杆转动及云台俯仰控制参数,此处设置人工干预点 1。

(a)若使用默认序列成像,则不需重新计算桅杆转动及云台俯仰控制参数。

(b)若实时计算序列成像参数,则有如下情况:

以当前点指向下一点的航向角为中心航向角,若巡视器当前航向角在中心航向角一定范围外,则计算车体调整的期望航向角。

否则取中心航向角最邻近的整 10°为基准角,并以此角度为中心基准,按照指定的桅杆偏航角范围、偏航间隔外推左偏航和右偏航范围,桅杆偏航角间隔及云台俯仰角原样输出。

(c)若实时计算多步成像参数,则按照指定的偏航角范围、偏航角间隔及云台俯仰角期望值,计算桅杆每一次偏航对应的实际云台俯仰角,桅杆偏航角范围、偏航角间隔原样输出。

(d)在计算相机成像参数时,还应确保太阳不在相机视场范围内。具体方法是:计算太阳向量指向与相机光轴向量指向之间的夹角 θ,使得 $\theta > \alpha/2$(α 为导航/全景相机视场角)。

② 对地数传控制参数计算。

(a)获取巡视器姿态及给定的对地数传参考时刻对应地球高度角、方位角信息。

（b）基于巡视器姿态，判断当前航向下转动桅杆能否满足对地数传的要求。其中，暂定计算时设置定向天线波束指向地心，可根据需要人工调整。

（c）若当前航向不满足要求，则计算车体调整的期望航向角。

（d）若当前航向满足要求，则计算并输出桅杆偏航与桅杆展开控制参数，同时输出桅杆回零的控制参数。

第一步，根据站点计划中安排的感知行为，结合成像控制参数计算结果确定桅杆在开始数传前的末端偏航位置。

第二步，按此位置分别计算电动机正转和反转情况下的桅杆偏航及展开控制参数。

第三步，根据前两步计算结果，确定优先使用正转或反转控制参数并输出。

第四步，根据正转或反转控制参数分别计算桅杆回零对应控制参数。

（e）必要时在上一步基础上进行遮挡计算，判断太阳翼对定向天线的遮挡情况，若遮挡对数传存在影响则输出太阳翼调整控制参数；若不影响数传则输出桅杆转动控制参数，结果返回任务规划软件。

对地数传控制参数计算过程如图 8 - 18 所示。

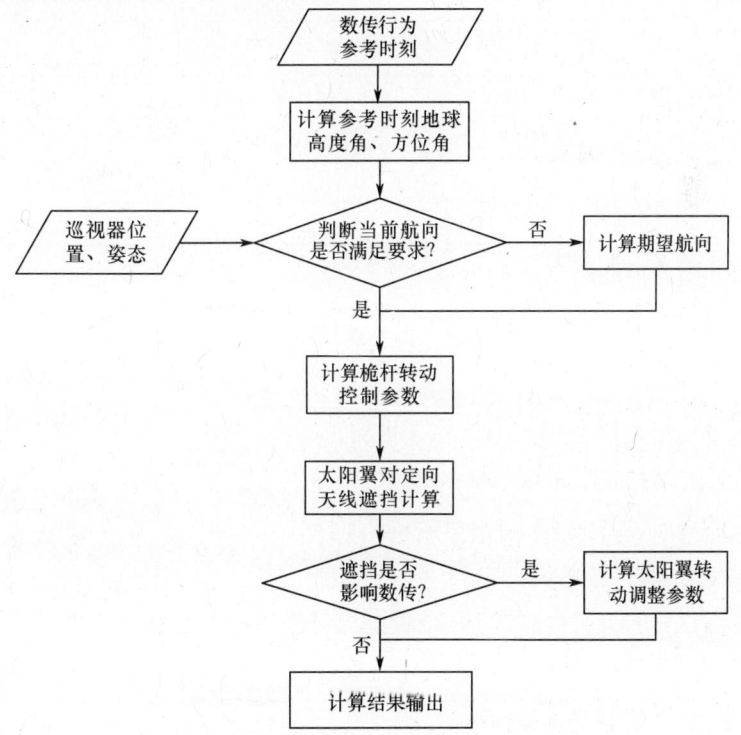

图 8 - 18　桅杆控制参数计算流程示意图

桅杆运动规划的输出结果主要包含结构机构电动机零位标定控制参数、相机成像的控制参数和定向天线对地数传的控制参数。具体如下：

① 相机成像控制参数的主要内容如表 8 - 3 所列。

表 8 - 3　相机成像控制参数信息

序号	相机号	起始偏航角/(°)	偏航角间隔/(°)	末端偏航角/(°)	俯仰角/(°)	机构运动速度/((°)/s)
1	×××	×××	×××	×××	×××	×××
2	×××	×××	×××	×××	×××	×××
…	…	…	…	…	…	…

② 对地数传控制参数包含桅杆展开和偏航控制参数，主要内容如表 8 - 4 和表 8 - 5 所列。

表 8 - 4　桅杆展开控制参数信息

序号	执行动作	工作绕组	机构转动速度	目标位置/(°)
1	展开	主份绕组	正××挡	×××
2	收拢	备份绕组	负××挡	×××
…	…	…	…	…

表 8 - 5　桅杆偏航控制参数信息

序号	执行动作	机构转动方向	机构转动速度	目标位置/(°)
1	左偏航	绕 - X 正转	负××挡	×××
2	右偏航	绕 - X 反转	正××挡	×××
…	…	…	…	…

（2）太阳翼控制规划。

"玉兔"号巡视器太阳翼控制规划需完成 +Y 太阳翼在多种任务需求下的转动控制策略，包括转角及转动方向的计算，主要包含：

① 巡视器充电时，+Y 太阳翼对日定向的控制策略。

② +Y 太阳翼从起始位置至目标位置的控制参数。

太阳翼运动规划计算的具体步骤如下：

① 获取巡视器姿态及太阳高度角、方位角信息，获取充电参考时刻。

② 基于巡视器姿态，判断当前航向下转动太阳翼能否满足弧段内充电模式或弧段外充电模式要求。

③ 若当前航向不满足要求，则同时计算满足充电要求的车体调整的期望航向角及对应的 +Y 太阳翼转动角度 θ_1，结果返回任务规划软件。一般原则如下：

（a）计算车体调整的期望航向角及对应的太阳翼转动角度 θ_1，按照就近原则选取对应注入数据。

（b）巡视器按照期望航向角移动结束后,根据最新姿态重新计算充电所需的 +Y 太阳翼转动角度 θ_2。

（c）根据 θ_1、θ_2 间偏差,人工判断是否需重新选取对应注入数据。

④ 若当前航向满足要求,则计算太阳翼转动控制参数。

（a）移动前路径规划时间内的充电,计算在不调整当前航向角情况下,满足最小入射角的太阳翼控制参数。

（b）弧段内充电模式,计算 +Y 太阳翼控制参数。

（c）弧段外充电模式,计算 +Y 太阳翼控制参数。

⑤ 将结果返回任务规划软件。

太阳翼运动控制参数计算的流程如图 8 – 19 所示。

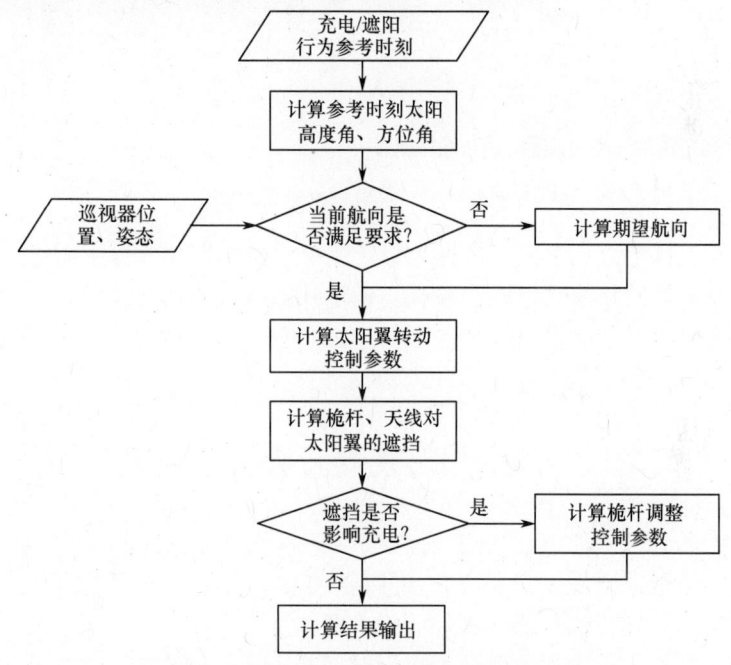

图 8 – 19　太阳翼运动控制参数计算流程示意图

对于充电过程,太阳翼控制规划的输出结果主要为太阳翼对日定向的控制参数或原地转向目标航向角,其主要内容如表 8 – 6 和表 8 – 7 所列。

表 8 – 6　太阳翼转动控制参数信息

序号	执行动作	机构转动速度	目标位置/(°)
1	展开	正 xx 挡	xxx
2	收拢	负 xx 挡	xxx
...	...	...	...

表 8 - 7　原地转向控制参数信息

序号	执行动作	目标位置/(°)
1	原地转向	xxx
…	…	…

（3）机械臂规划。

① 月面地形建立。处理避障相机数传数据，生成地形产品，如图 8 - 20 所示；

图 8 - 20　避障相机地形数据

② 确定科学探测对象。依据地形产品提出机械臂科学探测需求。

③ 机械臂控制参数生成及验证。确定并验证机械臂投放及收拢控制参数。

④ 机械臂指令计划生成及验证。生成机械臂投放及收拢注入数据和机械臂控制指令计划，对指令计划和注入数据进行验证。

8.5　"玉兔"号巡视器月食前后控制过程

月食是指太阳、地球、月球几乎在同一条直线上。这时，从太阳照射到月球的光线，会被地球全部遮盖。因此，巡视器将在月食期间处于温度极低、只能靠蓄电池供应能源的状态，并且和地面失去联系。

正常情况下，巡视器主要依靠太阳帆板将太阳辐射能转化为电能，保障其工作和运行，发生月全食时，由于地球影子的遮挡，整个月亮及其附近的空间都无法见到太阳光，巡视器的生存环境将变得非常恶劣，无法接受太阳辐射，温度下降，最低时将降到 -183℃，并且保障巡视器正常工作所需的电能也无法及时得到补充，这将使得巡视器面临严酷环境的考验。

遇到月食时巡视器进入月食模式。月食过后，待巡视器蓄电池充电完成后，恢复正常工作状态。

8.5.1　月食前控制过程

月食期间，"玉兔"号巡视器只有综合电子分系统、测控分系统和电源分系统工作,维持在巡视器的最小功耗,同时根据温度状况,进行流体回路控制。

8.5.2 月食后控制过程

月食后,先恢复测控链路进行充电,充电完成后,恢复正常工作模式开展后续工作。

8.6 "玉兔"号巡视器月夜休眠唤醒控制过程

由于月球昼夜温差非常大,白昼时温度高达 $150℃$,黑夜时低至 $-180℃$ 。为适应极端环境,"玉兔"号巡视器利用导热流体回路、隔热组件、散热面设计、电加热器、同位素热源,可耐受 $300℃$ 的温差。月球绕地球转一圈需要约 28 天,月球自转也是 28 天。这意味着,月球上的一昼夜相当于地球上的 28 天。月面夜间最低温度可以降至 $-180℃$,电子设备根本无法工作。月球上的一晚上相当于地球上的 14 天。为此,"玉兔"号巡视器设计了休眠模式:14 天工作,14 天"睡觉"。

该"睡觉"的时候自动进入休眠状态养精蓄锐,该"起床"的时候又能自动唤醒重新投入工作。这种"日出而作,日落而息"的规律作息,极大地增强了"玉兔"号巡视器适应月表恶劣环境的生存能力。

巡视器进入月夜与近地飞行器进入地球或月球阴影的情况相似,但又具有特殊性,主要体现在:

(1)持续时间长。月夜时间约为 14 个地球日,这期间没有光照,太阳翼无电能输出,且受整器质量限制所配置的蓄电池组的容量有限,不可能提供月夜期间所需的能量。

(2)缺少空间红外辐射热流。近地飞行器在地影期间能够获得一定的地球红外辐射热量,而月球表面在月夜期间温度最低可以达到 $-180℃$,对巡视器的红外辐射热流很小。由于地月距离远,在月夜期间地球背影辐射对巡视器的加热作用几乎为零。

(3)月面的影响作用大。对巡视器而言,月面可视为无限大平面,巡视器与月球表面直接接触,除了辐射换热外,与月面还存在不规则的热传导。月夜期间月面温度的降低,对巡视器的温度分布影响作用明显。

因此,当临近月夜,太阳高度角下降到门限时,"玉兔"号巡视器需要找到一个合适的地点,调整到合适的姿态,从月昼工作模式转换到月夜工作模式。这里说的合适的姿态是为了确保在太阳重新升起后的合适时刻被顺利唤醒。那么,什么是合适的姿态呢? 对于"玉兔"号巡视器来说:一是巡视器头部要朝南稍偏东;二是巡视器尽量头高尾低;三是巡视器左右侧倾要在适宜角度内(因为在巡视器唤醒时,设备温度不能太低也不能太高。如果巡视器向左侧倾太多,太阳刚刚升起,就会被唤醒,有些设备的温度还较低,不能正常工作。如果向右倾斜过多,那么太阳升到很高,巡视器才被唤醒,设备温度很有可能已经超过上限,就很难工作了)。上述"合适的地点"实际上就是为了保证合适的姿态,但当月夜临近,巡视器在行进的路线上并不能找到完全符合月夜休眠点要求的合适的地方,"玉兔"号巡视器会通过地面遥操作控制自己的轮子前后打转,调整姿态,满足合适姿态的要求。

月夜结束后,太阳高度角适宜时,"玉兔"号巡视器从月夜休眠模式唤醒。首先将电源控制器加电,蓄电池放电开关接通;然后将数管分系统加电工作,测控上下行链路接通,巡视器与地面遥操作中心恢复通信,开始新的一个周期的工作。

8.6.1 寻找休眠点过程

根据"玉兔"号巡视器月夜休眠唤醒时热控及供电的约束,巡视器休眠前应保持如下状态:

(1) 巡视器 $+X$ 轴相对正南方向稍偏东。

(2) 巡视器俯仰尽量前高后低。

(3) 巡视器侧倾角度要适宜,不能过大。

为满足以上条件,设计以下步骤,完成"玉兔"号巡视器寻找休眠点工作:

(1) 综合环境模型包括可休眠信息。适合休眠停靠的区域满足地形平坦、唤醒时段光照无遮挡、对地通信无遮挡等条件。

(2) 当地面遥操作中心决策进入寻找月夜休眠点过程后,人工指定附近适合停靠区域内的某点作为任务规划的目标点输入,按照不安排科学探测的模式生成工作计划。

(3) 之后按照正常流程实施若干个导航单元规划,控制巡视器驶向该适合停靠区域内的目标位置。

(4) 到达该区域后,控制巡视器原地转向,车头转向南方。

(5) 实施感知模式控制,采集导航相机图像;人工指定该区域内巡视器正南向的某个位置作为导航单元规划的导航点输入,路径规划配置项规划航向角优先的路径,生成避障盲走注入数据。

(6) 在巡视器向南行驶的过程中,地面通过巡视器本体姿态的遥测信息判断巡视器当前位置是否满足月夜休眠要求。若满足,则立即发送巡视器停止指令,否则重复步骤(5),继续向南行走。

(7) 巡视器停止后,地面通过遥测判断巡视器当前姿态是否仍然满足月夜休眠要求。若满足,则认为巡视器找到了月夜休眠点,否则地面决策执行倒退行为或重复步骤(5)、(6)。

(8)若地面决策执行倒退行为,则根据天地时延估算需倒退的距离和时间,生成并发送盲走控制指令。之后转(7)直至寻找到合适休眠点。

8.6.2 月夜休眠设置过程

休眠前,当地太阳高度角适宜并且在可见弧段内,依次进行下述操作,进入月夜休眠状态。

(1)关闭除综合电子、电源、测控数传外的其他设备。
(2)将电源分系统唤醒使能。
(3)将容错管理模块设置为唤醒使能。
(4)延时控制测控应答机断电,测控固放断电。
(5)断开一次电源母线开关。
(6)断开蓄电池组放电开关。
(7)电源控制器二次电源断电,整器开始休眠。

8.6.3 休眠唤醒控制过程

当月夜结束后光照来临时,太阳高度角适宜,太阳翼数传功率达到指定要求,触发巡视器唤醒过程,"玉兔"号巡视器进入月夜转月昼模式。

8.7 小 结

"嫦娥"三号任务是我国首次在地外天体实施探测器软着陆及月面巡视探测的深空探测任务。遥操作技术是针对复杂多变的月面环境,以及巡视器控制的灵活性和不确定性而提出的规划技术和控制方法,使巡视器能够安全有效地完成各项工程试验和科学探测目标,并对后续火星巡视探测、空间站机械臂遥操作都有很强的借鉴推广价值。

参 考 文 献

[1] 吴伟仁等. "嫦娥"三号工程技术手册[M]. 北京:中国宇航出版社,2013.

内 容 简 介

    本书立足于月面遥操作需要解决的工程问题,重点描述了月面遥操作所涉及的地形重构、视觉定位、任务规划、路径规划和机械臂控制等关键技术,特别结合我国2013年12月实施的"嫦娥"三号任务,对遥操作过程进行了具体描述,书中的研究成果在"玉兔"号巡视器遥操作中得到了验证,为我国继续开展月面探测和其他星体的表面探测总结了宝贵经验,也为相关工程技术人员实施后续任务提供了重要参考。

This book focuses on several key technologies such as terrain reconstruction, visual positioning, mission planning, path planning and manipulator control that are vital for achieving a successful lunar surface rover teleoperation. In addition, it describes hands – on teleoperation experiences based on the specific processes defined in the Chang'e – 3 mission that was successfully carried out in December 2013. The results given in this book have been verified successfully through the rover teleoperation mission "Jade Rabbit". It summarizes the valuable experience which will be helpful to conduct the exploration of lunar surface and other extra – terrestrial surfaces, and also provides an important reference for related engineering technicians to carry out follow – up missions.